单片机技术应用开发

主　编　刘永立
副主编　陈星野　李俊韬

中国财富出版社

图书在版编目（CIP）数据

单片机技术应用开发／刘永立主编．—北京：中国财富出版社，2015.11

ISBN 978－7－5047－5953－5

Ⅰ.①单…　Ⅱ.①刘…　Ⅲ.①单片微型计算机—高等职业教育—教材　Ⅳ.①TP368.1

中国版本图书馆 CIP 数据核字（2015）第 288907 号

策划编辑　惠　婳　　**责任编辑**　惠　婳

责任印制　石　雷　　**责任校对**　杨小静　　**责任发行**　敬　东

出版发行　中国财富出版社

社　　址　北京市丰台区南四环西路 188 号 5 区 20 楼　　**邮政编码**　100070

电　　话　010－52227588 转 2048/2028（发行部）　　010－52227588 转 307（总编室）

010－68589540（读者服务部）　　010－52227588 转 305（质检部）

网　　址　http：//www.cfpress.com.cn

经　　销　新华书店

印　　刷　北京京都六环印刷厂

书　　号　ISBN 978－7－5047－5953－5/TP·0095

开　　本　787mm×1092mm　1/16　　**版　　次**　2017 年 8 月第 1 版

印　　张　16.5　　**印　　次**　2017 年 8 月第 1 次印刷

字　　数　352 千字　　**定　　价**　38.00 元

前　言

随着微电子技术的迅速发展，单片机技术也得到快速发展，其集成度越来越高、功能越来越强大、工作越来越可靠、性价比越来越高、使用也越来越方便。单片机技术蓬勃发展促使单片机的型号越来越多，然而 MCS－51 系列单片机具有简单、易用、技术成熟及高性价比的特点获得广泛的应用，成为单片机学习者的首选，而且也成为众多集成应用芯片的内核，进而得到更加深入的应用。

对于 MCS－51 单片机的程序开发，汇编语言虽对硬件的学习和理解有帮助，但 C 语言更具有程序开发的优势。用 C 语言编写的程序更容易阅读和维护，而且有很好的可移植性，减少开发时间；用 C 语言编写程序更符合人们的思考习惯；更重要的是，当前 C 语言已基本成为工科学生的必修课程，更多的硬件开发人员都可以使用 C 语言进行程序开发。

ZigBee 技术是一种短距离、低功耗的无线通信技术，具有功耗低、成本低、时延短、网络容量大、可靠性强、安全性好等特点，其在工业控制、智能交通、物流工程、农业生产等领域得到了广泛的应用。基于 8051 的特点，以其为内核的 ZigBee 芯片也得到了更多的使用，如 TI 公司的 CC2530 等；而 ZigBee 在实际应用中经常与单片机联合使用，因此单片机技术可以说是 ZigBee 技术的基础，而 ZigBee 则为单片机的应用或者拓展应用。

基于上述原因，本书选取 MCS－51 型号的单片机及 ZigBee 技术介绍单片机的技术及应用，并以 C 语言作为单片机的应用开发语言。

本书的内容安排从单片机的硬件结构原理开始，接着是程序开发语言，然后是单片机的技术及其应用，共分为 2 部分 13 章，包括：绪论，MCS－51 单片机的硬件结构及原理，MCS－51 单片机 C 语言，MCS－51 单片机的中断系统、定时/计数器、串行接口技术，MCS－51 单片机与 A/D、D/A 的接口，ZigBee 技术简介，ZigBee 集成开发环境，实验箱 ZigBee 开发硬件资源、软件资源，实验箱 ZigBee 网络的管理，ZigBee 无线传感网络综合实训。

本书在介绍技术原理的同时，特别注重了实践教学，给出了许多技术应用的程序实例及硬件开发电路，有利于学习者学习硬件设计、开发与应用。

本书由刘永立主持编写。第 1 章至第 6 章由刘永立编写，第 7 章至第 10 章由陈星野编写，第 11 章至第 13 章由李俊韬编写。本书编写过程中，得到了何恒昌、王康康、项晓寰、陶悍翔、林钢、黄红亮等同志的很多帮助，深表感谢。同时，本书还得到了高职学生培养—高端技术技能人才培养模式改革项目、智能物流系统北京市重点实验室建设项目、北京市属高等学校创新团队建设与教师职业发展计划项目等资助，在此一并谢过。

由于编者水平有限，时间仓促，书中不足之处在所难免，敬请广大读者批评指正。

编　者

2016 年 8 月

目　录

第1部分　MCS－51单片机技术

第 2 部分　ZigBee 技术及单片机技术的应用

第1部分

MCS-51单片机技术

1　绪论

1.1　单片机及其与 PC 的区别

单片机（Microcontroller）是一片采用大规模或超大规模集成电路技术把具有数据处理能力的中央处理器（CPU）、随机存储器（RAM）、只读存储器（ROM）、I/O 口电路、定时器/计数器等集成到一块硅片上构成的一个小而完善的微型计算机系统，即“单芯片微型计算机”。

以单片机为核心的智能化产品，将计算机技术、信息处理技术和电子测量与控制技术等结合在一起，已对传统产品结构和应用方式产生了根本性的变革。目前，单片机以其高可靠性、高性价比，在工业控制、智能仪器仪表、计算机网络、通信、医用设备、航空航天、家用电器等领域获得了广泛而深入的应用。

在计算机的种类中，通用计算机（也称 PC 机）也在各个领域获得了广泛应用。然而，由于应用目的不同，单片机系统和 PC 机有较大差别，PC 机可以称为一套完整的微型计算机系统，而单片机系统是以计算机技术为基础，针对具体应用，通过软硬件的裁减，组成对功耗、成本、体积、可靠性有严格要求的计算机应用系统。图 1 – 1 为单片机系统和 PC 机系统实例，表 1 – 1 为单片机与 PC 机的具体区别。

图 1 – 1　单片机系统与 PC 机系统实例

表 1 – 1　　单片机和 PC 机的区别

项目	PC 机	单片机
概念	形态标准，外部设备齐全，应用多个单片机和一个微处理器，通过装配不同的应用软件，多个部件组成的适应社会各个方面的计算机应用系统	芯片级产品。它以某一种微处理器为核心，将 RAM、总线、ROM/EPROM、总线逻辑、定时/计数器、并行 I/O 口、串行 I/O 口、看门狗、脉宽调制输出、A/D、D/A 等集成到一块芯片内

续 表

项目	PC 机	单片机
主机板	复杂	简单
CPU	奔腾、AMD 等	片内集成
存储器	硬盘、内存条	片内集成或外扩展芯片
操作系统	Windows 或 Linux 等	自己编制、自行发展
输出	CRT 或 LCD 屏幕等	端口输出电信号驱动 LED 数码管或 LCD、发光管指示
输入	标准键盘、鼠标等	端口输入非标准键盘及电信号
编程语言	VC、VB 等	汇编语言或 C 语言
应用	常在办公室、家庭看得见	已经嵌入到产品中，几乎见不到

1.2 单片机的历史及发展趋势

1.2.1 单片机的发展历史

单片机根据基本操作处理的二进制位数主要分为：4 位单片机、8 位单片机、16 位单片机和 32 位单片机。将 8 位单片机的推出作为起点，单片机的发展历史大致可分为以下几个阶段。

（1）第一阶段（1976—1978 年）：单片机的探索阶段。以 Intel 公司的 MCS－48 为代表。MCS－48 的推出是在工控领域的探索，参与这一探索的公司还有 Motorola、Zilog 等，都取得了满意的效果。

（2）第二阶段（1978—1982 年）：单片机的完善阶段。Intel 公司在 MCS－48 基础上推出了完善的、典型的单片机系列 MCS－51。它在以下几个方面奠定了典型的通用总线型单片机体系结构。

①完善的外部总线。MCS－51 设置了经典的 8 位单片机的总线结构，包括 8 位数据总线、16 位地址总线、控制总线及具有多机通信功能的串行通信接口。

②CPU 外围功能单元的集中管理模式。

③体现工控特性的位地址空间及位操作方式。

④指令系统趋于丰富和完善，并且增加了许多突出控制功能的指令。

（3）第三阶段（1982—1990 年）：8 位单片机的巩固发展及 16 位单片机的推出阶段，也是单片机向微控制器发展的阶段。Intel 公司推出的 MCS－96 系列单片机，将一些用于测控系统的模数转换器、程序运行监视器、脉宽调制器等纳入片中，体现了单片机的微控制器特征。随着 MCS－51 系列的广泛应用，许多电气厂商竞相使用 80C51

为内核，将许多测控系统中使用的电路技术、接口技术、多通道 A/D 转换部件、可靠性技术等应用到单片机中，增强了外围电路功能，强化了智能控制的特征。

（4）第四阶段（1990 年至今）：微控制器的全面发展阶段。随着单片机在各个领域全面深入地发展和应用，出现了高速、大寻址范围、强运算能力的 8 位/16 位/32 位通用型单片机，以及小型廉价的专用型单片机。

1.2.2 单片机的发展趋势

虽然单片机品种多样，型号繁多，但是有如下发展趋势。

1. 低功耗 CMOS 化

单片机功耗要求越来越低，现在的各个单片机制造商基本都采用了 CMOS（互补金属氧化物半导体工艺）。像 80C51 就采用了 HMOS（即高密度金属氧化物半导体工艺）和 CHMOS（互补高密度金属氧化物半导体工艺）。CMOS 虽然功耗较低，但由于其物理特征决定其工作速度不够高，而 CHMOS 则具备了高速和低功耗的特点，更适合于要求低功耗（比如电池供电）的应用场合。所以这种工艺将是今后一段时期单片机发展的主要途径。

2. 微型单片化

现在常规的单片机普遍是将中央处理器（CPU）、随机存取数据存储器（RAM）、只读程序存储器（ROM）、并行和串行通信接口、中断系统、定时电路、时钟电路集成在一块单一的芯片上，增强型的单片机集成了 A/D 转换器、PMW（脉宽调制电路）、WDT（看门狗）等，有些单片机将 LCD（液晶）驱动电路都集成在单一的芯片上，这样单片机包含的单元电路就更多，功能就越强大。甚至有些单片机厂商还可以根据用户的要求量身定做，制造出具有自己特色的单片机芯片。此外，现在的产品普遍要求体积小、重量轻，这就要求单片机除了功能强和功耗低外，还要体积小。现在的许多单片机都具有多种封装形式，其中 SMD（表面封装）越来越受欢迎，使得由单片机构成的系统正朝微型化方向发展。

3. 主流与多品种共存

虽然单片机的品种繁多，各具特色，但以 80C51 为核心的单片机仍占主流，兼容其结构和指令系统的有 PHILIPS 公司的产品、ATMEL 公司的产品和中国台湾地区的 Winbond 系列单片机。所以，80C51 为核心的单片机占据了半壁江山。而 Microchip 公司的 PIC 精简指令集（RISC）也有着强劲的发展势头，台湾地区的 HOLTEK 公司近年的单片机产量与日俱增，以其低价质优的优势，占据一定的市场份额。此外，还有 MOTOROLA 公司的产品，日本几大公司的专用单片机。在一定的时期内，这种情形将得以延续，不存在某个单片机一统天下的垄断局面，走的是依存互补、相辅相成、共同发展的道路。

1.3 MCS-51 单片机系列

自从单片机诞生以来，由于其良好的应用性而得到了迅速的发展，形成了多公司、多系列、多型号的局面。从世界众多的单片机生产商中，Intel 公司生产的系列单片机，特别是 MCS-51 系列获得了相对广泛的应用。表 1-2 为 Intel 公司所生产的 3 大系列单片机性能简介，表 1-3 为 MCS-51 系列单片机配置情况。

表 1-2　Intel 单片机系列性能简介

系列特性	片内 ROM/EPROM（字节）	片内 RAM（字节）	定时器/计时器	并行 I/O	串行 I/O	A/D D/A	中断源
MCS-48	0~4K	64~256	1×8 位	3 口，24 线	—	—	2
MCS-51	0~8K	128~256	(2~3)×16 位	4 口，32 线	1	—	5~6
MCS-96	0~8K	256，其中 232 寄存器阵列	4×16 位	5 口，40 线	1	(4~8)×10 位 PWM 输出	8

表 1-3　MCS-51 系列单片机配置一览表

系列	片内存储器（字节）				定时器/计数器	并行 I/O	串行 I/O	中断源	制造工艺
	无 ROM	片内 ROM	片内 EPROM	片内 RAM					
MCS-51 子系列	8031	80514K	87514K	128	2×16 位	4×8 位	1	5	HMOS
	80C31	80C514K	87C514K	128	2×16 位	4×8 位	1	5	CHMOS
MCS-52 子系列	8032	80528K	87528K	256	3×16 位	4×8 位	1	6	HMOS
	80C232	80C2528K	87C2528K	256	3×16 位	4×8 位	1	7	CHMOS

MCS-51 系列单片机包括了 51 子系列和 52 子系列，51 子系列为基本型，52 子系列为增强型。其中，8051 是最早最典型的产品，MCS-51 在我国最初流行的型号是 8031 和 8032。

MCS-51 单片机的 51、52 两个子系列，指令系统与引脚完全相同。51 子系列的 80C31、80C51、87C51 和 89C51 四种机型的区别是 80C31 无 ROM、80C51 有掩模 ROM、87C51 是可紫外线擦除的 EPROM（Erasable Programmable ROM）和 89C51 是可

电擦除的闪烁 FPEROM（Flash Programmable and Erasable ROM）。52 子系列的四种机型分别是 80C32、80C52、87C52 和 89C52，它们 ROM 的区别与 51 子系列相同。

两个子系列的其他区别是，51 子系列有 128B 的片内 RAM，4KB 的 ROM（不包括 80C31），2 个定时器/计数器及 5 个中断源。52 子系列有 256B 是片内 RAM，8KB 的 ROM（不包括 80C32），3 个 16 位定时器/计数器及 6 或 7 个中断源。另外，对于制造工艺位 CHMOS 的单片机，由于采用 CMOS 技术制造，因此具有低功耗的特点，如 8051 功耗约为 630MW，而 80C51 的功耗只有 120MW，而且这种芯片允许的电源波动范围也较大。

1.4 单片机与 ZigBee 技术

1.4.1 ZigBee 技术

ZigBee 是基于 IEEE802. 15. 4 标准的低功耗局域网协议。根据国际标准规定，ZigBee 技术是一种短距离、低功耗的无线通信技术。其特点是近距离、低复杂度、自组织、低功耗、低数据速率。主要适用于自动控制和远程控制领域，可以嵌入各种设备。

ZigBee 是一种无线连接，可工作在 2. 4GHz（全球流行）、868MHz（欧洲流行）和 915 MHz（美国流行）3 个频段上，分别具有最高 250kbit/s、20kbit/s 和 40kbit/s 的传输速率，它的传输距离在 10 ~ 75m 的范围内，但可以继续增加。作为一种无线通信技术，ZigBee 具有如下特点：

（1）功耗低：由于 ZigBee 的传输速率低，发射功率仅为 1MW，而且采用了休眠模式，功耗低，因此 ZigBee 设备非常省电。据估算，ZigBee 设备仅靠两节 5 号电池就可以维持长达 6 个月到 2 年左右的使用时间，这是其他无线设备望尘莫及的。

（2）成本低：ZigBee 模块的初始成本在 6 美元左右，估计很快就能降到 1. 5 ~ 2. 5 美元，并且 ZigBee 协议是免专利费的。低成本对于 ZigBee 也是一个关键的因素。

（3）时延短：通信时延和从休眠状态激活的时延都非常短，典型的搜索设备时延 30ms，休眠激活的时延是 15ms，活动设备信道接入的时延为 15ms。因此 ZigBee 技术适用于对时延要求苛刻的无线控制（如工业控制场合等）应用。

（4）网络容量大：一个星状结构的 ZigBee 网络最多可以容纳 254 个从设备和一个主设备，一个区域内可以同时存在最多 100 个 ZigBee 网络，而且网络组成灵活。

（5）可靠性强：采取了碰撞避免策略，同时为需要固定带宽的通信业务预留了专用时隙，避开了发送数据的竞争和冲突。MAC 层采用了完全确认的数据传输模式，每个发送的数据包都必须等待接收方的确认信息。如果传输过程中出现问题可以进行重发。

（6）安全性好：ZigBee 提供了基于循环冗余校验（CRC）的数据包完整性检查功能，支持鉴权和认证，采用了 AES－128 的加密算法，各个应用可以灵活确定其安全属性。

国内外 ZigBee 芯片的生产厂商已达到数十家，各自也拥有了自己的产品，如国外 TI 的 CC2530，Ennic 的 JN5148，Freescal 的 MC13192，EMBER 的 EM260，ATMEL 的 LINK－23X 及 Link－212，DIGI 的 XBee 等；国内顺舟科技的 SZ05 及 SZ06，厦门四信的 F8913，上海雍敏的 UMEW20，上海数传的 DT8836AA，深圳鼎泰克的 DRF1601，北京云天创的 ATZGB－780F1 等。

随着 ZigBee 技术的成熟，其应用越来越广泛，如在工业控制、智能家居和商业楼宇自动化方面、智能交通领域、物流管理、农业生产及医学领域等已经得到了深入而广阔的应用。

1.4.2 基于单片机的 ZigBee 芯片

ZigBee 芯片的核心——微处理器，不同的厂家及型号采用了不同微处理器，然而由于 8051 微处理器诞生已 30 多年，其已经广泛应用于各个领域，以其为微处理器的芯片也较多，如 TI 公司的 CC2530/CC2430/CC2431 采用的就是增强型 8051 的内核。另外，ZigBee 作为无线通信技术，在实际应用中经常与单片机联合使用。因此单片机技术可以说是 ZigBee 技术的基础，而 ZigBee 为单片机的应用或者拓展应用。

TI 公司的关键产品 CC2530/CC2430 使用的是一个 8051 的 8 位 MCU 内核，并具备 128KB 闪存和 8KB RAM，可用于各种 ZigBee 或类似 ZigBee 的无线网络节点，包括调谐器、路由器和终端设备。另外，CC2530/CC2430 还包含模数转换器（ADC）、几个定时器、AES－128 协同处理器、看门狗定时器、32kHz 晶振的休眠模式定时器、上电复位电路（Power－On－Reset）、掉电检测电路（Brown－out－Detection），以及 21 个可编程 I/O 引脚。目前，TI 提供 CC2530/CC2430/CC2431 ZigBee 2006 协议栈，全套协议栈目前已经完全开放。

CC2530 是用于 2.4－GHz IEEE 802.15.4、ZigBee 和 RF4CE 应用的一个真正的片上系统（SoC）解决方案。它能够以非常低的总的材料成本建立强大的网络节点。CC2530 结合了领先的 RF 收发器的优良性能，CC2530 有四种不同的闪存版本：CC2530F32/64/128/256，分别具有 32/64/128/256KB 的闪存。CC2530 具有不同的运行模式，使得它尤其适应超低功耗要求的系统。运行模式之间的转换时间短进一步确保了低能源消耗。

CC2530F256 结合了德州仪器的业界领先的黄金单元 ZigBee 协议栈（Z－Stack™），提供了一个强大和完整的 ZigBee 解决方案。

CC2530F64 结合了德州仪器的黄金单元 RemoTI，更好地提供了一个强大和完整的 ZigBee RF4CE 远程控制解决方案。

2 MCS－51 单片机的硬件结构及原理

2.1 MCS－51 单片机的内部结构

MCS－51 单片机内部总体结构图如图 2－1 所示，主要包含下列的硬件资源。

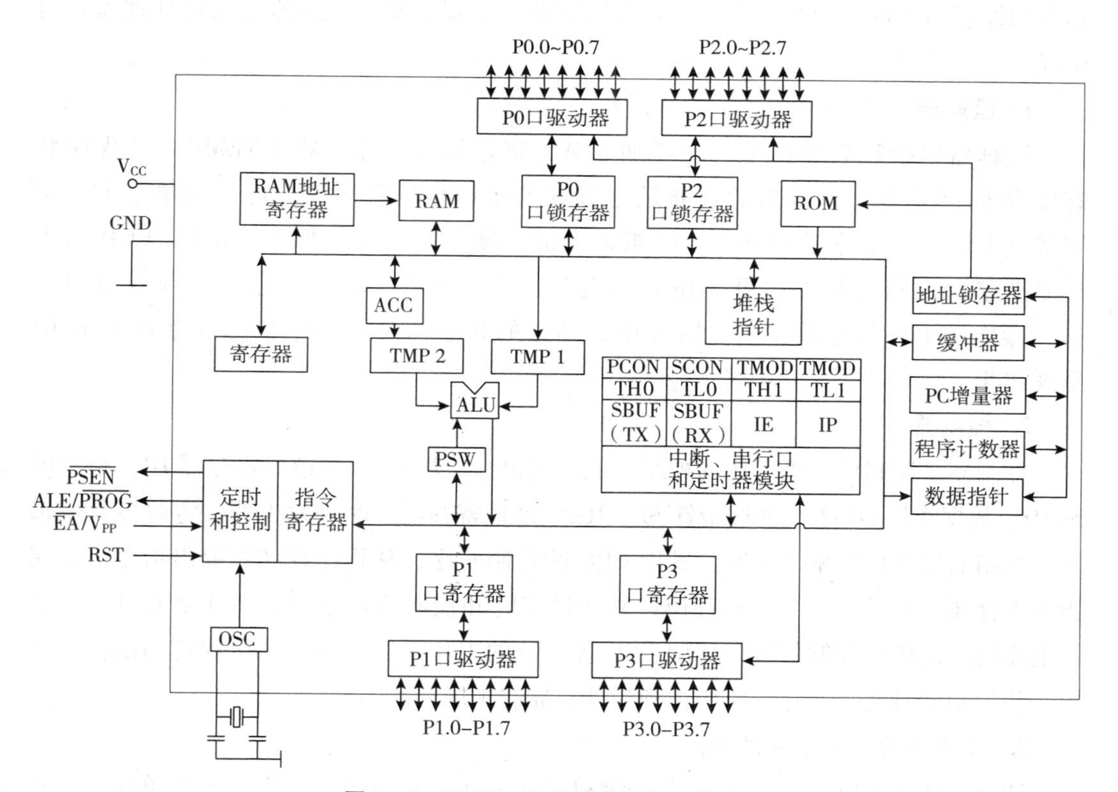

图 2－1 MCS－51 单片机内部总体结构

（1）8 位 CPU，片内振荡器。

（2）4kB/8kB 字节程序存储器 ROM。

（3）128B/256B 字节数据存储器 RAM。

（4）2/3 个 16 位定时器/计数器。

（5）32 个可编程的 I/O 线（四个 8 位并行 I/O 端口）。

（6）一个可编程全双工串行口。

（7）5/6 个中断源，两个中断优先级。

（8）可寻址 64kB 外部数据存储器空间、64kB 外部程序存储器空间的控制电路。

（9）有位寻址功能，适于布尔处理机的位处理机。

单片机内部结构根据其功能可分成 6 个部分：CPU、存储器、并行 I/O 端口、中断系统、定时器/计数器及串行通信口。各功能部件均由内部总线连接在一起。

2.1.1 中央处理器（CPU）

中央处理器（CPU）是整个单片机的核心部件，是 8 位数据宽度的处理器，能处理 8 位二进制数据或代码。CPU 负责控制、指挥和调度整个单元系统协调工作，完成运算和控制输入输出功能等操作。它由运算器、控制器及位处理器（布尔处理器）等组成。

1. 运算器

运算器包括算数逻辑单元、累加器 A、寄存器 B、暂存器（TEMP）及程序状态寄存器 PSW 等。运算器的功能是进行算术运算和逻辑运算。可以对单字节、半字节（4 位）等数据进行操作。如能完成加、减、乘、除、加 1、减 1、BCD 码十进制调整、比较等算术运算，还能实现与、或、异或、取反、左右循环等逻辑操作。操作结果一般存放在累加器 A 中，结果的状态信息在程序状态寄存器 PSW 中呈现出来。

2. 控制器

控制器是控制单片机工作的神经中枢，它包括计数器 PC、指令寄存器 IR、指令译码 ID、数据指针 DPTR、堆栈指针 SP、RAM 地址寄存器、时钟发生器、定时控制逻辑等。控制器以主振频率为基准，发出 CPU 的控制时序，从程序存储器取出指令，放在指令寄存器，然后对指令进行译码，并通过定时和控制逻辑电路，在规定的时刻发出一定序列的微操作控制信号，协调 CPU 各部分的工作，以完成指令所规定的操作。其中一些控制信号通过芯片的引脚送到片外，控制扩展芯片的工作。

3. 位处理器（布尔处理器）

MCS－51 的 CPU 内有一个一位处理机子系统，它相当于一个完整的位单片机，只是每次处理的数据只是一位。它有自己累加器 CY，数据存储器（可位寻址空间）。它能完成与、或、非、异或等各种逻辑运算。用于逻辑电路的仿真、开关量的控制及设置状态标志位非常有效。

2.1.2 存储器

MCS－51 系列单片机的存储器包括：数据存储器（RAM）和程序存储器（ROM）两部分。

1. 数据存储器（RAM）

51/52 片内有 128/256 个 8 位用户读写数据存储单元和 21/26 个特殊功能寄存器，读写数据存储器是通用存储器，用于存放运算中间结果或临时数据等。特殊功能寄存器是 CPU 运行和片内功能模块专用的寄存器。如累加器 A，定时器/计数器等。一般不能作为通用数据存储器使用。当片内数据存储器不够使用时，可扩展片外 RAM。MCS－51 对外有 64kB 数据存储器的寻址能力。

2. 程序存储器（ROM）

51/52 有 4kB/8kB（1kB＝1024 字节）的掩膜 ROM，用于存放用户程序和常数（如原始数据或表格）等。当需要扩展片外 ROM 时，MCS－51 对外有 64kB 程序存储器的寻址能力。

2.1.3 接口电路

MCS－51 单片机有四个 8 位宽度的并行输入/输出 I/O 端口，分别称 P0 口、P1 口、P2 口和 P3 口，输入/输出 I/O 线共 32 根。单片机输出的控制信号和采集外部的输入信号，都是通过这 32 根 I/O 线进行传输的。

2.1.4 时钟振荡电路

51/52 内置一个振荡器和时钟电路，用于产生整个单片机运行的脉冲时序，最高频率达 12MHz。振荡器实际是一个高增益反相器，使用时需外接一个晶振和两个匹配电容。

2.2 MCS－51 单片机的引脚及功能

在 MCS－51 系列中，各类单片机相互兼容，只是引脚功能略有差异。在器件引脚的封装上，MCS－51 系列机通常有两种封装，一种是双列直插式封装，40 脚 DIP，常为 HMOS 型器件所使用；另一种是方形封装，44 脚 PLL，大多数在 CHMOS 型器件中使用。在实际应用中较多采用 40 脚 DIP 封装结构，如图 2－2 所示。

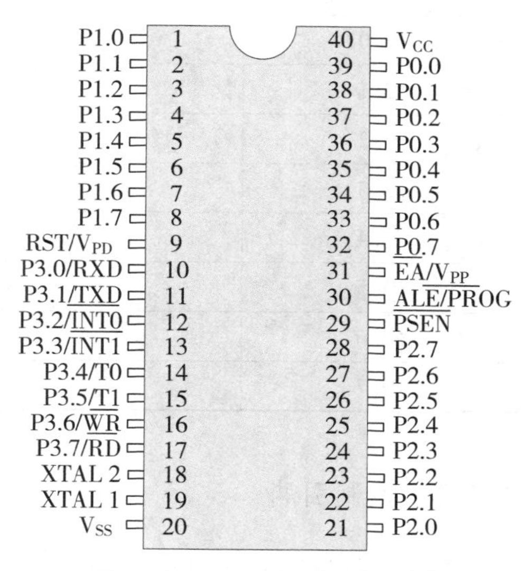

图 2－2 MCS－51 单片机引脚

2.2.1 I/O 端口

四个并行输入/输出端口是 P0 口、P1 口、

P2 口及 P3 口，共 32 根引脚。

P0 口（P0.0～P0.7，39～32 脚），P0 口根据使用情况，有两种工作方式。一是作为普通 I/O 使用时，它是一种漏极开路的 8 位准双向 I/O，可驱动 8 个 LSTTL 负载。需要输出高电平时，要接上拉电阻。当 P0 口作为普通输入接口时，应先向口锁存器写“1”。二是在访问片外存储器（扩展 RAM 或 ROM）时，它是标准的双向 I/O 接口，时分复用作为低 8 位地址线和 8 位双向数据总线使用，先用作地址总线，在 ALE 信号的下降沿，地址被锁存；然后用作为数据总线。

P1 口（P1.0～P1.7，1～8 脚），8 位准双向 I/O 接口，这种接口没有高阻状态，输入不能锁存；它可驱动 4 个 LSTTL 负载。

P2 口（P2.0～P2.7，21～28 脚），P2 口也有两种工作方式。一是作为普通 I/O 使用时，可驱动（吸收或输出电流）4 个 LSTTL 负载；当 P2 口作为输入接口时，应先向口锁存器写“1”。二是在访问片外存储器时（扩展 RAM 或 ROM）时，P2 口作为高 8 位地址线使用。

P3 口（P3.0～P3.7，10～17 脚），P3 口也是 8 位准双向 I/O 接口，可驱动（吸收或输出电流）4 个 LSTTL 负载；在 MCS－51 中，这 8 个引脚还用于专门功能，是复用双功能口。

当 P3 口作为第一功能使用时，就作为普通 I/O 口用，功能和操作方法与 P1 口相同。

当 P3 口作为第二功能使用时，各引脚的定义如表 2－1 所示。

表 2－1　　P3 口引脚第二功能

引脚	功能
P3.0	RDX（串行输入口）
P3.1	TDX（串行输出口）
P3.2	$\overline{\text{INT0}}$（外部中断 0 输入口）
P3.3	$\overline{\text{INT1}}$（外部中断 1 输入口）
P3.4	T0（定时器 0 外部输入口）
P3.5	T1（定时器 1 外部输入口）
P3.6	WR（写选通输出口）
P3.7	RD（读选通输出口）

2.2.2　控制引脚

控制引脚包括 ALE/$\overline{\text{PROG}}$、$\overline{\text{PSEN}}$、$\overline{\text{EA}}$/V_{PP}、RST/V_{PD}。

（1）ALE/$\overline{PROG}$（30脚），ALE地址锁存使能信号输出端。存取片外存储器时，用于锁存低8位地址。即使不访问外部存储器，ALE端仍以时钟振荡频率1/6的固定频率向外输出正脉冲信号，因此，它可用作对外输出的时钟，然而要注意的是：每当访问外部存储器时，有些指令将跳过一个ALE脉冲。ALE端可以驱动8个LSTTL输入。$\overline{PROG}$是对于EPROM型单片机，在EPROM编程期间，此引脚用于输入编程脉冲。

（2）$\overline{PSEN}$（29脚）程序存储器输出使能端。它是外部程序存储器的读选通信号，低电平有效。在由外部程序存储器取指（或常数）期间，每个机器周期两次$\overline{PSEN}$有效。但在访问片外数据存储器时，这两次的$\overline{PSEN}$将不出现。$\overline{PSEN}$同样可以驱动（吸收或输出）8个LSTTL输入。

（3）$\overline{EA}$/V_{PP}（31脚）片内程序存储器屏蔽控制端，低电平有效。当$\overline{EA}$端保持低电平时。将屏蔽片内的程序存储器（有内部ROM型），只访问片外程序存储器。当$\overline{EA}$保持高电平时，执行（访问）内部程序存储器，但在PC（程序计数器）值超过0FFFH（对8051/8751）或1FFFH（对8052/8752）时，将自动转向执行外部程序存储器内的程序。V_{PP}加入编程电压端。对EPROM型单片机，在EPROM编程期间，此引脚用于施加21V的编程电压（V_{PP}）。

（4）RST/V_{PD}（9脚）复位输入信号端，高电平有效。当振荡器运行时，在此脚输入最少两个机器周期以上的高电平，将使单片机复位。复位后单片机将从程序计数器PC＝0000H地址开始执行程序。对HMOS工艺的单片机此引脚还有备用电源V_{PD}功能。该脚接上备用电源，在Vcc掉电期间。可以保持内部RAM的数据不丢失的。

2.2.3 电源与晶振引脚

V_{CC}（40脚）：主电源正端，接＋5V。

V_{SS}（20脚）：主电源负端，接地。

XTAL1（19脚）：它是片内高增益反向放大器的输入端。接外部石英晶体和电容的一端。若使用外部输入时钟，该引脚必须接地。

XTAL2（18脚）：它是片内高增益反向放大器的输出端。接外部石英晶体和电容的另一端。若使用外部输入时钟，该引脚作为外部输入时钟的输入端。

2.3 MCS－51的存储器配置

存储器包括程序存储器和数据存储器两部分，MCS－51单片机的程序存储器和数据存储器的寻址空间是分开的，属于哈佛存储结构。程序存储器和数据存储器各有片内、片外存储器之分，所以MCS－51系列（8031和8032除外）单片机的存储器共有4个物理上独立的空间。

2.3.1 程序存储器配置

如图2-3所示为8051的程序存储器配置图，程序存储器ROM包括：一个片内程序存储器（80C31/80C32无）和一个片外程序存储器可寻址空间。当$\overline{EA}$=0（片内程序存储器屏蔽使能端，“0”有效）时，单片机只执行片外程序存储器的程序，起始点从片外ROM的0000H开始。当$\overline{EA}$=1时，单片机先执行片内的ROM（起始点从片内ROM的0000H开始），当ROM的地址超过0FFFH（51子系列单片机超过7FFH时），接着执行片外的ROM中1000H开始的程序，最大可寻址范围是64kB。具体片外的ROM多少取决于实有的物理扩展程序存储器的大小。在程序存储器中，有7个特殊的地址，如表2-2所示。

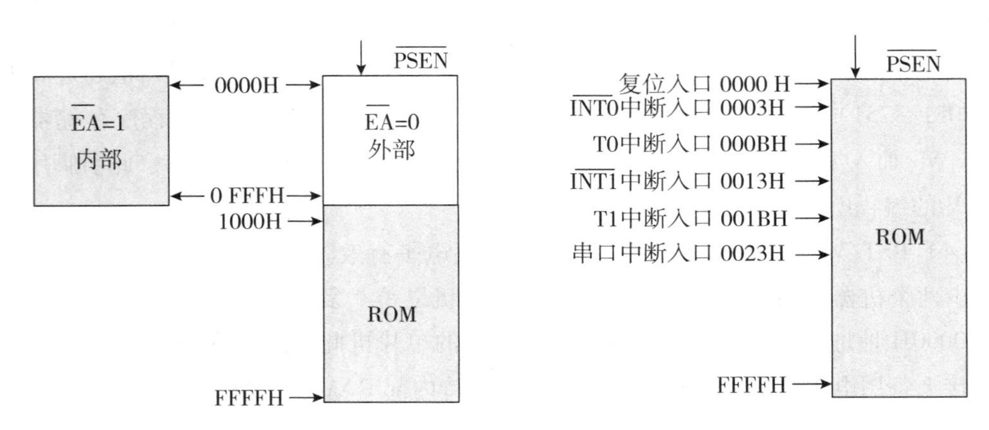

图2-3 程序存储器配置示意

表2-2 程序存储器的7个特殊地址

PC	功能
0000H	复位时ROM的地址
0003H	外部中断0入口地址
000BH	定时器计数器0溢出中断入口地址
0013H	外部中断1 入口地址
001BH	定时器/计数器1溢出中断入口地址
0023H	串行口中断入口地址
002BH	定时器/计数器2溢出中断入口地址

0000H地址是单片机复位时的PC值，从0000H开始执行程序。其他6个地址是单片机响应不同的中断时，所跳向对应的入口地址。该表也叫中断向量表或称中断向量。由于这6个中断向量地址的存在，所以在写程序时，这些地址不要占用。一般在0000H

地址只写一条跳转指令，从 0030H 开始写主程序，如：

```
ORG  0000H
LJMP  MAIN
   …
ORG  0030H
MAIN:    … ；开始写主程序
```

2.3.2 数据存储器配置

数据存储器用于存放运算的中间结果、数据暂存及数据缓冲等。数据存储器的配置图，如图 2－4 所示，MCS－51 系列单片机的数据存储器 RAM 也包括：一个片内数据存储器和一个片外数据存储器可寻址空间。

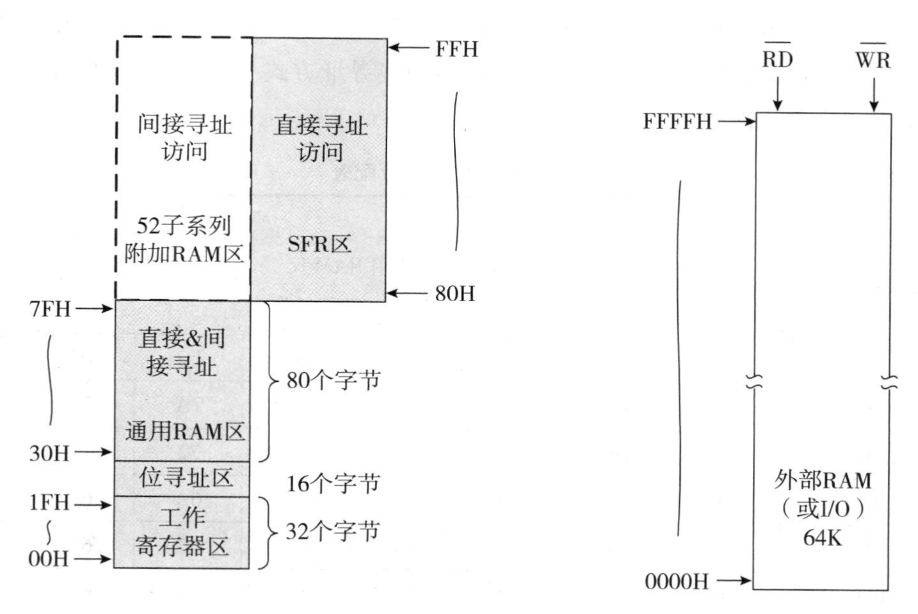

图 2－4　数据存储器的配置

片内数据存储器：片内数据存储器结构比较复杂。有工作区、位寻址区、通用区及特殊功能寄存器区等。寻址方式也不相同，有直接寻址，也有间接寻址，还有两种方式都可以的。片内数据存储器总的寻址范围是 00H～FFH。

00H～1FH 的这 32 字节，称为工作区寄存器。这个工作区由四个小区组成，分别为 0 区、1 区、2 区和 3 区。每个小区有 8 个寄存器，这 8 个寄存器分别命名为 R0、R1…R7。四个小区的寄存器的名字是完全相同的。由于单片机在某时刻只能工作在其中一个小区中，所以不同小区的寄存器，有相同的名字也不会产生混淆。工作区之间的切换，是通过程序状态寄存器 PSW 中的 RS1、RS0 置位和清零实现的

（参见 2. 3. 3 节）。

20H～2FH 的 16 个字节是位寻址区。它们既可以以字节被寻址，也可以对字节中的任意位进行寻址。其位地址分配如表 2－3 所示。位地址分配的规律是：20H～2FH 的 16 个字节，共 128 个位。这 128 个位对应的位地址是从 00H～7FH，起点是 20H 字节的 D0 位对应 00H 位地址，其他位地址依次递增对应。位寻址区的用途，一是作为 MCS－51 单片机布尔处理机子系统的位 RAM 区；二是在编程时，作为某状态标志位使用，这一点，其他系列单片机大部分没有，这也是 MCS－51 单片机优秀的一点。给编程提供很大方便。

30H～7FH 是通用 RAM 区，只能以字节寻址，通用暂存数据，一般堆栈也设在该区域内。

80H～FFH 区内有两部分内容。一是通用数据 RAM 区（51 子系列单片机没有该区）；二是特殊功能寄存器区。它们占用相同逻辑地址，但物理地址是分开的。区别的方法是：访问通用数据 RAM 区，使用寄存器间接寻址方式。访问特殊功能寄存器，使用直接寻址方式，两者不可混用。

表 2－3　　位寻址区位地址分配表

7FH	通用 RAM 区							
↕								
30H								
	D7	D6	D5	D4	D3	D2	D1	D0
2FH	7F	7E	7D	7C	7B	7A	79	78
2EH	77	76	75	74	73	72	71	70
2DH	6F	6E	6D	6C	6B	6A	69	68
2CH	67	66	65	64	63	62	61	60
2BH	5F	5E	5D	5C	5B	5A	59	58
2AH	57	56	55	54	53	52	51	50
29H	4F	4E	4D	4C	4B	4A	49	48
28H	47	46	45	44	43	42	41	40
27H	3F	3E	3D	3C	3B	3A	39	38
26H	37	36	35	34	33	32	31	30
25H	2F	2E	2D	2C	2B	2A	29	28
24H	27	26	25	24	23	22	21	20
23H	1F	1E	1D	1C	1B	1A	19	18
22F	17	16	15	14	13	12	11	10

续 表

7FH	通用 RAM 区							
↕								
30H								
	D7	D6	D5	D4	D3	D2	D1	D0
21H	0F	0E	0D	0C	0B	0A	09	08
20H	07	06	05	04	03	02	01	00
1FH	3 区、2 区、1 区、0 区							
↕								
00H								

片外数据存储器可寻址空间，是指 MCS－51 单片机对片外扩展数据存储器的最大寻址能力，也就是片外最多可扩展数据存储器的最大数。片外数据存储器可寻址空间是 64kB；片外扩展的数据存储器与片内数据存储器不是统一编址的，逻辑上、物理都是独立的两个空间。在数据传送上，访问片内数存器用 MOV 指令，访问片外数据存存器用 MOVX 指令。

2.3.3 殊功能寄存器（SFR）

特殊功能寄存器的地址在 80H～FFH 范围内，与通用 RAM 的高 128B 地址，在逻辑上是重合的。它们用不同的寻址方式加以区分。特殊功能寄存器的地址离散的分布在 80H～FFH 的空间中。51 子系列单片机有 21 个特殊功能寄存器。52 子系列比 51 子系列多了一个定时器/计数器 T2，增加了 5 个特殊功能寄存器。具体如表 2－4 所示。

表 2－4　　MCS－51 单片机特殊功能寄存器

符号	名称	地址
ACC	累加器	0E0H
B	B 寄存器	0F0H
PSW	程序状态字	0D0H
SP	堆栈指针	81H
DPTR	数据指针（包括高位 DPH 和低位 DPL）	83H（高位）
		82H（低位）
P0	P0 口锁存寄存器	80H
P1	P1 口锁存寄存器	90H
P2	P2 口锁存寄存器	0A0H

续 表

符号	名称	地址
P3	P3 口锁存寄存器	0B0H
IP	中断优先级控制寄存器	0B8H
IE	中断允许控制寄存器	0A8H
TMOD	定时器/计数器工作方式、状态寄存器	89H
T2CON *	定时器/计数器 2 控制寄存器	0C8H
TCON	定时器/计数器控制寄存器	88H
TH0	定时器/计数器 0（高字节）	8CH
TL0	定时器/计数器 0（低字节）	8AH
TH1	定时器/计数器 1（高字节）	8DH
TL1	定时器/计数器 1（低字节）	8BH
TH2 *	定时器/计数器 2（高字节）	0CDH
TL2 *	定时器/计数器 2（低字节）	0CCH
RCAP2H *	定时器/计数器 2 记录寄存器（高字节）	0CBH
RCAP2L *	定时器/计数器 2 记录寄存器（低字节）	0CAH
SCON	串行口控制寄存器	98H
SBUF	串行数据缓冲器	99H
PCON	电源控制寄存器	97H

注：带“*”寄存器仅 52 子系列单片机具有。

这些特殊功能寄存器，可以以字节寻址，部分也可以位寻址。可位寻址的寄存器，是该寄存器的地址是 8 的整倍数。有 11 个可位寻址寄存器，如累加器（0E0H）、串行口控制寄存器（98H）等。其字节和位的地址如表 2-5 所示。最右边一列是字节地址，中间的是特殊功能寄存器位地址。其规律是，在位寻址时，某特殊功能寄存器的字节地址，就是该特殊功能寄存器最低位（D0）的位地址，其他位地址依次递增。这些特殊功能寄存器的功能如下所述。

1. 累加器 ACC（0E0H）

累加器的助记符是 A，当对累加器的位进行操作时，常用符号 ACC，如累加器的 D0 位，表示为“ACC.0”。它是一个工作最繁忙的专用寄存器。大部分单操作数指令的操作数取自累加器 A。很多双操作数指令的一个操作数也取自累加器。加、减、乘、除算术运算指令的结果都存放在累加器 A 或 AB 寄存器中。

表 2－5 特殊功能寄存器位定义及地址表

SFR	位定义/位地址								字节地址
	D7	D6	D5	D4	D3	D2	D1	D0	
B									0F0H
	F7H	F6H	F5H	F4H	F3H	F2H	F1H	F0H	
ACC									0E0H
	E7H	E6H	E5H	E4H	E3H	E2H	E1H	E0H	
PSW	CY	AC	F0	RS1	RS0	OV	F1	P	0D0H
	D7H	D6H	D5H	D4H	D3H	D2H	D1H	D0H	
IP	—	—	—	PS	PT1	PX1	PT0	PX0	0B8H
	B7H	B6H	B5H	B4H	B3H	B2H	B1H	B0H	
IE	EA	—	—	ES	ET1	EX1	ET0	EX0	0A8H
	AFH	AEH	ADH	ACH	ABH	AAH	A9H	A8H	
P2	P2. 7	P2. 6	P2. 5	P2. 4	P2. 3	P2. 2	P2. 1	P2. 0	0A0H
	A7H	A6H	A5H	A4H	A3H	A2H	A1H	A0H	
SBUF									(99H)
SCON	SM0	SM1	SM2	REN	TB8	RB8	TI	RY	98H
	9FH	9EH	9DH	9CH	9BH	9AH	99H	98H	
P1	P1. 7	P1. 6	P1. 5	P1. 4	P1. 3	P1. 2	P1. 1	P1. 0	90H
	97H	96H	95H	94H	93H	92H	91H	90H	
TH1									(8DH)
TH0									(8CH)
TL1									(8BH)
TL0									(8AH)
TMOD	GATE	C/T	M1	M0	GATE	C/T	M1	M0	(89H)
TCON	TF1	TR1	TF0	TR0	IE1	IT1	IE0	IT0	(88H)
	8FH	8EH	8DH	8CH	8BH	8AH	89H	88H	
PCON	SMOD	—	—	—	GF1	GF0	PD	IDL	(87H)
DPH									(83H)
DPL									(82H)
SP									(81H)
P0	P0. 7	P0. 6	P0. 5	P0. 4	P0. 3	P0. 2	P0. 1	P0. 0	80H
	87H	86H	85H	84H	83H	82H	81H	80H	

2. B 寄存器（0F0H）

B 寄存器可以作为一般寄存器使用。但在乘除指令中，B 寄存器有专门的用途。乘法指令中，两个操作数一个是累加器 A，另一个必须是 B 寄存器。其结果存放在 AB 寄存器对中。除法指令中，被除数是累加器 A，除数是寄存器 B，商数存放于 A，余数存放于 B 寄存器。

3. 程序状态寄存器 PSW（0D0H）

程序状态寄存器是一个 8 位寄存器。它包含了程序状态信息和一些可控制位。该寄存器各位的含义如表 2－6 所示。

表 2－6　寄存器各位含义

<table>
<tr><th></th><th>D7</th><th>D6</th><th>D5</th><th>D4</th><th>D3</th><th>D2</th><th>D1</th><th>D0</th><th>字节地址</th></tr>
<tr><td>PSW</td><td>CY</td><td>AC</td><td>F0</td><td>RS1</td><td>RS0</td><td>OV</td><td>F1</td><td>P</td><td rowspan="2">0D0H</td></tr>
<tr><td>位地址</td><td>D7H</td><td>D6H</td><td>D5H</td><td>D4H</td><td>D3H</td><td>D2H</td><td>D1H</td><td>D0H</td></tr>
</table>

（1）CY（PSW.7）：进位标志。在执行某些算术和逻辑指令时，可以被硬件或软件置位或清除。在布尔处理机中，它被认为是位累加器。它的重要性相当于字节处理中的累加器 ACC。

（2）AC（PSW.6）：辅助进位标志位。在加减运算中，当低 4 位向高 4 位有进位或借位时，AC 由硬件置位，否则 AC 位被清零。在 BCD 码运算时要十进制调整，也要用到 AC 位状态进行判断。

（3）F0（PSW.5）：用户定义的标志位。用户可根据需要用软件方法对该位进行置位或复位，以控制程序的流程。

（4）RS1、RS0（PSW.4、PSW.3）：选择当前工作区控制位。可用软件对它们置“1”或置“0”，以选择或确定当前工作寄存器区。RS1、RS0 与寄存器区的关系如表 2－7 所示。

表 2－7　寄存器工作区选择控制表

RS1	RS0	寄存器工作区
0	0	0 区
0	1	1 区
1	0	2 区
1	1	3 区

（5）OV（PSW.2）：溢出标志位，当执行算术指令时，反映带符号数的运算结果是否溢出，溢出时由硬件置 OV＝“1”，否则 OV＝“0”。溢出和进位是两种不同的概

念。对 8 位运算而言，溢出是指两个带符号数运算时，结果超出了累加器 A 所能表示的带符号数的范围（－128～＋127）。而进位是两个无符号数最高位（D7）相加（或相减）有进位（或有借位）时 CY 的变化。（参见 3.3 节）。还有无符号数乘法指令 MUL 的执行结果也会影响溢出标志位。置于累加器 A 和寄存器 B 的两个乘数的积超过 255（0FFH）时，OV＝“1”，否则 OV＝“0”。此积的高 8 位放在 B 内，低 8 位放在 A 内。因此 OV＝“0”只意味着乘积结果，只从 A 中取得即可。否则要从 BA 寄存器对中取得乘积。除法指令 DIV 也会影响溢出标志位。当除数为 0 时，OV＝“1”，否则 OV＝“0”。

（6）F1（PSW.1）：同 F0。

（7）P（PSW.0）：奇偶标志位，执行每条指令都由硬件来置位或清零，以表示累加器 A 中为 1 位的个数的奇偶性。若累加器 A 中 1 的个数为奇数，则 P＝“1”，否则 P＝“0”。此标志位对串行通信中的数据传输校验有重要意义。常用 P 作为发送一个符号的奇偶校验位，以增加通信的可靠性。

4. 指针 SP（81H）

堆栈指针 SP 是一个 8 位的特殊功能寄存器，要明白堆栈指针要先知道堆栈是什么。堆栈是指数据只允许在其一端进出的一段存储空间。数据写入时称入栈或压栈。数据读出时称出栈或弹栈。堆栈数据写入和读出遵守“先入后出，后进先出”的规则。要实现这一功能，需要有一个特殊的地址指针。SP 就是这一特殊的地址指针。堆栈有两种类型一种是数据的出入口在堆栈顶端，另一种是数据的出入口在堆栈底端。所以堆栈指针也有两种类型，一种是指针指向栈顶的。另一种指针指向栈底的。MCS－51 的堆栈指针是指向栈顶的。复位时，堆栈指针 SP＝07H，根据 SP 是指向栈顶的特点。堆栈正落在工作寄存器 1 区。在切换工作寄存器区时正冲突。所以一般设置 SP＝30H 或以上的空间。但不能在 RAM 的顶端。因为 SP 向上发展一定要留有足够的使用空间。

5. 数据指针寄存器 DPTR（83H、82H）

数据指针 DPTR 是一个 16 位专用寄存器。其高位字节寄存器用 DPH 表示，低位字节寄存器用 DPL 表示。它既可以是一个 16 位专用寄存器 DPTR，有 16 位数的加一功能。也可以拆开，作为 2 个独立的 8 位寄存器 DPH 和 DPL 使用。DPTR 是继程序计数器 PC 以外的第二个 16 位寄存器。它的主要用途是保持 16 位的地址，并有＋1 功能。常用于基址＋变址间址寄存器寻址方式使用，寻址片外 64KB 的数据存储器或程序存储器空间。

6. P0～P3 端口寄存器（80H，90H，0A0H，0B0H）

专用寄存器 P0、P1、P2 和 P3 分别是 I/O 端口 P0～P3 的 8 位锁存器。均为可位寻址寄存器。

7. 定时器/计数器 T0、T1 和 T2

51 子系列单片机有 2 个 16 位定时器/计数器 T0 和 T1，52 子系列比 51 子系列多一个 16 位定时器/计数器 T2。T0、T1 和 T2 它们都是由 2 个独立的 8 位寄存器组成的 16 位寄存器。只有在作定时器/计数器使用时，它们有 16 位数的 +1 功能。其他情况不能把 T0、T1 和 T2 当作一个 16 位的寄存器对待。

8. 串行数据缓冲器 SBUF（99H）

串行数据缓冲器 SBUF 是用于串行通信，存放欲发送和已接收数据的。它在逻辑上是一个寄存器，而在物理上是 2 个寄存器，一个是发送缓冲寄存器，另一个是接收缓冲寄存器。2 个物理寄存器使用同一个逻辑地址，不混淆的原因是，当写入 SBUF 寄存器时，是指向发送数据缓冲器。当读 SBUF 寄存器时，是取自接收缓冲寄存器。

9. 程序计数器 PC

程序计数器 PC 不属于特殊功能寄存器。编程不能对它进行访问。它是一个 16 位程序地址寄存器。专门用于存放下一条要执行指令的地址。可寻址 0000H ~ 0FFFFH 范围，64KB 的程序存储器空间。当一条指令被取出后，PC 的内容会自动增量，指向下一条要执行指令的地址。

2.4 时钟电路与复位电路

2.4.1 时钟电路

单片机的时钟一般需要多相时钟，所以时钟电路由振荡器和分频器组成。

1. 振荡电路

MCS－51 内部有一个用于构成振荡器的可控高增益反向放大器。两个引脚 XTAL1 和 XTAL2 分别是该放大器的输入端和输出端。在片外跨接一晶振和 2 个匹配电容 C1、C2 如图 2－5 所示。就构成一个自激振荡器。振荡频率根据实际要求的工作速度，从几百 KHz ~ 24MHz 可适当选取某一频率。匹配电容 C1、C2 要根据石英晶体振荡器的要求选取。

当晶振频率为 12MHz 时，C1、C2 一般选 30P 左右。图 2－5 中 PD 是电源控制寄存器 PCON. 1 的掉电方式位，正常工作方式 PD =“0”。当 PD =“1”时单片机进入掉电工作方式，是一种节能工作方式。上述电路是靠 MCS－51 单片机内部电路产生振荡的。也可以由外部振荡器或时钟直接驱动 MCS－51。如图 2－6 和图 2－7 所示。图 2－6 是对于 HMOS 工艺生产的芯片，外部时钟是从 XTAL2 引脚输入。图 2－7 是对于 CHMOS 工艺生产的芯片，外部时钟是从 XTAL1 引脚输入。这两种不得混淆。

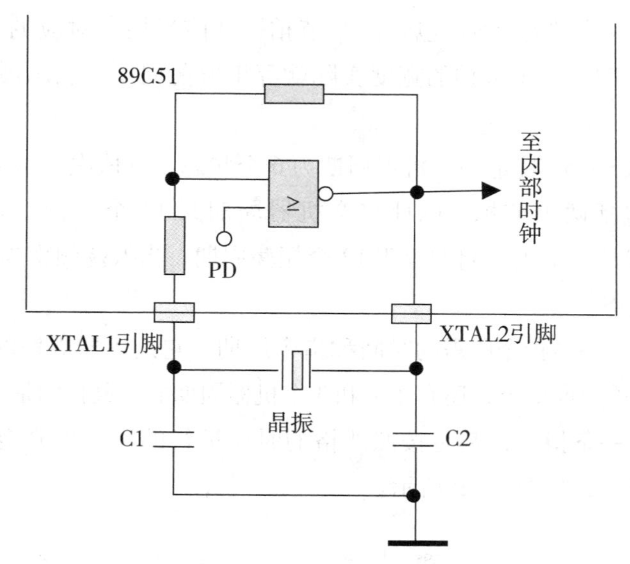

图 2－5　时钟内部振荡电路

目前常用的 AT89 系列单片机若使用外部时钟，连接电路与图 2－7 相同。单片机使用一般不采用外部时钟输入方式，除非一些特殊场合，如多 CPU 系统等。

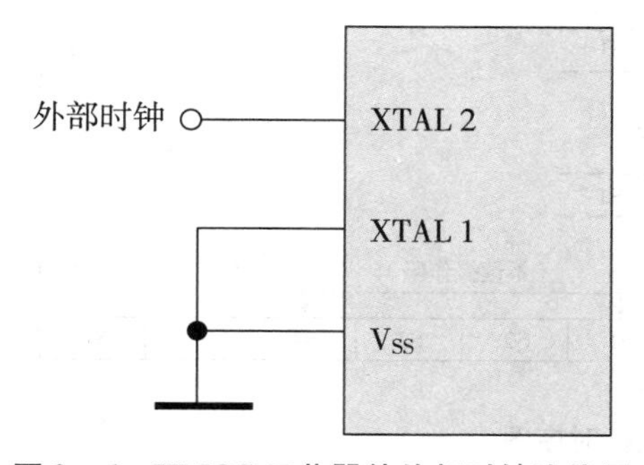

图 2－6　HMOS 工艺器件外部时钟连线图

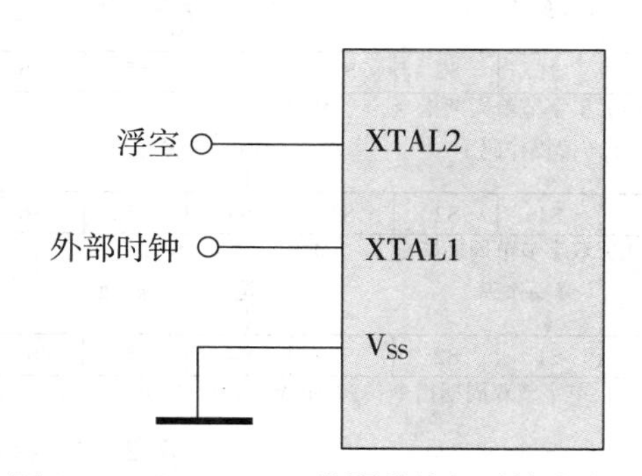

图 2－7　CHMOS 工艺器件外部时钟连线图

2. 指令时序

振荡器产生的时钟脉冲经脉冲分配器，可产生多相时序。如图 2－8 所示，时序发生器框图所示。为了更好地理解指令时序，需先了解几个概念。

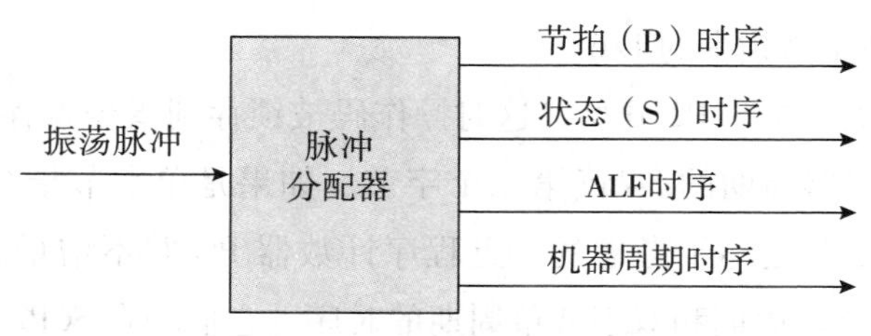

图 2－8　时序发生器框图

节拍与状态：一个状态（S）包含两个节拍，其前半周期对应的节拍称 P1，后半周期对应的节拍称 P2。一个节拍的宽度实际就等于振荡周期。状态周期是振荡周期的 2 倍。

机器周期：MCS－51 规定一个机器周期为 6 个状态，且依次表示为 S1、S2…、S6。由于一个状态又包括两个节拍，因此一个机器周期共 12 个节拍，分别记作：S1P1、S1P2…S6P2。也就是一个机器周期等于 12 个振荡周期。当振荡频率为 12MHz 时，则一个机器周期就是 1μS。

指令周期：执行一条指令所需的时间称指令周期。它是机器周期的整倍数，最短的是一个机器周期称单周期指令，还有 2 个和 3 个机器周期的，最长的是 4 个机器周期。

单片机执行每一条指令，都是按照严格的时序进行的。几个典型的单机器周期和双周期指令的时序图，如图 2－9 所示。

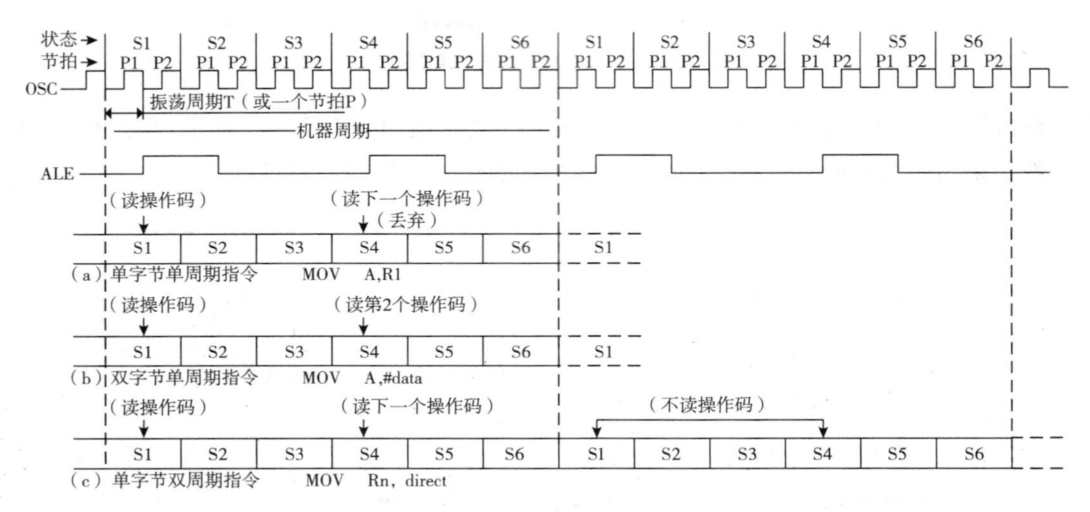

图 2－9　指令执行时序图

图 2－9 波形中只有振荡器 OSC 波形、地址锁存使能 ALE 波形可以用双踪示波器或逻辑分析仪观察到。图 2－9 中（a）、（b）、（c）执行指令的读操作码等波形在片外是看不到的，它是单片机内部执行指令过程。但是在内部的一些节点是实际存在的。通常 ALE 在一个机器周期两次有效，第一次发生在 S1P2 和 S2P1 期间，第二次在 S4P2 和 S5P1 期间。恰是振荡频率的 1/6。

单周期指令的执行在 S1P2 开始，这时操作码被锁存到指令寄存器内。如果是双字节指令，则在同一机器周期的 S4 读第二个字节。如果是单字节指令，在 S4 仍有读操作，但被读进去的字节是不予考虑的，且程序计数器 PC 并不增量。图 2－9 中（a）、（b）分别表示单字节单周期和双字节单周期的时序。它们均在 S6P2 完成操作。（c）表示单字节双周期指令的时序，在 2 个机器周期内发生 4 次读操作，只有第一次读操作数是有效的，后 3 次都是无效的。但在此期间内部进行数据传输、运算等操作。

2.4.2　复位方式与电路

1. 复位操作

复位是单片机的初始化操作。其功能主要是将程序计数器 PC 初始化为 0000H，使单片机从 0000H 单元开始执行程序，并将特殊功能寄存器赋一些特定值。

复位是上电的第一个操作，然后程序从 0000H 开始执行。在运行中，外界干扰等因素可能会使单片机的程序陷入死循环状态或跑飞。要使其进入正常状态，唯一办法是将单片机复位，以重新启动。

复位也是使单片机退出低功耗工作方式而进入正常状态一种操作。

复位后，程序计数器 PC 及各特殊功能寄存器 SFR 的值如表 2－8 所示。

表 2－8　　PC 及各 SFR 的复位状态

寄存器	复位状态	寄存器	复位状态
PC	0000H	TH1	00H
ACC	00H	P0～P3	FFH
PSW	00H	IP	xx000000B
SP	07H	IE	0xx00000B
DPTR	0000H	TMOD	00H
TCON	00H	SCON	00H
TL0	00H	SBUF	不定
TH0	00H	PCON	0xxx0000B
TL1	00H		

2. 复位电路

RST 引脚是复位端，高电平有效。在该引脚输入至少连续 2 个机器周期以上的高电平，单片机复位。RST 引脚内部有一个施密特 ST 触发器（如图 2－10 所示）以对输

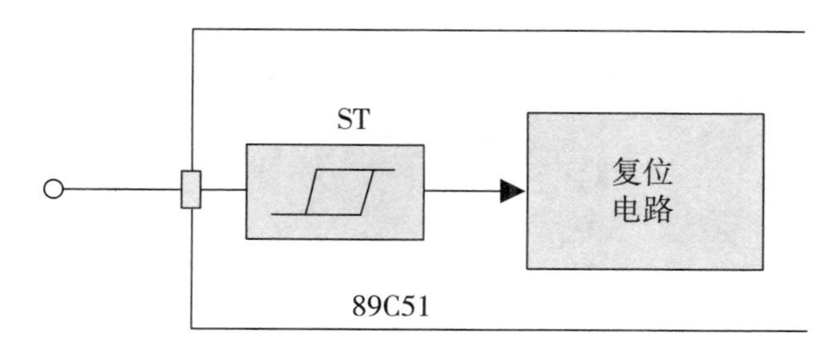

图 2－10　复位内部电路

入信号整形，保证内部复位电路的可靠，所以外部输入信号不一定要求是数字波形。使用时，一般在此引脚与 Vss 引脚之间接一个约 8.2kΩ 的下拉电阻，与 Vcc 引脚之间接一个约 10μf 的电解电容，即可保证上电自动复位。推荐电路如图 2－11 所示。

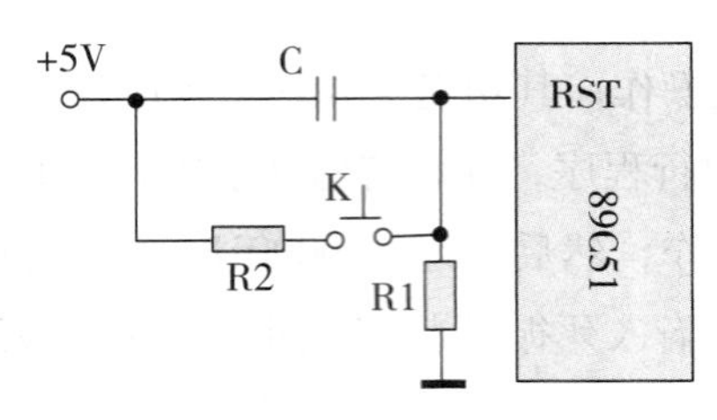

图 2－11　复位电路

电容 C 和电阻 R1 实现上电自动复位功能。增加按键开关 K 和电阻 R2 又可实现在电复位功能。R2 的作用是在 K 按下时，防止电容 C 放电电流过大烧坏开关 K 的触点。应保证（R1/R2）＞10。一般取 C＝10μf，R2＝100Ω，R1＝8.2kΩ。

3 MCS－51单片机C语言

3.1 C语言与汇编语言

对于MCS－51单片机的程序设计，当前常用的计算机语言为汇编语言和C语言。当设计一个小的嵌入式系统时硬件工程师通常会采用汇编语言，特别是其同时设计软件和硬件时候；此外，汇编语言直接面向硬件，对于硬件设计工程师更好的学习和理解硬件具有较好的帮助。然而，使用汇编进行程序设计在它的可读性和可维护性方面存在明显不足，特别当程序没有很好的标注的时候；同时，代码的可重用性也比较低；此外，C语言已基本成为工科学生的必修课程，更多的硬件开发人员都可以使用C语言进行程序设计。

与汇编语言相比较，C语言具有如下优点：

（1）用C语言编写的程序因为C语言很好的结构性和模块化更容易阅读和维护而且由于模块化用C语言编写的程序有很好的可移植性，功能化的代码能够很方便地从一个工程移植到另一个工程从而减少了开发时间。

（2）用C语言编写程序比汇编更符合人们的思考习惯。开发者可以更专心的考虑算法而不是考虑一些细节问题，这样可减少开发和调试的时间。

（3）使用像C语言这样的语言程序员不必十分熟悉处理器的运算过程。这意味着对新的处理器也能很快上手，不必知道处理器的具体内部结构，使得用C语言编写的程序比汇编程序有更好的可移植性，很多处理器支持C语言编译器。

3.2 Keil C51开发工具及其使用

Keil C51是美国Keil Software公司出品的51系列兼容单片机C语言软件开发系统。Keil提供了包括C编译器、宏汇编、连接器、库管理和一个功能强大的仿真调试器等在内的完整开发方案，通过一个集成开发环境（uVision）将这些部分组合在一起。其可以提供丰富的库函数和功能强大的集成开发调试工具，全Windows界面，可在WIN98、NT、WIN2000、WINXP等操作系统下工作。Keil C51生成的目标代码效率非常高，多数语句生成的汇编代码很紧凑，容易理解，在开发大型软件时更能体现高级语言的优势。

Keil uV3 是当前 Keil C51 单片机开发应用较广泛的开发版本，它支持汇编和 C51，以其为例介绍 Keil 开发系统的基本使用方法。介绍比较单文件工程的程序开发，即整个工程只有一个源文件。

下面给出应用 Keil uV3 进行单片机程序发的过程。

1. 打开 Keil 工作界面

双击桌面上的 Keil uV3 图标即可进入 Keil 开发系统，如图 3－1 所示。

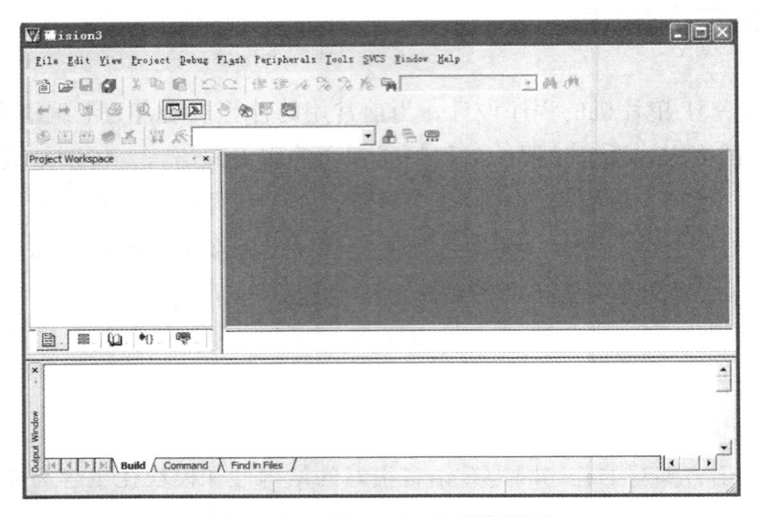

图 3－1 Keil uvision3 开发界面

2. 创建项目

点“工程”下拉菜单下的“新建工程”，弹出“新建工程”对话框，如图 3－2 所示。

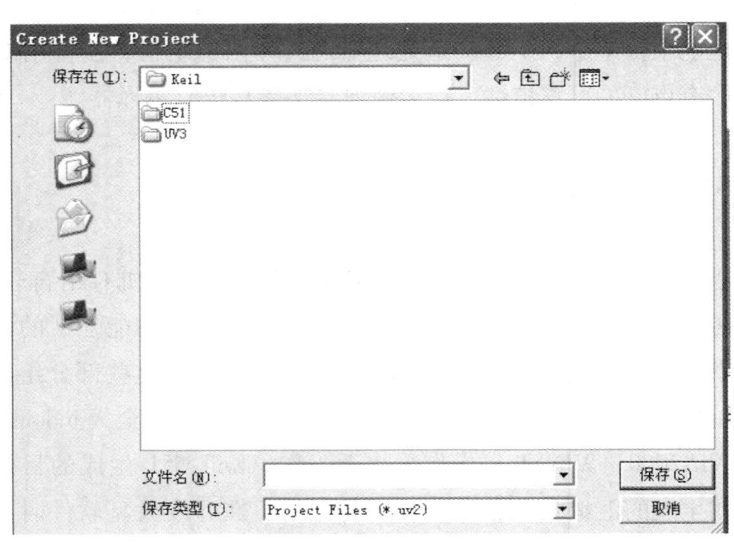

图 3－2 设计工程名称及位置界面

选择工程保存的位置，也可以在当前 Keil 文件夹下保存要建立的工程；如定义工程文件的名字为“C51program”，接下来的文件都将保存或产生在这个目录中，当然包含最终的烧写文件“*.HEX”。

3. 选择所用单片机

接下来软件将自动弹出“选择 CPU 数据库文件”界面，如图 3－3 所示。可以通过点击按钮“OK”或通过下拉菜单选择不同数据库（如果加入了其他数据库，如 STC 系列单片机），该例中选择 STC 单片机，然后点击“OK”按钮则出现如图 3－4 所示的界面，以选择所用单片机的型号，如选择图中单片机型号 STC12C5A60S2，然后点击按钮“确定”按钮，软件将自动弹出对话框如图 3－5 所示，选择“是（Y）”，至此完成一个空工程（没有应用程序）的建立，如图 3－6 所示。

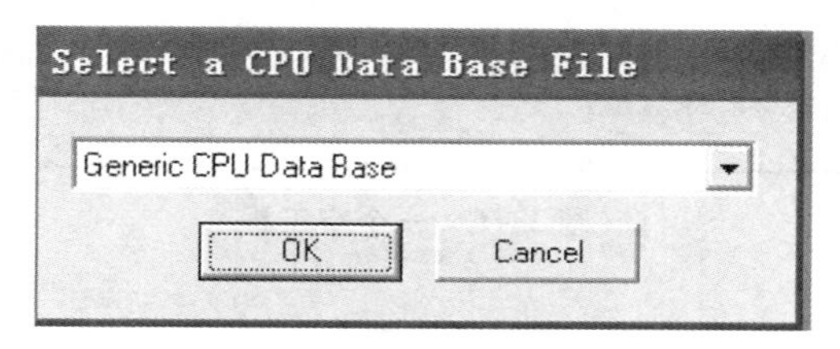

图 3－3　选择 CUP 数据库界面

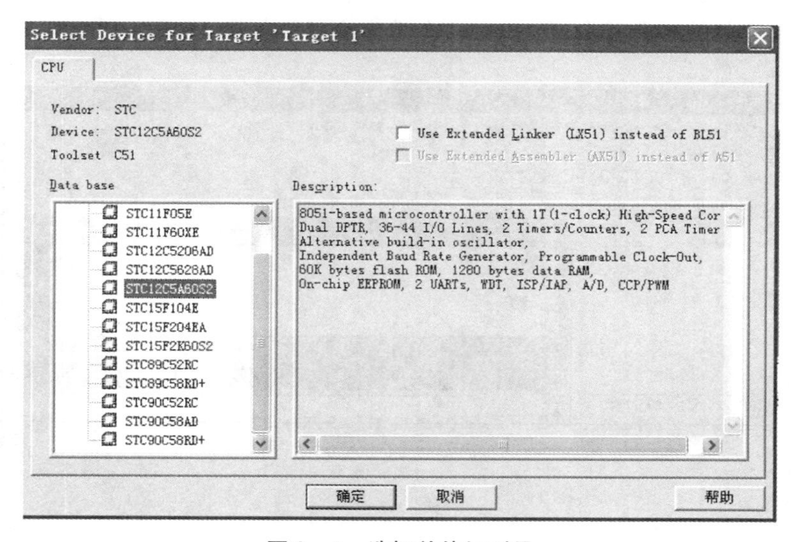

图 3－4　选择单片机型号

图 3－5　将标准文件加入到工程框

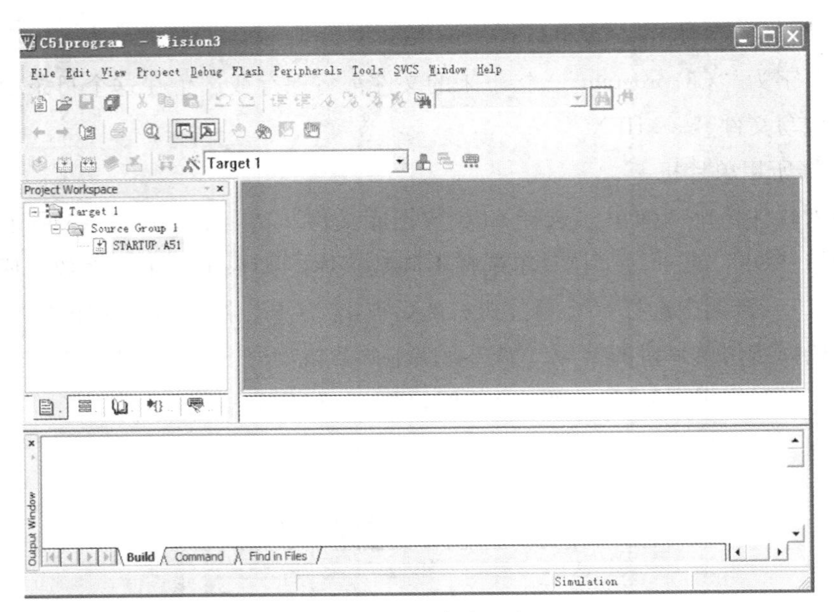

图 3-6　一个空工程

4. 建立源文件

前面已经完成了建立一个工程的工作，下面要在工程中创建一个源文件。点击“文件”下拉菜单的“新建”，会弹出一个编辑窗口，如图 3-7 所示。

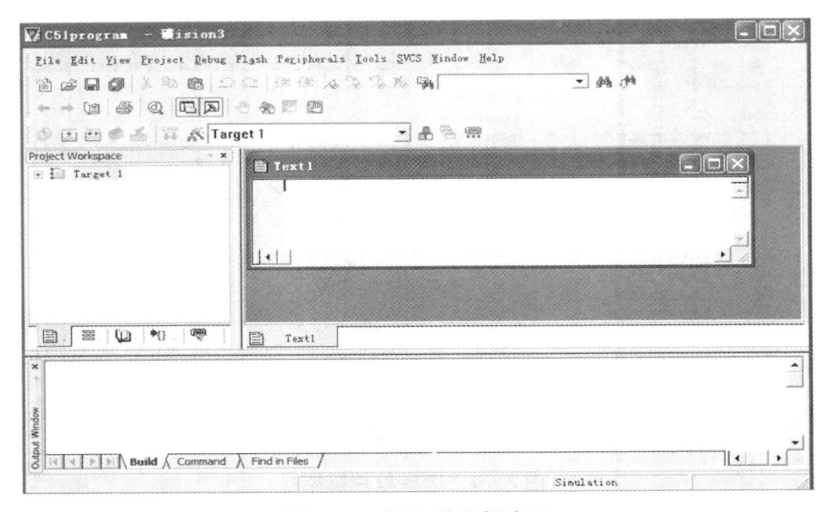

图 3-7　源文件编辑窗口

可以输入如下 C51 程序：

```
/* 串口接收及发送程序 */
#include <reg52.h>
unsigned char flag, a;
```

```
void main ()
{
    REN =1;                    //串口1接收允许
    SM0 =0; SM1 =1;            //串口1工作方式1
    TMOD =0X20;                //定时器1，工作模式2（8位自动重装）
    TH1 =0XFD; TL0 =0XFD;      //波特率设置为9600
    TR1 =1;                    //启动定时器1
    EA =1;                     //开放CPU总中断
    ES =1;                     //允许串口1中断
    while (1)
{
    if (flag = =1)
    {
      ES =0;
      flag =0;
      SBUF =a;
      while (! TI) ;
      TI =0;
      ES =1;
    }
}
void ser () interrupt 4
{
    RI =0;
    flag =1;
    a =SBUF;
}
```

输入上述程序后，界面如图3－8所示。然后，进行保存，给源程序文件取名字，一般起个有意义的名字，注意必须添加文件扩展名“.C”，如取“main.c”，点击“保存”按钮，将回到工程界面，如图3－9所示，此时程序中的符号出现了不同颜色。

5. 将所建立的源文件添加到所建工程

经过上述工作，已经建立了一个工程及一个源文件，但此时该两者是分开的，应该把源文件加入到工程，然后才能对程序进行调试。

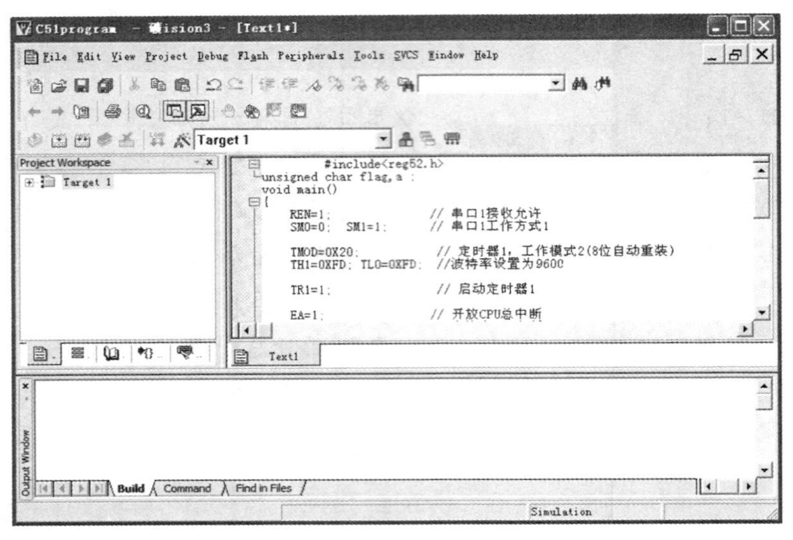

图 3-8　输入源程序界面

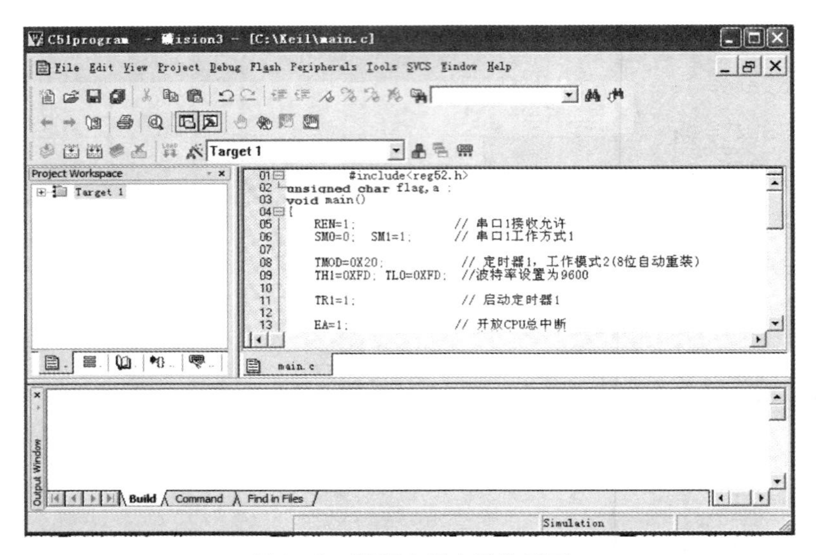

图 3-9　源程序保存后的界面

点击“Project Workspace”中的“Target 1”，将出现“Source Group 1”，然后选择“Source Group 1”，并点击鼠标右键，则出现如图 3-10 所示的界面。点击其中的“Add Files to‘Source Group 1’”后，软件自动弹出选择源文件对话框，如图 3-11 所示，选择要加入的源文件即完成在当前工程中加入源文件，如图 3-12 所示可见在“Source Group 1”里面已经有了源文件“main. c”。

6. 编译

编译前，应当先将工程属性的“输出”选项卡中的“生成 Hex 文件”前打上钩，这样编译的时候才能生成 HEX 文件，如图 3-13 所示。

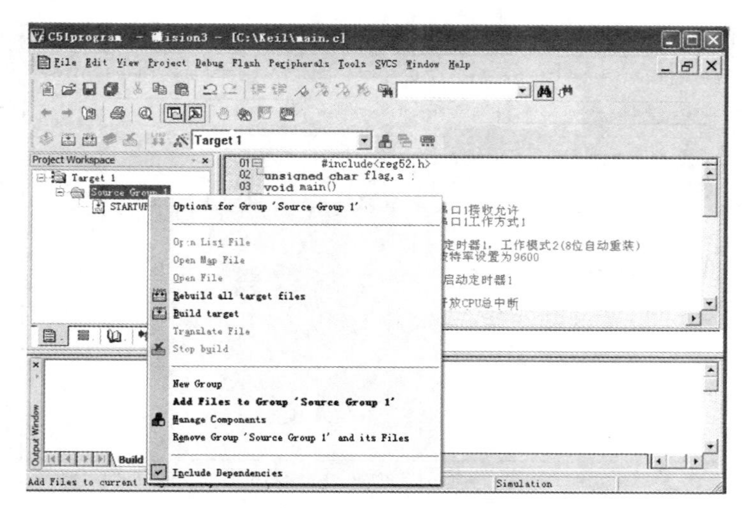

图 3－10　在工程中加入源文件界面

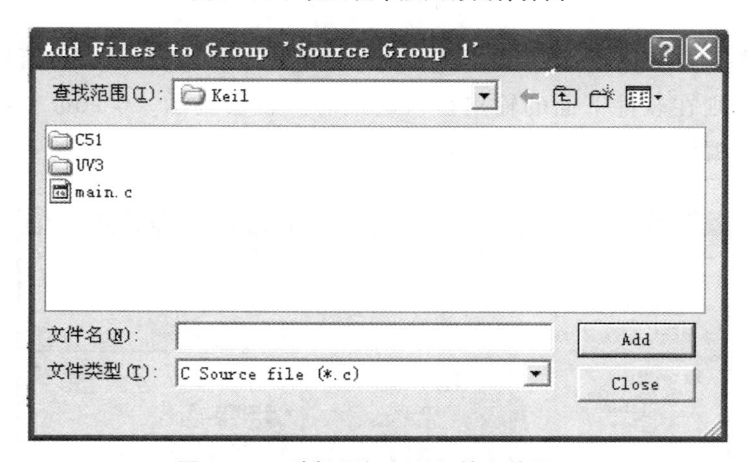

图 3－11　选择要加入工程的文件界面

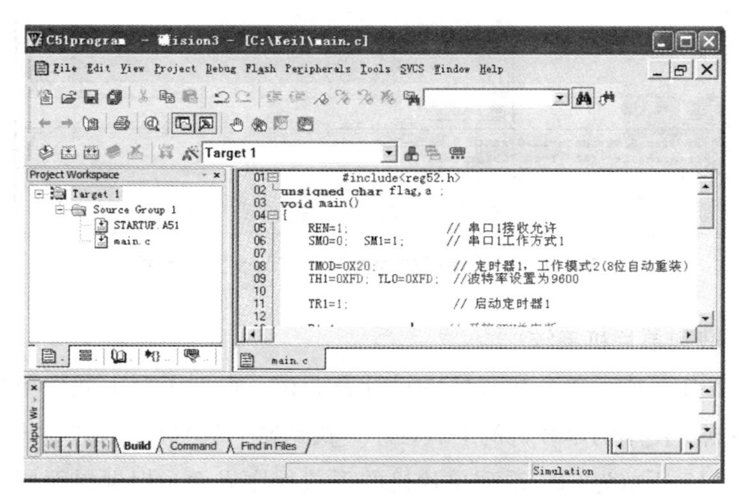

图 3－12　工程中加入源文件后的显示界面

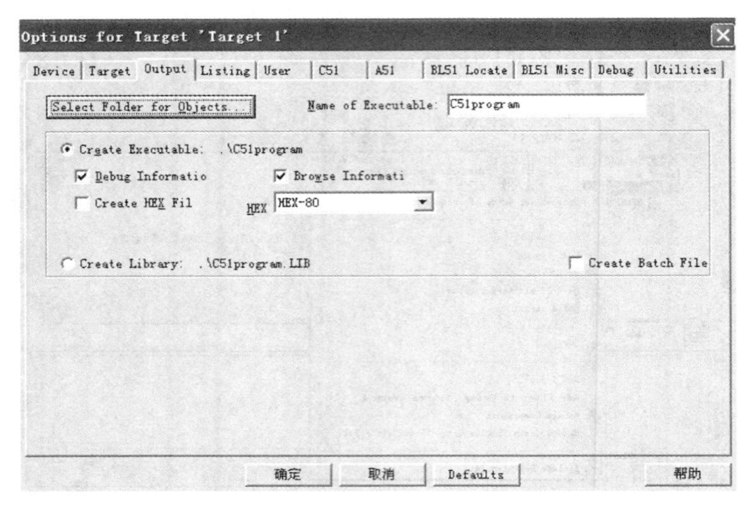

图 3－13　选择“Create HEX File”

然后，选择“Project”菜单里面的“Build target”命令进行调试。若程序没有逻辑或语法错误，则在软件下面的输出窗口的最后一行会提示“0 error（s），0 warning（s）”，这表示编译成功了。如图 3－14 所示。

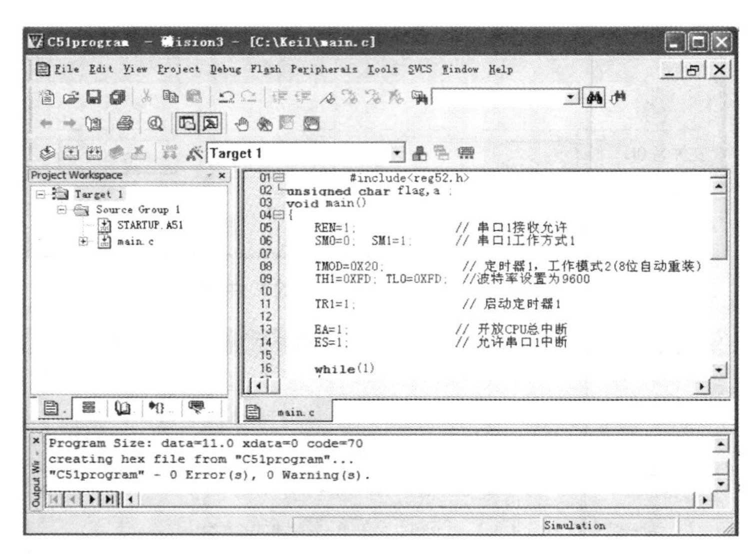

图 3－14　显示编译成功并产生了 hex 文件的界面

7. 程序下载到单片机系统

根据上述工作完成了单片机程序的设计及调试，得到了可下载到单片机的 hex 文件。则可以根据所使用的单片机的下载程序，找到要下载的 hex 文件，即可完成程序的下载。如图 3－15 所示为 STC 系列单片机的下载程序界面。根据界面所显示，选择正确的单片机 CPU，并点击“打开程序文件”按钮，根据存放位置找到 hex 文件，点击

“打开”，选择正确的“COM”口，并单片机系统硬件与计算机连接正确，则可以完成单片机程序的下载。

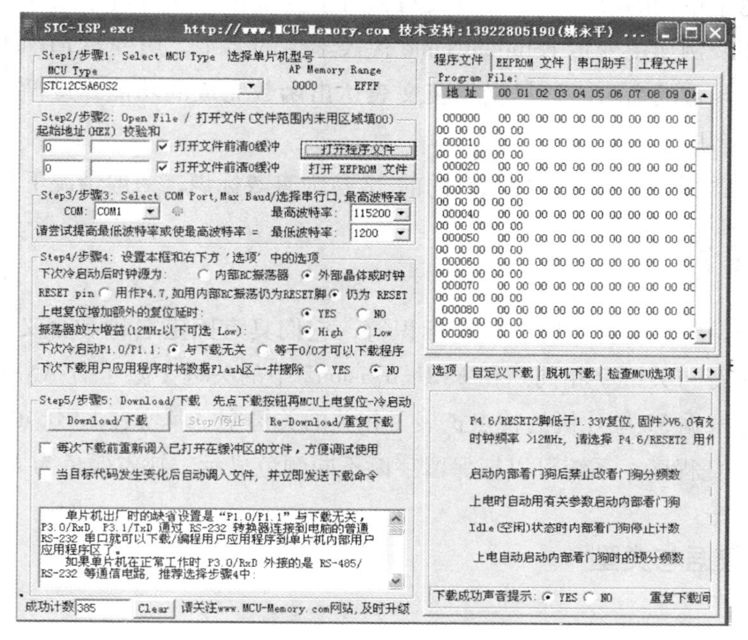

图 3－15　单片机程序下载软件界面

3.3　C 语言标识符和关键字

3.3.1　标识符

标识符用来标识源程序中某个对象的名字，这些对象可以是语句、数据类型、函数、变量、数组等。

标识符只能是字母 A～Z、a～z、数字 0～9 和下划线（_）组成的字符串，并且第一个字符必须是字母或下划线。

合法的标识符，如：myName，_ memo，a6，age。

非法的标识符，如：8a（以数字开头），名字（汉字是非法标识符），5 * x（有非法字符 *）。

非法标识符在编译时便会有错误提示。

C 语言是大小字敏感的一种高级语言，如果要定义一个定时器 1，可以写作“Timer1”，如果程序中有“TIMER1”，那么这两个是完全不同定义的标识符。

有些编译系统专用的标识符是以下划线开头，所以一般不要以下划线开头命名标识符。

标识符在命名时应当简单，含义清晰，尽量做到顾名思义，尽量用英文表达出标识符的功能，这样有助于阅读理解程序。变量命名要符合“匈牙利法则”，即开头字母用变量的类型，其余部分用变量的英文意思或其英文意思的缩写，尽量避免用中文的拼音，要求每个单词的第一个字母应大写，对于变量作注释时可紧跟在变量的后面说明变量的作用。例如用变量 cStudentName 代表学生的名字，用变量 cTeacherName 代表教师的名字；函数的命名应该尽量用英文表达出函数完成的功能，遵循动宾结构的命名法则，函数名中动词在前。

在 C51 编译器中，只支持标识符的前 32 位为有效标识，一般情况下足够用。

3.3.2 关键字

关键字则是编程语言保留的特殊标识符，它们具有固定名称和含义，在程序编写中不允许标识符与关键字相同。在 KEIL uVision2 中的关键字除了有 ANSI C 标准的 32 个关键字外还根据 51 单片机的特点扩展了相关的关键字。其实在 KEIL uVision2 的文本编辑器中编写 C 程序，系统可以把保留字以不同颜色显示，缺省颜色为天蓝色。

3.4 C51 数据与类型

3.4.1 C51 数据类型

Cx51 的数据类型有多种，其种类如表 3－1 所示。Cx51 编译器具体支持的数据类型有位型（bit）、无符号字符型（unsigned char）、有符号字符型（signed char）、无符号整型（unsigned int）、有符号整型（signed int）、无符号长整型（unsigned long）、有符号长整型（signed long）、浮点型（float）等，如表 3－2 所示。

表 3－1　Cx51 的数据类型

基本型	构造类型	指针类型	空类型
位型（bit） 字符型（char） 整型（int） 长整型（long） 浮点型（float） 双精度浮点型（double）	数组类（array） 结构体类型（struct） 共用体（union） 枚举（enum）		

表 3－2　KEIL Cx51 的数据类型

数据类型	长度/bit	长度/byte	值域
bit	1	…	0、1
unsigned char	8	1	0～255

续 表

数据类型	长度/bit	长度/byte	值域
signed char	8	1	－128～127
unsigned int	16	2	0～65535
signed int	16	2	－32768～32767
unsigned long	32	4	0～4294967295
signed long	32	4	－2147483648～2147483647
float	32	4	±1.176E－38～±3.40E＋38（6 位数字）
double	64	8	±1.176E－38～±3.40E＋38（10 位数字）
一般指针	24	3	存储空间 0～65535

3.4.2 变量与常量

C 语言中的数据有常量、变量之分。

1. 常量

在程序运行的过程中，其值不能改变的量称为常量。常量可以有不同的数据类型。如 0、1、2、－3 为整型常量；4.6、－1.23 等为实型常量；'a'、'b'为字符型常量。可以用一个标识符号代表一个常量，例如下面程序中的 CONST。

2. 变量

在程序运行中，其值可以改变的量称为变量。一个变量主要由两部分构成：一个是变量名，一个是变量值。每个变量都有一个变量名，在内存中占据一定的存储单元（地址），并在该内存单元中存放该变量的值。

下例为对符号常量和变量进行说明。

```
#define CONST 60
main () {
  int variable, result;
  variable =20
  result =variable * CONST;
  print ("result =% d \n", result);
}
```

程序运行结果：

```
result =1200
```

在程序开头#define CONST 60 这一行定义了一个符号常量 CONST，其值为 6。这样在后面的程序中，凡是出现 CONST 的地方，都代表常量 60。

在程序中，variable 和 result 就是变量，它们的数据类型为整型（int）。

3. 位变量（bit）

变量的类型是位，位变量的值可以是 1（true）或 0（false）。与 8051 硬件特性操作有关的位变量必须定位在 8051CPU 片内存储区（RAM）的可位寻址空间中。

4. 字符变量（char）

字符变量的长度为 1 字节（Byte）即 8 位，这很适合 8051 单片机，因为 8051 单片机每次可处理 8 位数据。除非指明是有符号变量（signed char），字符变量的值域是 0 ~ 255（无符号）。

对于有符号的变量，最具有重要意义的位是最高位上的符号标志位，在此位上，1 代表“负”，0 代表“正”。

有符号字符变量（signed char）和无符号字符变量（unsigned char）在表示 0 ~ 127 的数值时，其含义是一样的，都是 0 ~ 0x7F。

负数一般用补码表示，即用 11111111 表示 -1，用 11111110 表示 -2 等。有趣的是，这与二进制计算中，用 0 减 1 和用 0 减 2 所得的结果是一样的。当进行乘除法运算时，符号问题就变得十分复杂，而 C 编译器会自动地将相应的库函数调入程序中来解决这个问题。

5. 整型变量（int）

整型变量的长度为 16 位。8051 系列 CPU 将 int 型变量的 MSB（Most Significant Bit）存放在低地址字节。有符号整型变量（signed int）也使用 MSB 位作为标志位，并使用二进制的补码表示数值。

例如：整型变量值 0x1234 以图 3 - 16 所示的方式保存在内存中。

6. 长整型变量（long int）

长整型变量的长度是 32 位，占用 4 字节（Byte），其他方面与整型变量（int）相似。

例如：长整型变量（long int）值 0x12345678 以图 3 - 17 所示的方式保存在内存中。

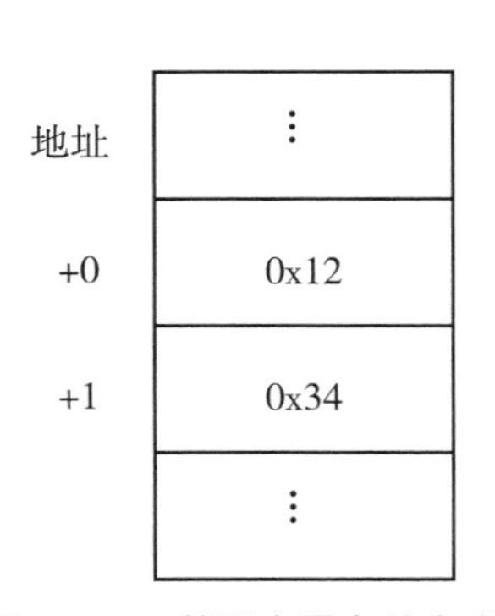

图 3 - 16　整型变量存储方式

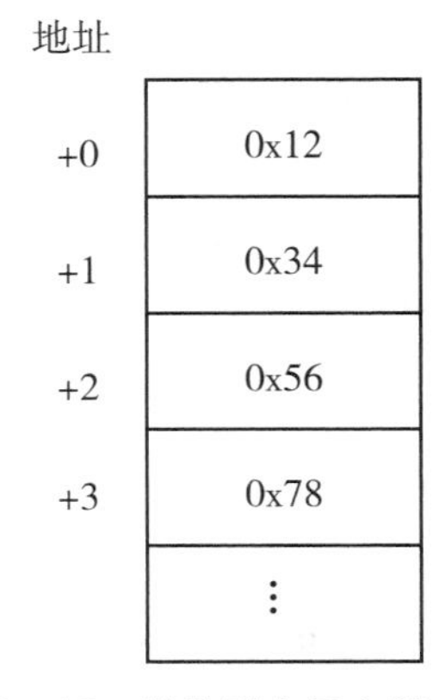

图 3 - 17　长整型变量存储方式

7. 浮点型变量（float）

浮点型变量为32位，占4字节。许多复杂的数学表达式都采用浮点变量数据类型。它用符号位表示数的符号，用阶码和尾数表示数的大小。用它们进行任何数学运算都需要使用由编译器决定的各种不同效率等级的库函数。KEIL Cx51 的浮点变量数据类型的使用格式与 IEEE－754 标准（32）有关，具有 24 位精度，尾数的高位始终为“1”，因而不保存。位的分布为：1 位符号位、8 位指数位、23 位尾数。

符号位是最高位，尾数为最低位23位，内存中按字节存储如表 3－3 所示。

表 3－3　　浮点型变量存储方式

地址	+0	+1	+2	+3
内容	SEEE EEEE	EMMM MMMM	MMMM MMMM	MMMMMMMM

其中：S——符号位，1 表示负，0 表示正；E——阶码（在两个字节中）偏移为 127；M——23 位尾数，最高位为“1”。

3.5　Cx51 运算符、表达式及其规则

3.5.1　Cx51 算术运算符及其表达式

1. Cx51 最基本的五种算术运算符

+：加法运算符，或正值符号。

－：减法运算符，或负值符号。

*：乘法运算符。

/：除法运算符。

%：模（求余）运算符。例如9%5，结果是 9 除以 5 所得的余数 4。

2. 算术表达式、优先级与结合性

算术表达式：用算术运算符和括号将运算对象连接起来的式子称为算术表达式。其中的运算对象包括常量、变量、函数、数组和结构等，例如：

a + b　　　　　　a *（b + c）－（d－e）/f

a + b * c/d　　　　a + b/c －2.5 + 'b'

C 语言规定了算术运算符的优先级和结合性。

优先级：指当运算对象两侧都有运算符时，执行运算的先后次序，按运算符优先级别的高低顺序执行运算。

结合性：指当一个运算对象两侧的运算符的优先级别相同时的运算顺序。

算术运算符的优先级规定：先乘除模，后加减，括号最优先。即在算术运算符中，乘、除、模运算符的优先级相同，并高于加减运算符。在表达式中若出现括号，则括

号中的内容优先级最高。例如：

a+b/c，该表达式中，除号的优先级高于加号，故先运算 b/c 所得的结果，之后再与 a 相加。

(a+b) * (c-d) -e，该表达式中，括号优先级最高，符号“*”次之，减号优先级最低，故先运算（a+b）和（c-d），然后再将两者结果相乘，最后再与 e 相减。

算术运算符的结合性规定为自左至右方向，又称为“左结合性”，即当一个运算对向两侧的算术运算符优先级别相同时，运算对象先与左面的运算符结合。例如：

a+b-c 式中 b 两边是“+”“-”运算符，优先级别相同，则按左结合性，先执行 a+b，再与 c 相减。

强制类型转换运算符“( )”。

如果一个运算符的两侧的数据类型不同，则必须通过数据类型转换，将数据转换成同种类型，转换的方式有两种。

一种是自动（缺省）类型转换，即在程序编译时由 C 编译自动进行数据型转换，如图 3-18 所示为自动数据类型转换规则。

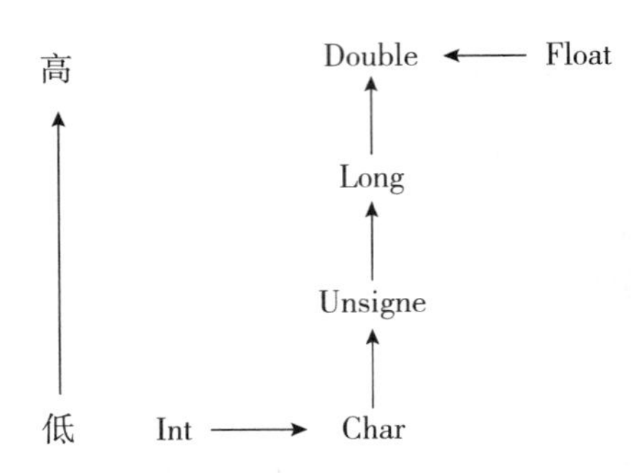

图 3-18　自动数据类型转换规则

图 3-18 中横向向左箭头表示必定的转换，如 char、int 变量同时存在时，则必定将 char 转换成 int 类型。当 float 与 double 类型共存时，在运算时一律先转换成 double 类型，以提高运算精度。

图 3-18 中纵向箭头表示当运算对象为不同类型时的转换方向。例如 int 与 long 型数据进行运算时，先将较低类型 int 转成较高的类型 long，然后再进行运算，结果为 long 类型。

一般来说，当运算对象的数据类型不相同时，先将较低的数据类型转换成较高的数据类型，运算的结果为较高的数据类型。

另一种数据类型的转换方式为强制类型转换，需要使用强制类型转换运算符，其形式为：(类型名)（表达式）。

例如：

(double) a　　将 a 强制转换成 double 类型

(int) (x + y)　　将 x + y 的值强制转换成 int 类型

(float) (5%3)　　将模运算 5%3 的值强制转换成 float 类型

3.5.2 Cx51 关系运算符、表达式及优先级

1. Cx51 提供六种关系运算符

运算符	含义	优先级
<	小于	优先级相同（高）
>	大于	
< =	小于或等于	
> =	大于或等于	
= =	测试等于	优先级相同（低）
! =	测试不等于	

2. 关系运算符的优先级

（1）前 4 种关系运算符（<、>、< =、> =）优先级相同，后两种也相同；前 4 种优先级高于后两种（= =、! =）。

（2）关系运算符的优先级高于赋值运算符，如图 3－19 所示。

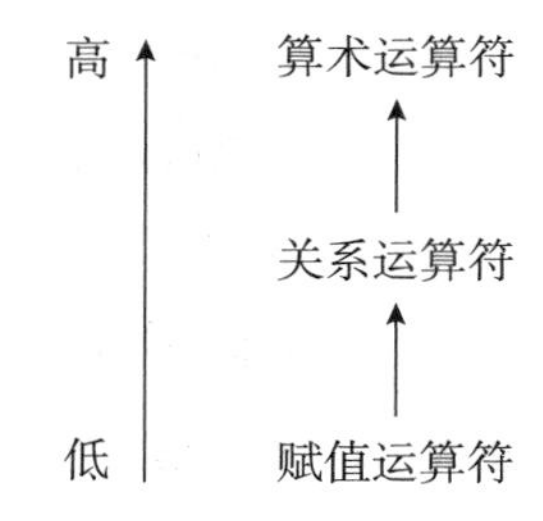

图 3－19　运算符的优先级

例如：

c > a + b　　等效于 c > (a + b)

a > b! = c　　等效于 (a > b)! = c

a = = b < c　　等效于 a = = (b < c)

a = b > c　　等效于 a = (b > c)

（3）关系运算符的结合性为左结合。

（4）关系表达式：用关系运算符将两个表达式（可以是算术表达式、关系表达式、逻辑表达式及字符表达式等）连接起来的式子，称为关系表达式。

（5）关系表达式的结果：由于关系运算符总是二目运算符，故它作用在运算对象

上产生的结果为一个逻辑值，即真或假。C 语言以 1 代表真，以 0 代表假。

例如，若 a=4，b=3，c=1，则 a>b 的值为真，表达式值为 1；b+c<a 的值为假，表达式值为 0；(a>b) ==c 的值为真，表达式值为 1（因为 a>b 值为 1，等于 c 值）；d=a>b，d 的值为 1；f=a>b>c，由于关系运算符的结合性为左结合，故 a>b 值为 1；而 1>c 值为 0，故 f 值为 0。

3.5.3 Cx51 逻辑运算符、表达式及优先级

Cx51 提供 3 种逻辑运算符：

&&　　逻辑“与”(AND)

||　　逻辑“或”(OR)

!　　逻辑“非”(NOT)

“&&”和“||”是双目运算符，要求有两个运算对象；而“!”是单目运算符，只要求有一个运算对象。

Cx51 逻辑运算符与算术运算符、关系运算符和赋值运算符之间优先级的次序如图 3-20 所示。其中“!”（非）运算符优先级最高，算术运算符次之，关系运算符再次之，“&&”和“|”再再次之，最低为赋值运算符。

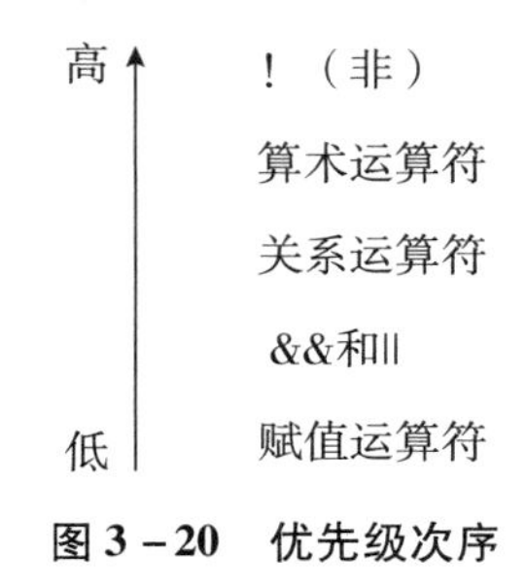

图 3-20　优先级次序

(1) 逻辑表达式的结合性为自左向右。

(2) 逻辑表达式：用逻辑运算符将关系表达式或逻辑量连接起来的式子称为逻辑表达式。

(3) 逻辑表达式的值应该是一个逻辑量真或假。

(4) 逻辑表达式的值与关系式的值相同，以 0 代表假，以 1 代表真。

例如，若 a=4，b=5，则！a 为假（0）。因为 a=4 为真，所以！a 为假（0）。a|b 为真（1）。因为 a、b 为真，所以两者相“或”也为真。

a&&b 为真（1）。! a&&b 为假（0）。因为！优先级高于 &&，故先执行！a，其值为假（0）；而 0&&b 为 0，故结果为假（0）。

通过上面的例子可以看出，系统给出的逻辑运算结果不是 0 就是 1，不可能是其他

值。这与后面讲到的逻辑运算是截然不同的，应该注意区别逻辑运算与位逻辑运算两个不同概念。

在由多个逻辑运算符构成的逻辑表达式中，并不是所有逻辑运算符都被执行，只是在必须执行下一个逻辑运算符后才能求出表达式的值时，才执行该运算符。由于逻辑运算符的结合性为自左向右，所以对于运算符“&&”（逻辑“与”）来说，只有左边的值不为假（0）才继续执行右边的运算。对于运算符“||”（逻辑“或”）来说只有左边的值为假才继续进行右边的运算。

例如：

a=1，b=2，c=3，d=4，m，n 原值为 1。

表达式：(m=a>b) && (n=c>d)

因为 a>b 为假（0），即 m=0，故无须再执行右边的 && (n=c>d) 运算，表达式值为假（0）。

表达式：(m=a>b) || (n=c>d)

因为 a>b 为假（0），即 m=0，故继续向右执行；又因为 c>d 为假（0），即 n=0，两者相“或”（||），结果为 0，故表达式值为 0。

3.5.4 Cx51 位操作及其表达式

Cx51 提供了如下位操作运算符：

& 按位与

| 按位或

^ 按位异或

~ 按位取反

<< 位左移

>> 位右移

除了按位取反运算符“~”以外，以上位操作运算符都是两目运算符，即要求运算符两侧各有一个运算对象。

位运算符只能是整型或字符型数，不能为实行数据。

1. “按位与”运算符“&”

运算规则：参加运算的两个运算对象，若两者相应的位都为 1，则该位结果值为 1，则该位结果值为 1，否则为 0，即：

0&0=0　　　1&0=0

0&1=0　　　1&1=1

例如，若 a=54H=01010100B，b=3BH=00111011B 则表达式 c=a&b 的值为 10H。即：

```
    a:      01010100
    b:   &  00111011
------------------------
    c   =   00010000   (10H)
```

2. “按位或”运算符“|”

运算规则：参加运算的两个运算对象，若两者相应的位中有一个为1，则该位结果为1，即：

0|0=0　　　　0|1=1

1|0=1　　　　1|1=1

例如，若a=30H=00110000B，b=0FH=00001111B则表达式c=a|b的值为3FH，即：

```
    a:      00110000
    b:  |   00001111
------------------------
            00111111   (3FH)
```

3. “异或”运算符“^”

运算规则：参加运算的两个运算对象，若两者相应的位置相同，则结果为0；若两者相应的位置相异，则结果为1，即：

0^0=0　　　　1^0=1

0^1=1　　　　1^1=0

例如，若a=A5H=10100101B，b=37H=00110111B，则表达式c=a^b的值为92H，即：

```
a:      10100101
b:   ^  00110111
------------------------
        10010010   (92H)
```

4. “位取反”运算符“~”

“~”是一个单目运算符，用来对一个二进制数按位进行取反，即0变1，1变0。

```
a:    11110000
  ~
------------------------
      00001111   (0FH)
```

“~”运算符的优先等级比别的算术运算符、关系运算符和其他运算符都高。例如：~a&b的运算顺序为先做~a运算，再做&运算。

5. 位左移和位右移运算符（<<，>>）

位左移、位右移运算符“<<”和“>>”，用来将一个数的各二进制位的全部左移或右移若干位；移位后，空白位补0，而溢出的位舍弃。

例如，若a=EAH=11101010B，则表达式：a=a<<2，将a值左移两位，其结果

是为 A8H，即：

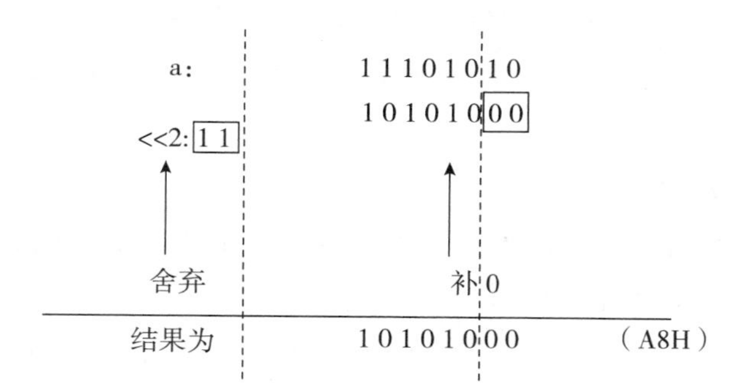

表达式 a＝a＞＞2，将 a 右移两位，其结果为 3AH，即：

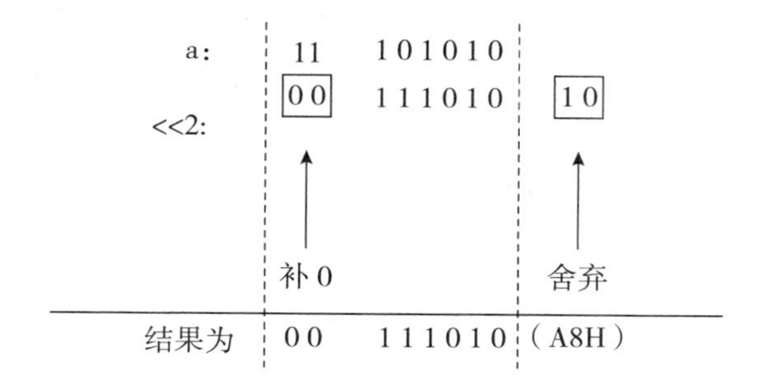

3.5.5 自增减运算符、复合运算符及其表达式

1. 自增减运算符

自增减运算符的作用是使变量值自动加 1 或减 1。如：

＋＋i、－－i　　在使用 i 之前，先使 i 值加（减）1

i＋＋、i－－　　在使用 i 之后，再使 i 值加（减）1

粗略地看，＋＋i 和 i＋＋的作用都相当于 i＝i＋1，但＋＋i 和 i＋＋的不同之处在于＋＋i 先执行 i＝i＋1，再使用 i 的值；而 i＋＋则是先使用 i 的值，再执行 i＝i＋1。

例如，若 i 值原来为 5，则：

j＝＋＋i　　j 值为 6，i 值也为 6

j＝i＋＋　　j 值为 5，i 值为 6

例如，若 i 原值为 3，则表达式 k＝（＋＋i）＋（＋＋i）＋（＋＋i）的值为 18，因为＋＋i 最先执行，先对表达式进行扫描，对 i 进行 3 次自加（＋＋i），则此时 i＝6，然后执行 k＝6＋6＋6＝18，故 k 值为 18。

对表达式 k＝（i＋＋）＋（i＋＋）＋（i＋＋），其结果是 k 值为 9，而 i 值为 6。这是因为先对 i 进行 3 次相加，再执行 3 次 i 相加。

注意：① 自增运算（++）和自减运算（--）只能用于变量，而不能用于常量表达式；②（++）和（--）的结合方向是“自右向左”。

例如：-i++相当于-（i++），假如i原值为3，则表达式k=-i++，结果k值为-3，而i值为4。

2. 复合运算符及其表达式

凡是二目运算符，都可以与赋值运算符“=”一起组成复合赋值运算符。Cx51共提供了10种复合赋值运算符，即：

+=，-=，*=，/=，%=，<<=，>>=，&=，^=，|=

采用这种复合赋值运算的目的，是为了简化程序，提高C程序编译效率。如：

a+=b　相当于a=a+b　　a%=b　相当于a=a%b

a-=b　相当于a=a-b　　a<<=8　相当于a=a<<8

a*=b　相当于a=a*b　　a>>=8　相当于a=a>>8

a/=b　相当于a=a/b　　…　等

又如：PORTA&=0xf7 相当于 PORTA=PORTA&0xf7。其作用是使用“&”位运算，将PORTA.3位置0。

3.6　C51流程控制语句

3.6.1　顺序结构

顺序结构是一种最基本、最简单的编程结构。在该结构中，程序由低地址到高地址顺序执行程序代码，其流程如图3-21所示。

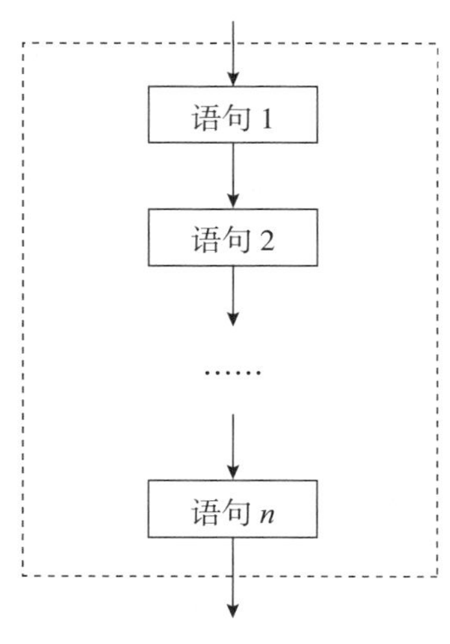

图3-21　顺序结构执行流程

3.6.2　选择结构

在程序中往往需要根据不同的情况来决定程序该执行不同的语句，即程序应具有选择功能，该种结构为分支选择结构。程序的分支选择是最常见的非顺序执行的程序流程控制，在 C 语言中，选择语句包括 if 语句和 switch 语句。

1. if 语句

（1）if 语句格式 1。

```
if　（表达式）　语句
```

在该种格式中，其执行的流程如图 3－22 所示。

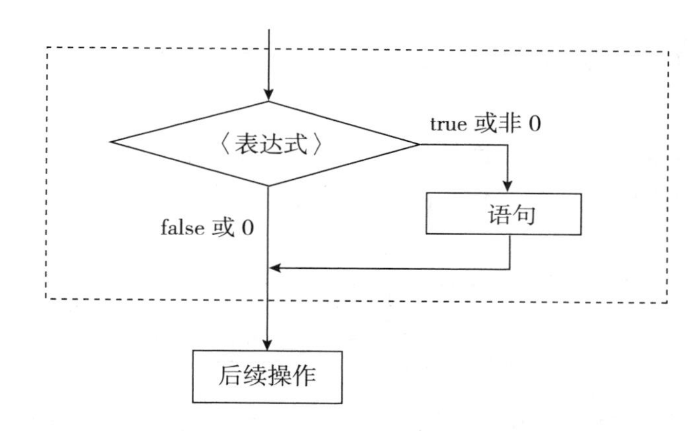

图 3－22　if 语句格式 1 的执行流程

例如：

```
if (p1 ! =0)
  c =20;
```

（2）if 语句格式 2。

```
if　（表达式）　语句 1
else　　　　　　语句 2
```

其中，表达式通常为关系或逻辑表达式，语句可以是一条简单语句，也可以是一条结构语句。该格式执行的流程如图 3－23 所示。

例如：

```
if (p1 ! =0)
    c =20;
else
    c =0;
```

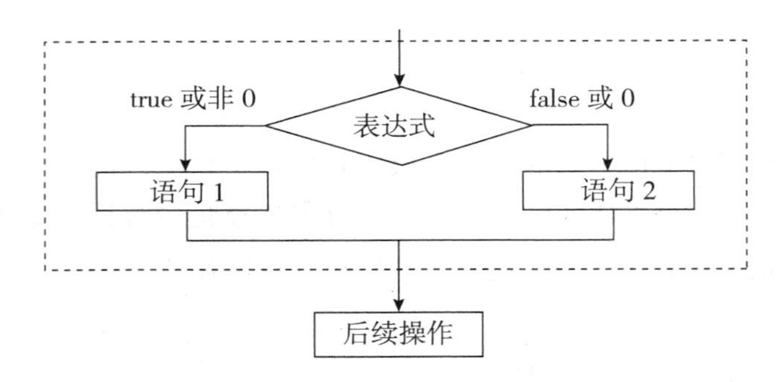

图 3－23　If 语句格式 2 的执行流程

（3）if 语句的嵌套。

```
if (表达式1)
    { if  (表达式2)  语句1  else  语句2 }
  else
    { if  (表达式3)  语句3  else  语句4 }
```

该格式执行的流程如图 3－24 所示。

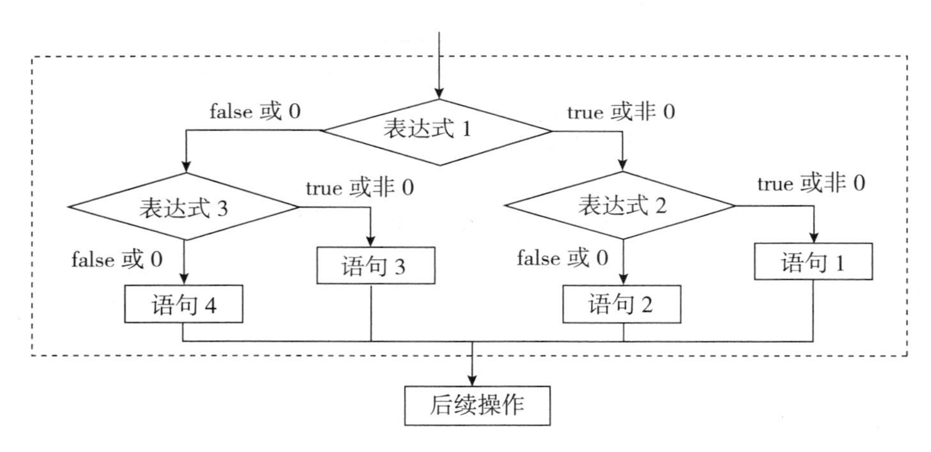

图 3－24　嵌套 if 语句的执行流程

注意 if 与 else 的对应关系。else 总是与它上面的最近的一个 if 语句相对应，如上所示。最好使内层嵌套的 if 语句也包含有 else 部分，这样，在程序中 if 的数目与 else 的数目一一对应，不致出错。另外在编程时最好使用相同深度的缩进排写的形式将同一嵌套层次上的 if－else 语句在同一列的位置上对齐，这样在阅读程序时，嵌套层次一目了然，可以提高可阅读性。

（4）多重 if－else 语句。

多重 if－else 语句的一般格式为：

```
if  (表达式1)  语句1
```

```
else  if (表达式2)   语句2
else  if (表达式3)   语句3
  .....
else  if (表达式n)   语句n
else  语句n+1
```

例如:

```
if (a> =1) {c =0;}
else if (a> =2) {c =20;}
else if (a> =3) {c =30;}
else if (a> =4) {c =40;}
else    (c =0;)
```

使用多重 if－else 语句需注意以下几点:

①条件语句中的表达式一般为逻辑表达式或关系表达式, 也可以是其他任意的数据类型;

②书写程序时应适当添加花括号("{}")来增加程序的可读性;

③条件语句中的语句 1、语句 2……语句 n 也可以是 if 条件语句, 这就形成了 if 语句的嵌套;

④else 总是和其前面最近的 if 配套的。

2. switch 语句

在实际问题中, 常常会遇到多分支选择问题。例如以一个变量的值作为判断条件, 将此变量的值域范围分成几段, 每一段对应着一种选择或操作。这样当变量的值处在某一个段中时, 程序就会在它所面临的几种选择中选择相应的操作。这显然是一个典型的并行多分支选择问题。虽然可以用前面的 if 语句来解决这个问题, 但由于一个 if 语句只有两个分支可供选择, 因此必须用嵌套的 if 语句结构来处理。如果分支较多, 则嵌套的 if 语句层数多, 程序冗长, 从而导致可读性降低。为此, C 语言提供了一个 switch 语句用于直接处理并行多分支选择问题。

switch 语句的一般形式如下:

```
switch  (表达式)
{
    case  常量表达式1:
        语句1;
        break;
    case  常量表达式2:
        语句2;
```

```
    break;
    …
    case  常量表达式 n:
        语句 n;
        break;
    default: 语句 n+1;
}
```

注意事项:

(1) 当 switch 括号中的表达式的值与某一 case 后面的常量表达式的值相等时，就执行它后面的语句，然后因遇到 break 而退出 switch 语句。若所有的 case 中的常量表达式的值都没有与表达式的值相匹配时，就执行 default 后面的语句。

(2) 每一个 case 的常量表达式必须是互不相同的，否则将出现混乱局面（对表达式的同一个值，有两种或两种以上的选择）。

(3) 各个 case 和 default 出现的次序，不影响程序执行的结果。例如可以先出现 "case 常量表达式 n:，再出现 default:"，然后才是 "case 常量表达式 1:"。

(4) case 中的 break 语句使 switch 语句只执行一个 case 中的语句，执行到 break 语句即从 switch 语句中跳出，若没有 break 语句，将继续执行下一个 case 中的语句。

例如:

```
    switch (k) {
    case 0:
    x =1; break;
    case 2:
    c =6;
    b =5;
    break;
    case 3:
    x =12;
    default:
    break;
}
```

3.6.3 循环语句

程序设计中经常遇到要对相同或相似的操作重复执行多次问题，则代码的重复执行机制一般采取的就是循环方式。循环一般由四个部分组成：循环初始化、循环条件、循环体和下一次循环准备。C 语言提供了三种实现重复操作的循环语句：while 语句、do－while 语句和 for 语句。

1. while 语句

while 循环语句的一般格式为：

```
while (表达式)
  {
      语句
  }
```

在这里，表达式是 while 循环能否继续的条件，而语句部分则是循环体，是执行重复操作的部分。只要表达式为真，就重复执行循环体内的语句。反之，则终止 while 循环。执行循环之外的下一行语句。

while 循环语句的语法流程如图 3－25 所示。

例如：

```
while ( P1&0x10) = =0)
{语句}
```

这个语句的作用是等待来自用户或外部硬件的某些信号的变化。该语句对 8051 的 P1 口的第五位（bit 4）进行循环的语句测试。如果第五位电平为低（0），则由于循环体无实际操作语句，故继续测试下去（等待）；一旦 Pi 口的第五位电平变高，则循环终止。

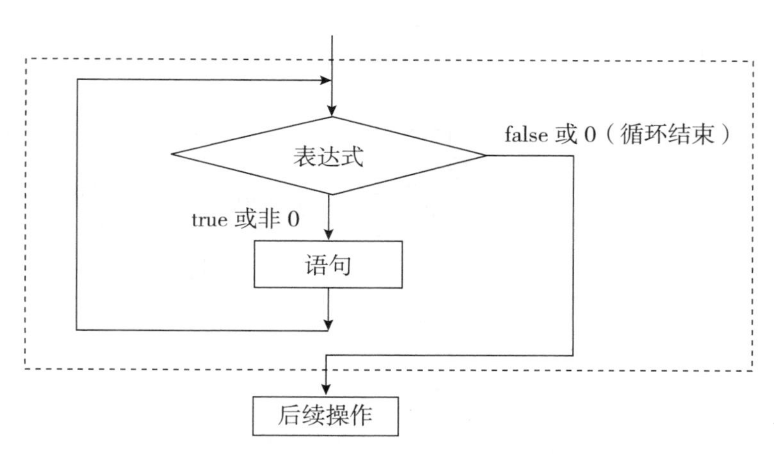

图 3－25　while 语句的执行流程

注意事项：

（1）一般情况下循环初始化必须在 while 语句之前给出，而下一次循环的准备工作则在循环体内进行。

（2）当循环体仅为一条语句时，循环体两端的花括号{}可以省略。

2. do… while 循环语句

do… while 循环语句一般格式：

```
do
{
    语句
}while(表达式)
```

do… while 循环语句的执行过程：首先执行循环体语句，然后执行圆括号中的表达式。如果表达式的结果为“真”（1），则循环继续，并再一次执行循环语句。只有当表达式的结果为假（0）时，循环才会终止，并以正常方式执行程序后面的语句。程序流程如图 3 –26 所示。

例如：

```
int i =2, f =1;                    //循环初始化
do
{
    f * =i;
    i + +;                         //下一次循环的准备
}while(i < =10);                   //循环条件
```

程序的执行结果：变量 f 值为 120。

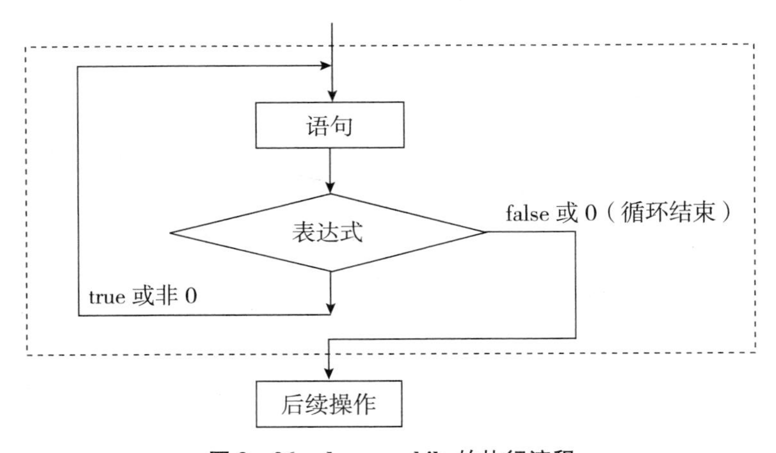

图 3 –26　do . . .　while 的执行流程

3. for 循环语句

for 循环语句的一般形式为：

```
for(表达式 1; 表达式 2; 表达式 3) 语句
```

其表达式由三个部分组成。第一部分是初始化表达式，对 C 语言而言，任何表达

式在开始执行时都应该循环语句做一次初始化；第二部分是对结束循环进行测试，对 C 语言而言它可以是任何一种测试，一旦测试为假，就会结束循环；第三部分是尺度增量，对 C 语言而言，任何指定的操作或在测试之后，在进入之前将要执行的表达式都可以放在这里。

for 循环的语句执行的流程如图 3－27 所示，其过程如下：

（1）先对表达式 1 赋初值，进行初始化。

（2）判断表达式 2 是否满足给定的循环条件，若满足，则执行循环体内语句，然后执行下面第 3 步。若不满足循环条件，则结束循环，转到第 5 步。

（3）若表达式 2 为真，在执行指定的循环语句后，求解表达式 3。

（4）回到第二步继续执行。

（5）退出 for 循环，执行下面一条语句。

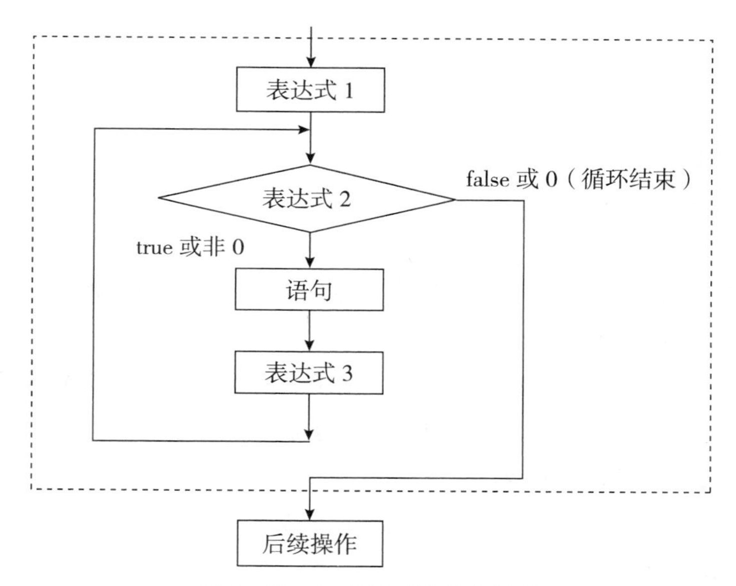

图 3－27　for 循环语句执行流程

例如：

```
int i, f;
for (i =2, f =1; i < =5; i + +)     f * =i;     //计算 5 的阶乘
```

程序的执行结果：变量 f 值为 120。

注意事项：

（1）表达式 1、表达式 2、表达式 3 都可以省略，但分号“;”不能省略。

（2）表达式 1 和表达 3 可以是一个简单的表达式，也可以是逗号表达式，即包含两个或两个以上的简单表达式，中间用逗号分隔。

（3）循环体可以由任何类型的语句组成，因此在循环体内还可以包含循环语句，这样就形成了循环的嵌套。

3.7 C51 数组

程序设计中，经常需要处理具有相同性质数据的集合，为了处理方便，就把这些变量按有序的形式组织起来，这些按序排列的同类数据元素的集合称为数组。

一个数组可以分解为多个数组元素，数组中每个元素都有与其对应的下标以标明该元素在数组中的位置，这些数组元素可以是基本数据类型或是构造类型，按数组元素的类型不同，数组可分为数值数组、字符数组、指针数组、结构数组等各种类别。

在 C 语言中，数组在内存中是连续存放的，程序运行时将会在内存中为其分配连续的存储空间来存储数组元素，每个元素占据着与其类型规定长度相同的连续内存单元。

3.7.1 一维数组

1. 一维数组的定义形式

存储类型说明符　数据类型标识符 数组名［常量表达式］;

说明：

（1）数据类型标识符用于说明数组中元素的类型，可以是 int、char、float 等任意基本类型，也可以是指针、结构等类型。

（2）数组名是用户定义的数组标识符，数组名的命名规则要遵循标识符命名规则。方括号中的常量表达式表示数组元素的个数，也称为数组的长度。

2. 数组定义应注意以下几点

（1）数组的类型实际上是指数组元素的取值类型。对于同一个数组，其所有元素的数据类型都是相同的。

（2）数组名的书写规则应符合标识符的书写规定，而且数组名不能与其他变量名相同。

（3）不能在方括号中用变量来表示元素的个数，可以用符号常数或常量表达式。

（4）数组下标从 0 开始，如 arrry［5］表示数组 arrry 有 5 个元素，其下标从 0 开始。数组 arrry 在内存中的存储如下：

array［0］	array［1］	array［2］	array［3］	array［4］

3. 一维数组的初始化

数组的初始化就是在定义的同时，给部分或全部元素赋值。

一维数组的初始化的格式：

数据类型标识符　数组名 [常量表达式] = {初值表};

其中，初值表用一对花括号 {} 括起，每个初始值之间用逗号隔开。

例如：

对数组全部元素赋初值：int array [5] = {1, 2, 3, 4, 5};

对数组的部分元素赋初值：int array [5] = {1, 2, 3};

省略数组长度：int array [] = {1, 2, 3, 4, 5}；初始化后数组的长度为 5。

4. 一维数组的访问

像普通变量一样，数组定义之后，就可以在程序中访问数组中的元素。我们只能逐个访问其中的元素，对于数组元素的访问可以通过以下形式表示：数组名 [下标]。

例如：

```
int array [5] = {1, 2, 3, 4, 5};
  a = array [3];
  array [3] =6;
```

3.7.2　二维数组

1. 二维数组的定义一般形式

存储类型说明符　数据类型说明符 数组名 [常量表达式 1] [常量表达式 2];

其中，常量表达式 1、常量表达式 2 表示第一维、第二维下标的长度。

例如，数组 array [4] [5] 的排列如下：

array [0] [0]	array [0] [1]	array [0] [2]	array [0] [3]	array [0] [4]
array [1] [0]	array [1] [1]	array [1] [2]	array [1] [3]	array [1] [4]
array [2] [0]	array [2] [1]	array [2] [2]	array [2] [3]	array [2] [4]
array [3] [0]	array [3] [1]	array [3] [2]	array [3] [3]	array [3] [4]

说明：

（1）二维数组的元素在内存中是按行优先次序排列的，即先存放第一行的所有元素，再存放第二行的所有元素，以此类推，直到存放所有元素。二维数组的行下标和列下标都是从 0 开始的，对于 n 行 m 列的二维数组，行下标的取值范围为 $0 \sim n-1$，列下标取值范围为 $0 \sim m-1$。

（2）二维数组的所有元素占有的内存空间是连续的，因此只要知道数组在内存中的起始地址就可以很容易的算出其他元素的存储单元地址。

2. 二维数组的初始化

(1) 二维数组赋初值的方式有两种。

一种是不分行给二维数组所有元素赋初值，如：

int array [2] [3] = {1, 2, 3, 4, 5, 6};

另一种是分行给二维数组所有元素赋初值，如：

int array [2] [3] = { {1, 2, 3}, {4, 5, 6}};

(2) 二维数组也可以只给部分元素赋初值，如：

int array [2] [3] = {1, 2, 3};

则 array [0] [0]、array [0] [1]、array [0] [2] 分别赋以 1、2、3

int array [2] [3] = { {0, 2}, {4}};

则 array [0] [0] =0、array [0] [1] =2、array [1] [0] =4

3. 二维数组的使用

访问的形式如下：

数组名 [行下标] [列下标]

例如：

```
int array [2] [3] = { 1, 2, 3, 4, 5, 6};
a =array [1] [0];
array [1] [0] =6;
```

3.7.3 字符数组

基本类型为字符类型的数组称为字符数组。显然，字符数组是用来存放字符的。在字符数组中，一个元素存放一个字符，所以可以用字符数组来存储长度不同的字符串。

1. 字符数组的定义

字符数组的定义与前面所讲的数组定义的方法类似。

如 char a [10]，定义 a 为一个有 10 字符的一维字符数组。

2. 字符数组的初始化

一维字符数组的初始化有两种方式。

(1) 一种是以逐个字符的形式进行初始化。

例如：

```
char c [10] = { 'h','e','l','l','o',' ','c','+','+'};
```

也可以不指定长度进行初始化：

```
char c1 [] = {'h','e','l','l','o',' ','c','+','+'};
```

初始化后数组的长度自动为9。

（2）另一种方式是以字符串的形式进行初始化，即将整个字符串直接赋值给数组。例如：

char c [10] = " hello c + + ";

或者 char c [10] = {" hello c + + "};

也可以不指定字符串的长度进行赋值：

char c2 [] = {" hello c + + "};

注意：初值个数如大于数组长度会发生编译错误，若初值个数小于数组长度，后面多余元素赋为‘\0’（ASCII码值为0的字符）。

3.8 C51函数

C语言程序是由一个个函数构成的。在构成C语言程序的若干个函数中，必有一个是主函数main（）。下面所示为C语言程序的一般组成结构：

```
    全局变量说明
Main ()                          /* 主函数 * /
{
    局部变量说明
    执行语句
}
function_ 1 (形式参数表)      /* 函数1 * /
{
    局部变量说明
    执行语句
}
.....
function_ n (形式参数表)      /* 函数n * /
{
    局部变量说明
    执行语句
}
```

所有的函数在定义时都是相互独立的，一个函数中不能再定义其他函数，即函数不能嵌套定义，但可以互相调用。函数调用的一般规则是：主函数可以调用其他普通函数。普通函数之间也可以互相调用，但普通函数不能调用主函数。

一个 C 程序的执行从 main（）函数开始，调用其他函数后返回到主函数 main（）中，最后在主函数 main（）中结束整个 C 程序的运行。

3.8.1 函数的分类

从 C 语言程序的结构上划分，C 语言函数分为主函数 main（）和普通函数两种。

从用户使用的角度划分，函数有两种：一种是标准库函数，一种是用户自定义函数。

1. 标准库函数

标准库函数是由 C 编译系统的函数库提供的，早在 C 编译系统设计过程中，系统的设计者事先将一些独立的功能模块编写成公用函数，并将它们集中存放在系统的函数库中，供系统的使用者在设计应用程序时使用。故把这种函数称为库函数或标准库函数。C 语言系统一般都具有功能强大、资源丰富的标准函数库。因此，作为系统的使用者，在进行程序设计时，应该善于充分利用这些功能强大，内容丰富的标准库函数资源，以提高效率，节省时间。

2. 用户自定义函数

用户自定义函数，顾名思义，它是用户根据自己的需要，编写的函数。

从函数定义的形式上划分：函数可以有以下三种形式：无参数函数；有参数函数；空函数。

无参数函数：此种函数在被调用时，既无参数输入，也不返回结果给调用函数。它是为完成某种操作而编写的。

有参数函数：在调用此种函数时，必须提供实际的输入参数，此种函数在被调用时，必须说明与实际参数一一对应的形式参数，并在函数结束时返回结果供调用它的函数使用。

空函数：此种函数体内无语句，是空白的。调用此种空函数时，什么工作也不做，不起任何作用。而定义这种函数的目的并不是执行某种操作，而是以后程序功能的扩充。在程序的设计过程中，往往根据需要确定若干模块，分别由一些函数来实现。而在程序设计的第一阶段，往往只设计最基本的功能模块的函数，其他模块的功能函数，则可以在以后补上。为此先将这些非基本模块的功能函数定义成空函数，先占好位子，以后再用一个编好的函数代替它。这样做，程序的结构清楚，可读性强，以后扩充新功能也方便。

3.8.2 函数定义

函数定义的一般格式：

类型标识符　函数名（形式参数表）

```
{
    语句
}
```

说明：

（1）类型标识符和函数名称为函数头，类型标识符指明了本函数的类型，函数的类型实际上是函数返回值的数据类型，该类型标识符与前面介绍的各种数据类型说明符相同，一些情况下函数也可以没有返回值，此时函数类型标识符应为 void。

（2）函数名是由用户定义的标识符，函数名后有一对圆括号，括号内形式参数表中给出的参数称为形式参数（简称形参），它们由一个或多个带有数据类型说明的变量组成，变量之间用逗号间隔。在进行函数调用时，主调函数将赋予这些形式参数实际的值。如果没有形式参数表，则为无参函数，尽管这种函数可以省略形式参数，但函数名后的括号不能省略。

（3）{} 中的语句称为函数体，它是用户算法的具体实现程序。

例如：

```
# include <stdio. h >
  Func () {
      printf (" Function In func respond the call of Main 协) I";
  }
Main () {
      printf (" Function In Main Calls A Function in func \n";
      func ();
}
```

上面程序中，定义了二个函数，main（）和 func（），它们都是无参数函数。因此它们的返回值标识符可以省略，默认值是 int 类型。

例如：

```
float ftoc (float f) {
    float c;
    c =5 * (f -32) /9;
    return c;
}
```

该例中定义的 ftoc 函数为单精度浮点型函数，形式参数 f 为单精度浮点型，{} 内为函数体，函数体内有一个 return 语句返回函数值。

3.8.3 函数的声明

在 C 程序中，一个函数的定义可以放在任意位置，既可放在主调函数之前，也可放在主调函数之后，为了避免由于函数定义位置的不确定性而引起的编译错误，C 程序要求应在应用函数调用之前为其构造原型，即在源程序中首先声明函数原型。

函数原型声明的一般格式为：

类型标识符　函数名（形式参数表）；

例如：

```
void display (int n);
float ftoc (float f);
int max (int x, int y);
```

注意：

（1）同一个函数的原型声明与函数定义，在类型标识、函数名称以及形式参数表上必须完全一致。

（2）函数原型声明必须出现在函数调用之前。

（3）函数原型声明时，形式参数表中可以不包含参数的名字，只包含参数的类型。

3.8.4　函数调用及函数返回

1. 函数调用

函数调用的一般格式如下：

函数名（实际参数表）

其中：函数调用中的函数名称应与函数定义中的函数名称相一致；实际参数表中给出的实际参数（简称实参），是主调函数转去执行被调函数时，希望参与被调函数运算的实际值，它们可以是常量、变量或表达式。

注意：

（1）函数的调用既可以独立成句，也可以作为其他语句的成分元素。

（2）实际参数表中的参数必须与形式参数表中的参数在类型、个数等方面一一对应。

（3）实际参数表中的参数可以是变量、常量或表达式。

例如：

```
#include <stdio.h>
float ftoc (float f);              /* 函数声明 */
void main () {
    float x, y;
x =15.0;
y = ftoc (x);                      /* 函数调用 */
printf (" y =% f \n", y);
```

```
}
float ftoc (float f) {              /* 函数定义 */
        float c;
        c =5 * (f -32) /9;
        return c;
}
```

2. 函数返回值

要将被调函数的计算结果，有效的传递到主调函数中去（即返回函数值），采用return语句实现。return语句的一般格式为：

return 表达式；

该语句的功能是终止函数的执行，并向主调函数返回函数值，返回的函数值就是return语句中表达式的值。该语句的表达式可以省略，若省略表达式，return语句仅表示终止函数的执行，并将系统控制权交给主调用函数。

3.9 指针

所谓的指针就是指向其他对象的变量，指针的值就是其所指对象的内存地址。指针是C语言中的一种数据类型，但它是一种特殊的数据类型，指针并不是某个具体的数据值，而是指向数据存储单元的计算机存储器的地址。指针变量就是存储另一变量地址的变量，一个指针变量的值就是某个内存单元的地址。内存单元的地址（指针）和内存单元的内容是两个不同的概念，对于一个内存单元来说，单元的地址即为指针，其中存放的数据才是该单元的内容，可以用旅店的房间及客人来比喻。

严格地说，一个指针是一个地址，是一个常量，而一个指针变量却可以被赋予不同的指针值，是变量。但通常把指针变量简称为“指针”。通常约定：“指针”是指地址，是常量，“指针变量”是指取值为地址的变量。定义指针的目的是通过指针去访问内存单元。

3.9.1 指针的定义及访问

1. 指针运算符

&——取地址运算符，取变量的地址。其一般形式为：&变量名。

*——指针运算符、间接访问运算符，取其后指针所指向的内存空间中的内容。其一般形式为：*指针变量名。

2. 指针的定义

一般形式为：

数据类型说明符　　*变量名；

说明：

(1) *为说明符，表示这是一个指针变量，它不是变量名的一部分；

(2) 变量名即为定义的指针变量名；

(3) 类型说明符表示该指针变量所指向的变量的数据类型。

例如：

```
int *p;        //说明p是一个指针变量，它的值是某个整型变量的地址
float *q;      //说明q是指向浮点变量的指针变量
char f, *r;    //说明f是字符变量，r是指向字符变量的指针变量
```

例如：

```
int  *p1;
```

该定义表示p1是一个指针变量，它的值是某个整型变量的地址，或者说p1指向一个整型变量。至于p1究竟指向哪一个整型变量，应由向p1赋予的地址来决定。

注意：一个指针变量只能指向同类型的变量，如P1只能指向整型变量，不能时而指向一个整型变量，时而又指向一个字符型变量。

3. 指针赋值

(1) 在定义一个指针的同时也可以对它进行初始化赋值，通常是用一个与说明的指针具有相同类型的变量的地址来进行赋值的。

初始化赋值的形式：

数据类型说明符　　*指针变量名=地址；

其中，地址可以是同类型变量的地址、数组的地址或数组元素的地址。地址可以用取地址运算符&（形式为&变量名）获得。

例如：

```
int a=5, *p=&a;
```

(2) 指针变量也可以在定义后赋值。

例如：

```
int a=5, *p;   p=&a;
```

注意：

①没有赋值的指针变量中存放的是一个随机值，使用没有赋过值的指针是相当危险的。

②如果要使指针变量中的指针不指向任何存储单元，那么可以将空指针赋给指针变量，空指针的值为0，也可以用在stdio.h中定义的符号常量NULL表示。

③无论指针变量的赋值是在定义前还是定义后，将地址赋予指针变量的这些变量、数组都必须已经定义，前面的例子如果改成 int ＊p＝&a；　int a；就是错误的。

④不允许把一个数赋予指针变量，如下面的赋值是错误的。

```
int *p;                    p =1000;
```

⑤被赋值的指针变量前不能再加“＊”说明符，如写为＊p＝&a 也是错误的。

4. 指针访问

对指针值访问的两种形式：

(1) 一种是将一个指针的值赋给另一个指针；

(2) 一种是用指针运算符＊将指针所指向的变量的值取出用以访问。

例如：

```
void main ()
{
    int a =10, b, *p =&a, *q;
    q =p;
      b = *q;
    printf (" b =% d\n", b);
}
```

3.9.2　指针运算

1. 指针的算术运算

由于指针是指向内存的地址，指针的算术运算一般为加、减运算。指针变量的加减运算一般只对数组指针变量进行，对指向其他类型变量的指针变量作加减运算没有意义。

指针变量加或减一个整数 i 的意义是把指针的当前位置（指向某数组元素）向前或向后移动 i 个位置。

例如：

```
short  array [8], *p;   p =array;     p =p +3;
```

可用下面的图形来描述：

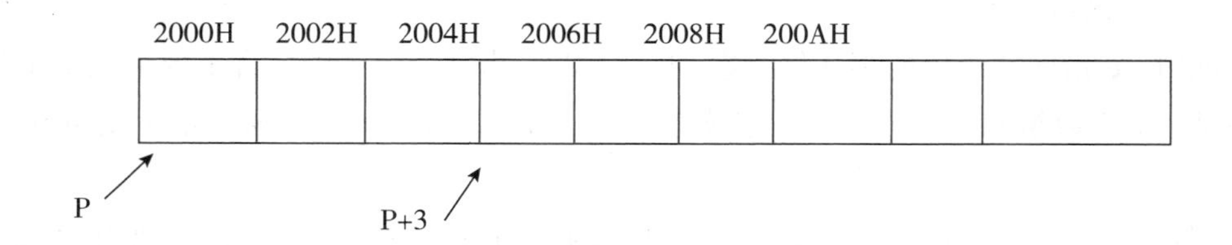

px ±n：就是“px 的地址 ±n＊px 的类型占用的单元数”所对应的地址。

px + +，+ +px，px - -，- -px：指针加 1 或减 1。

px - py，py - px：两个指针相减运算结果是整数，即它们所指向数组元素下标相差的整数。

设 px 指向数组元素 a [2]，py 指向数组元素 a [6]，则下列表达式及其运算结果：

px - py，结果为整数 -4。

py - px，结果为整数 4 。

2. 指针变量的关系运算

两指针之间的关系运算表示它们指向的变量在内存中的位置关系。

例如：p = =q 表示 p 和 q 指向同一元素；p > q 表示 p 处于高地址位置；p < q 表示 p 处于低地址位置。

指针变量还可以与 0 比较。

例如：p = =0 表明 p 是空指针，它不指向任何变量；p! =0 表示 p 不是空指针。

3. 指针的运算应注意以下几点

（1）指针变量只能和整数或整型变量相加减，而不能和实型数或实型变量相加减。如 px +3. 5 是错误的。

（2）指针变量不能进行乘法和除法运算。如 py＊4 或 py/2 都是错误的。

（3）两个指针变量相减，必须指向同一个数组，否则不能进行减法运算。

3. 9. 3 数组指针

C 语言中，数组名就是一个不允许赋值运算的指针，这个指针的值就是数组的起始地址，这种指针称为数组指针。

例如：对整型一维数组 array [10]，array 就是一个指向数组起始地址的指针，array = &array [0]，＊ (array + i) = array [i]。

对数组元素的访问，除了用前面讲的下标法之外，还可以采用指针法。

（1）定义一个整型数组和一个指向整型的指针变量如下：

int a [10], ＊p;

假定给出赋值运算：p = &a [0];

此时，p 指向数组中的第 0 号元素，即 a [0]，指针变量 p 中包含了数组元素 a [0] 的地址，由于数组元素在内存中是连续存放的，因此，我们就可以通过指针变量 p 及其有关运算间接访问数组中的任何一个元素。

则：表示元素地址 &a [i]，还可以用 a + i，p + i，&p [i]；表示数组中元素 a [i]，还可以用 p [i]，＊ (a+i)，＊ (p+i)。

（2）用指针给出数组元素的地址和内容的几种表示形式。

①p＋i 和 a＋i 均表示 a［i］的地址，它们均指向数组第 i 号元素，即指向 a［i］。

②＊（p＋i）和＊（a＋i）都表示 p＋i 和 a＋i 所指对象的内容，即为 a［i］。

③指向数组元素的指针，也可以表示成数组的形式，也就是说，它允许指针变量带下标，如 p［i］与＊（p＋i）等价。

4 MCS－51 单片机的中断系统

4.1 中断的概念

当 CPU 正在执行程序，某个事件发生打断 CPU 正在执行的程序，CPU 转去执行一段事先编写好的程序，执行完这段事先编写好的程序后，CPU 又继续执行被打断的程序的过程称为终端。

被中断的程序一般称为主程序，在主程序被中断处称为断点，引发 CPU 中断的事件称为中断源，CPU 转去执行的事先编写好的程序称为中断服务程序。CPU 事先中断的机制称为中断系统。中断过程的示意如图 4－1 所示。

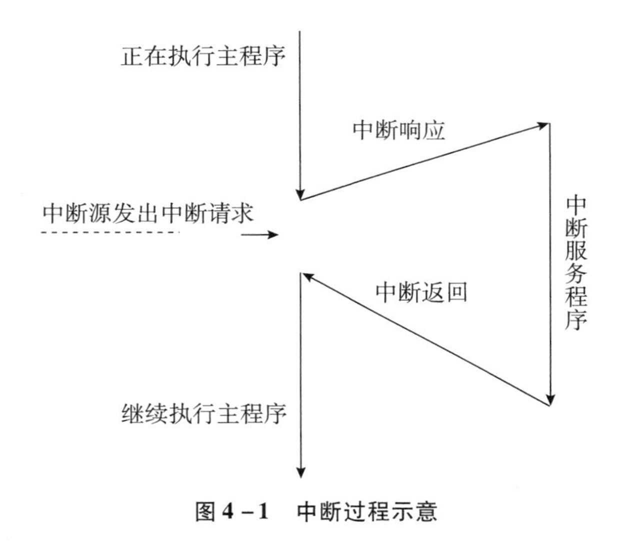

图 4－1 中断过程示意

4.1.1 中断的用途

在实际应用系统中，中断的主要用途有以下几方面。

（1）在 CPU 与外部设备间传送数据时，可以提高 CPU 的工作效率。在 CPU 和外部设备启动后，CPU 执行自己的任务，只有当外部设备准备好后向 CPU 发出请求，CPU 才停下自己的任务来与外部设备交换数据。如果外部设备未准备好，CPU 就一直执行自己的任务。与查询数据传送方式相比，CPU 与外部设备之间采用中断方式传送数据时，CPU 与外部设备可以并行工作。

（2）可及时响应随机事件。如果将随机事件作为中断源，当事件发生时 CPU 可以马上响应，进行及时处理。此外，在实际应用系统中，CPU 往往要处理多个任务，其中有些任务对 CPU 的响应速度要求不高，有些任务则要求 CPU 及时响应。在应用程序设计时，可以将响应速度要求不高的任务放在主程序中，将需要快速响应的任务安排由中断服务程序来处理，这样可以很好地满足系统对随机事件和任务快速响应的要求。

（3）可实现定时或周期性事件的实时处理。CPU 的中断系统与定时器配合可以实现定时中断处理。例如，一个数据采集系统需要每一秒采集一次数据，开发者可以设计定时器每秒钟产生一次中断，再将数据采集的处理设计成对应的中断服务程序，每一秒 CPU 执行一次中断服务程序，就可以实现系统对定时或周期性事件的处理。

（4）可以及时进行故障处理。将应用系统发生断电、电路故障作为中断事件，当故障发生时，向 CPU 发出故障处理中断请求，CPU 响应中断后转到对应的故障处理中断服务程序进行处理，可实现紧急应急处理，减少故障带来的损失。

4.1.2 中断过程

计算机处理中断的过程一般包括中断请求、中断优先级的判断、响应中断、中断处理、中断返回 5 个阶段。

（1）中断请求是指中断源向 CPU 发出中断请求的阶段。计算机的中断系统一般能处理若干个中断源。中断请求发生时，可能只有一个中断源发出中断请求，也可能有几个中断源同时向 CPU 发出中断请求。

（2）考虑到可能有几个中断源同时向 CPU 发出中断请求的情况，计算机的中断系统一般没有中断优先级的判断和处理机制，可以将中断源按重要性不同设置成不同的优先级别。所谓中断优先级的判断，就是从同时发出中断请求的几个中断源中选择出优先级别最高的中断源进行处理。

（3）响应中断是指 CPU 暂停正在执行的程序转到中断服务程序入口的阶段。在这个阶段首先要判断 CPU 是否已经开放中断（即允许中断）。如果 CPU 已经开放中断，则进行断点保护，即把中断返回后程序继续执行的地址放到堆栈中保存起来，然后转到中断服务程序去执行。需要指出，每个中断服务程序的入口地址是中断系统事先规定好的，CPU 响应不同中断源的中断请求将自动转到对应的中断服务程序入口。

（4）中断处理是执行中断服务程序的阶段。应用程序开发者要为每个所使用的中断源编制中断服务程序，中断服务程序的内容决定了中断处理的事情。

（5）中断服务程序执行完后返回到被中断的主程序的阶段称为中断返回。在该阶段中，中断系统将保存在堆栈中的主程序继续执行的地址取回，即恢复断点，然后主程序就可以继续执行了。

4.2 MCS－51 单片机的中断系统

MCS－51 单片机的中断系统具有处理多个中断源的能力，可以识别中断源发出的中断请求，进行中断优先级的判断，允许或屏蔽中断，选择外部信号触发中断触发信号的形式。正确理解中断系统的工作原理，对实际应用是十分必要的。

4.2.1 中断源

典型的 MCS－51 单片机的中断系统具有 5 个中断源，这 5 个中断源可以具体分为三类：外部信号触发中断（两个）、定时/计数器中断（两个）、串行接口发送/接收中断（一个）。下面详细介绍这 5 个中断源。

1. 外部信号触发中断

外部信号触发中断是单片机的外部引脚上信号引发的中断，这种中断源共有两个，分别称为外信号触发 0 和外部信号触发中断 1。外部信号触发中断 0 为单片机的引脚（P3，2）上外来信号引发的中断，外部信号触发中断源 1 为单片机的引脚（P3，3）上外来信号引发的中断。

单片机所能识别的外部信号触发中断触发信号是电平触发信号和边沿触发信号的一种，单片机具体能识别哪一种信号需在编制中断系统初始化程序时进行指定。指定方法是对特殊功能寄存器 TCON 的可编程位 IT0 和 IT1 进行编程。

单片机的外部信号触发中断被指定为电平信号触发后，当（P3，2）或（P3，3）引脚上出现低电平信号时单片机认为是外部信号触发中断源向 CPU 发出了中断请求。

单片机的外部信号触发中断被指定为边沿信号触发后，当（P3，2）或（P3，3）引脚出现脉冲信号时，在脉冲信号的下降沿出现时单片机认为是外部信号触发中断请求的到来。

2. 定时/计数器中断

定时/计数器中断是单片机内部定时/计数器发出的中断，典型的 MCS－51 单片机内有两个定时/计数器，所以这类中断源有两个，分别称为 T0 中断和 T1 中断。

单片机内部的定时/计数器既可作为定时器使用，也可作为计数器使用，通过对特殊功能寄存器 TMOD 编程进行选择。

当将定时/计数器定义为定时器时，启动定时器后定时器开始计时，当达到预先设定的定时时间后定时器向 CPU 发出中断请求。

当将定时/计数器定义为计算器后，计算器对来自单片机引脚 T0（P3，4）或 T1（P3，5）的脉冲信号进行计数，当脉冲信号的个数达到预先设定值时计数器向 CPU 发出中断请求。

3. 串行接口发送/接收中断

串行接口发送/接收中断源是专门为利用中断控制串行接口的数据发送或接收而设置的，典型的 MCS－51 单片机具有一个串行接口，所以该中断源只有一个。

每当串行接口发送完一帧串行数据时，向 CPU 发出中断请求，同时使特殊功能寄存器 SCON 的 RI 位置 1，表示向 CPU 发出的是串行接口数据发送完中断请求。

每当串行接口接收到一帧串行数据后，向 CPU 发出中断请求，同时使特殊功能寄存器 SCON 的 RI 位置 1，表示向 CPU 发出的是串行接口数据接收完中断请求。

需要说明的是，对串行接口的发送和接收中断，CPU 都转到一个中断服务程序入口，在编制串行接口的发送和接收中断服务程序时，需要查询 TI 和 RI 标志位来区别是串行接口发送中断还是串行接口接收中断。

4.2.2 中断的允许与屏蔽

中断源发出中断请求后，CPU 是否响应中断是可以控制的。MCS－51 单片机内部设置了 4 个与中断控制有关的特殊功能寄存器，其中的中断允许控制寄存器 IE 就是用来控制中断的允许与屏蔽的。中断允许控制寄存器 IE 的地址为 A8H，各位的位地址为 AFH～A8H，其格式如表 4－1 所示。

表 4－1　　中断允许控制寄存器 IE 的格式

	D7	D6	D5	D4	D3	D2	D1	D0
	EA	—	—	ES	ET1	EX1	ET0	EX0
位地址	AFH			ACH	ABH	AAH	A9H	A8H

下面对中断允许控制寄存器 IE 的各控制位进行介绍。

EA 为中断允许总控制位。EA＝1，CPU 开放中断，EA＝0，CPU 禁止所有中断。

EX0 为外部信号触发中断 0 中断控制位。EX0＝1，允许外部信号触发中断 0 中断，EX0＝0，禁止外部信号触发中断 0 中断。

EX1 为外部信号触发中断 1 中断控制位。EX1＝1，允许外部信号触发中断 1 中断，EX1＝0，禁止外部信号触发中断 1 中断。

ET0 为定时/计数器 T0 中断控制位。ET0＝1，允许 T0 中断，ET1＝0，禁止 T0 中断。

ET1 为定时/计数器 T1 中断控制位。ET1＝1，允许 T1 中断，ET1＝0，禁止 T1 中断。

ES 为串行接口中断控制位。ES＝1 允许串行接口中断，ES＝0，屏蔽串行接口中断。

MCS－51 单片机具有总的中断允许控制位 EA，它就像一个总开关，只有 EA＝1 时

CPU 才能接收来自各中断源的请求，当 EA =0 时所有中断源的中断请求都被拒绝。而每一个中断源又有一个分开关，这个分开关及各个中断源的中断控制位，当该位为 1 时其中断被允许，当为 0 时其中断被拒绝响应。所以一个中断源要得到 CPU 的响应，中断允许总控制位和中断源对应的中断控制位必须同时为 1。

中断允许与屏蔽控制是通过对中断允许控制寄存器的编程来实现的。

例如，应用系统只使用外部信号触发中断 0，其他中断屏蔽，C51 语言编程语句为：

```
IE =0x81;                    //将 IE 赋值为 0x81，0x81 等价于 10000001B
                               其作用是把中断总控制位 EA 和
                             //EX0 置为 1，将其他中断控制位置为 0，即只
                               允许外部信号触发中断 0 中断
```

另外，也可以使用特殊功能位操作语句直接对 IE 相应的位进行操作。

```
EA =1;                       //开放 CPU 中断
EX0 =1;                      //允许外部信号触发中断 0 中断
```

需要指出的是，中断允许控制寄存器 IE 的所有位在单片机上电或复位后均被置为 0，屏蔽了所有的中断请求，所以必须在进行中断允许设置后 CPU 才能响应中断。

4.2.3 中断优先级控制

对多中断源的计算机系统中，会出现两个以上中断源同时发出中断请求的情况，也会出现正在执行一个中断服务程序时另外一个中断源又发出中断请求的情况，计算机一般是采用中断优先级控制来解决这种问题的。MCS -51 单片机采用的中断优先级控制机制如下。

1. 两集中断优先级

MCS =51 单片机的每个中断源都可设置为高中断优先级或低中断优先级。如果几个中断源同时发出中断请求，则 CPU 先响应高优先级中断源的中断请求。另外，如果有一个低优先级的中断已经得到 CPU 的响应正在处理，那么在又出现高优先级的中断请求时，CPU 就暂停现行的中断处理，响应这个高优先级的中断，即高优先级的中断可以打断低优先级的中断处理；与之相反，若 CPU 正在处理一个高优先级的中断，即使有低优先级的中断发出中断请求，CPU 也不会理会这个中断，而是继续处理正在执行的中断服务程序。

CPU 正在处理中断，高级别中断源又发出中断请求，CPU 暂停现行中断处理，响应高优先级中断的过程称为中断嵌套。中断嵌套的示意如图 4 -2 所示。

每个中断源的中断优先级设置是通过中断优先级控制寄存器 IP 的编程来实现的。中断优先级控制寄存器的地址为 B8H，5 个中断源的优先级设定位地址为 BCH ~ B8H，

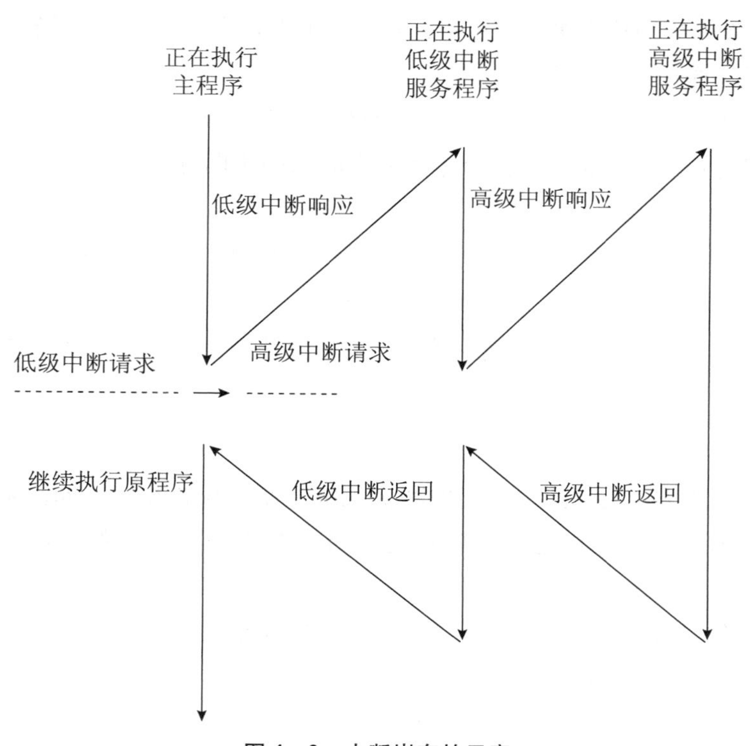

图 4－2　中断嵌套的示意

具体格式如表 4－2 所示。

表 4－2　　中断优先级控制寄存器 IP 的格式

	D7	D6	D5	D4	D3	D2	D1	D0
	—	—	—	PS	PT1	PX1	PT0	PX0
位地址				BCH	BBH	BAH	B9H	B8H

PX0 是外部信号触发中断 0 优先级控制位。PX0＝1，设置外部信号触发中断 0 为高优先级中断，PX0＝0，设置外部信号触发中断 0 为低优先级中断。

PX1 是外部信号触发中断 1 优先级控制位。PX1＝1，设置外部信号触发中断 1 为高优先级中断，PX1＝0，设置外部信号触发中断 1 为低优先级中断。

PT0 是定时/计数器 0 优先级控制位。PT0＝1，设置定时/计数器 0 为高优先级中断，PT0＝0，设置定时/计数器 0 为低优先级中断。

PT1 是定时/计数器 1 优先级控制位。PT1＝1，设置定时/计数器 1 为高优先级中断，PT1＝0，设置定时/计数器 1 为低优先级中断。

PS 是串行接口中断优先级控制位，PS＝1，设置串行接口中断为高优先级中断，PS＝0，设置串行接口中断为低优先级中断。

如果在这 5 个中断优先级控制位中，其中一个设置为 1，其他位设置为 0，则该位对应的中断源就具有最高的优先级。

类似于中断允许控制寄存器的编程，两级中断优先级的设置编程也比较简单。例如，要将外部信号触发中断 1 设置为比其他中断源的中断优先级高，则 C51 的编程语句为：

```
IP =0x04;            //将 IP 赋值为 0x04，0x04 等价于 00000100B，其作用是把 PX1 设置为 1
                     //其他位位置为 0，使外部信号触发中断 1 具有较高的中断优先级
```

2. 默认优先级

如果 5 个中断优先级或其中几个中断优先级控制位设置相同，如何来确定哪个优先级高呢？MCS - 51 单片机是采用默认优先级机制来进行判断的，默认优先级的顺序为：

（1）外部信号触发中断 0。　　优先级最高

（2）定时/计数器中断 0。

（3）外部信号触发中断 1。

（4）定时/计数器中断 1。

（5）串行接口发送/接收中断。　　优先级最低

例如，IP 的内容为 00000000B，各中断源两级中断优先级的设置相同，这时外部信号触发中断 0 具有最高的优先级别，当几个中断源同时发出中断请求时 CPU 优先响应外部信号触发中断 0 的中断。

4.2.4 中断服务程序入口

对 MCS - 51 单片机的 5 个中断源，CPU 响应中断时分别转到 5 个中断服务程序的入口去执行，这 5 个中断服务程序的入口地址是事先约定好的，中断服务程序的入口地址如表 4 - 3 所示。

表 4 - 3　　中断服务程序的入口地址

中断源	入口地址	中断源	入口地址
外部信号触发中断 0	0003H	定时/计数器 0 中断	001BH
定时/计数器 0 中断	000BH	串行接口中断	0023H
外部信号触发中断 1	0013H		

从表 4－3 可以看出，中断服务程序的入口地址被安排到单片机的程序存储器的开始区域，而且每两个相邻的中断服务程序的入口地址仅相隔 8 个字节，空间很小。一般情况下（中断服务程序非常简单的情况除外），都不可能装下一个完整的中断服务程序的可执行目标代码。因此，在使用汇编语言编程时，通常是在这些入口地址放置一条无条件转移指令，而将中断服务程序的可执行目标代码安排到程序存储器中有足够存放空间的区域，在该区域存放中断服务程序的第一条指令的地址称为实际中断服务程序的入口地址。一旦 CPU 响应中断，进入中断服务程序入口后马上执行无条件转移指令，转移到实际中断服务程序的入口去执行。在使用 C 语言进行编程时，则由 C 编译器自动进行这些处理。

例如，一个具有处理外部信号触发中断 0 中断的 C51 程序结构为：

```
#include <reg51.h>                //包含特殊功能寄存器声明的头文件
main ( )                          //主函数
  {
        EA =1;                    //允许 CPU 中断
        EX0 =1;                   //允许外部信号触发中断 0 中断
        IT0  =1;                  //设置外部信号触发中断 0 为边沿触发
                                    方式
         …
        while ( 1 )               //无限循环
            {
              …
            }
      }
int_ e0 ( ) interrupt 0           //中断服务程序，int_ e0 为中断服务程
                                    序名，0 为外部信号触发中断
                                  //0 的中断类型号
  {
        …
  }
```

4.2.5 中断请求标志

当外部信号触发中断源和定时/计数器中断源发出中断请求时，MCS－51 单片机利用特殊功能寄存器 TCON 的 4 个二进制位 IE0、IE1、TF0、TF1 来记录中断请求标识信息，这 4 个二进制位对应 4 个中断源。一个中断源发出中断请求，TCON 对应的位被置

1；无中断请求，TCON 对应的位为 0。这些表示中断请求状态的位被称为中断请求标志位。TCON 表示中断标志的格式如表 4-4 所示。

表 4-4　　特殊功能寄存器 TCON 的格式

	D7	D6	D5	D4	D3	D2	D1	D0
	TF1	TR1	TF0	TR0	IE1	IT1	IE0	IT0
位地址	SFH	SEH	8DH	8CH	8BH	8AH	89H	88H

IE0 和 IE1 是外部信号触发中断 0 和外部信号触发中断 1 的中断请求标志。如果外部信号触发中断源有中断请求，单片机的中断系统会自动将 IE0 或 IE1 置成 1，CPU 响应中断后中断系统又会自动将它们置为 0，等待下次中断的到来。

TF0 和 TF1 分别是定时/计数器 0 和定时/计数器 1 的中断请求标志。当定时/计数器定时时间到或计数器计满时，发出中断请求，单片机的中断系统会自动将 TF0 和 TF1 置成 1，CPU 响应中断后中断系统又会自动将它们清零。

对串行接口数据发送/接收完中断源发出的中断请求，MCS-51 单片机利用特殊功能寄存器 SCON 的两个二进制位 R1 和 T1 作为中断请求标志。SCON 的格式如表 4-5 所示。

表 4-5　　特殊功能寄存器 SCON 的格式

	D7	D6	D5	D4	D3	D2	D1	D0
	—	—	—	—	—	—	TI	RI
位地址							99H	98H

当串行接口接收完一帧数据时，向 CPU 发出中断请求，同时单片机的中断系统将 RI 置 1；当串行接口将一帧数据发送完时，向 CPU 发出中断请求，同时单片机的中断系统将 TI 置 1。需要注意，当 CPU 响应中断后，单片机的中断系统并不会自动将它们置为 0，必须通过软件将它们再次清零，以便为下一次中断做好准备，这与外部信号触发中断和定时/计数器中断不同。

中断请求标志位是软件可以查询的标志位，它除了表征中断源发生请求外，还可以作为以查询方式工作程序中的判断标志。特别是对串行接口的发送/接收完中断，必须查询中断标志位 TI 和 RI 才能判断出是发送完成还是接收完成中断请求，因为在 MCS-51 单片机中将串行接口的发送/接收完中断作为一个中断源处理。

4.2.6　外部信号触发中断触发信号的选择

为了适应不同的外部触发信号，MCS-51 单片机的外部信号触发中断可以选择电平触发或边沿触发两种方式之一。选择的方法是对特殊功能寄存器 TCON 的二进制位 IT0 和 IT1（见表4－4）进行设置，IT0 对应外部信号触发中断，IT1 对应外部信号触发中断1。

当 IT0 或（IT1）被设置为0后，则选择低电平触发。即当单片机对应的外部信号触发中断引脚出现低电平时，表明有中断请求。

当 IT0（或 IT1）被设置为1后，则选择边沿触发方式。即当单片机对应的外部信号触发中断引脚出现脉冲下降沿时，表明有中断请求。

外部信号触发中断信号的选择是通过对 IT0 和 IT1 编程来实现的。例如，在 C51 程序中：

```
IT0 =1；                    //设置外部信号触发中断 0 为边沿触发方式
```

4.2.7 中断标志位的复位

中断源发出中断请求后，对应的中断标志位被置1。当 CPU 响应中断后，对应的中断标志位应该复位（清零），为下次再响应中断做好准备，否则 CPU 将会不断地响应中断使 CPU 进入死循环。在 MCS－51 单片机中，各中断源中断标志位复位的方法不同。

1. 定时/计数器中断标志位的复位

当 CPU 响应定时/计数器的中断后，CPU 自动将 TF0 或 TF1 清零，因此 CPU 具有自动复位定时/计数器的中断标志位的功能，开发者不用考虑定时/计数器中断标志的复位问题。

2. 串行接口发送/接收中断标志位的复位

当 CPU 响应串行接口发送/接收中断后，CPU 不能使中断标志位 RI 或 TI 自动复位。所以，在 CPU 响应串行接口发送/接收中断后，开发者应该首先利用中断标志位判断出是串行接口发送中断还是串行接口接收中断，然后再用软件将串行接口的中断标志位复位（即将 RI 或 TI 置为0）。

3. 外部信号触发中断标志位的复位

外部信号触发中断标志位的复位有两种情况。对边沿触发型，当 CPU 响应中断后，CPU 自动将中断标志位 IE0 或 IE1 复位，开发者不用考虑复位问题。但是，对电平触发型中断的复位问题比较复杂。虽然在 CPU 响应中断后能自动将中断标志位 IE0 或 IE1 复位，但是外部的中断触发低电平信号如果不能及时撤销，CPU 又将会检测到低电平信号，再次产生中断，出现一次请求多次中断的问题。解决这一问题的基本思路是设法在 CPU 响应中断后将单片机外部信号触发中断触发引脚及时由低电平变为高电平，这可以由软件与硬件结合起来完成，但比较麻烦。为此建议对外部信号触发中断尽可能选用边沿触发型。

4.2.8 MCS－51 单片机中断系统的结构

典型 MCS－51 单片机可以处理 5 个中断源，它的中断系统可以允许中断和屏蔽中断，可以安排中断优先级来优先响应更为重要的中断事件，中断源发出中断请求时由对应的中断标志位表征，可以选择外部信号触发中断触发信号的形式。所有这些控制都是通过对单片机内部的特殊功能寄存器 IE（中断允许控制寄存器）、IP（中断优先级控制寄存器）、TCON（定时/计数控制寄存器）、SCON（串行接口控制寄存器）的设置来实现的，而具体的设置就是对这些特殊功能寄存器的相关可编程位进行编辑。

4.2.9 MCS－51 单片机的中断过程

与一般计算机的中断过程一样，MCS－51 单片机的中断过程包括中断请求、中断优先级的判断、中断响应、中断处理、中断返回 5 个阶段。

1. 中断请求和优先级判断

单片机的中断源发出请求时，对应的中断标志位被自动置位，CPU 执行程序时，在每个机器周期对各中断源的中断标志进行一次采样，所获得的采样值在下一个机器周期被按照优先级顺序依次查询。如果发现某个中断标志位被置成 1，而 CPU 又满足中断响应条件，CPU 将在当前的指令执行完后开始响应中断。MCS－51 单片机中断系统的结构如图 4－3 所示。

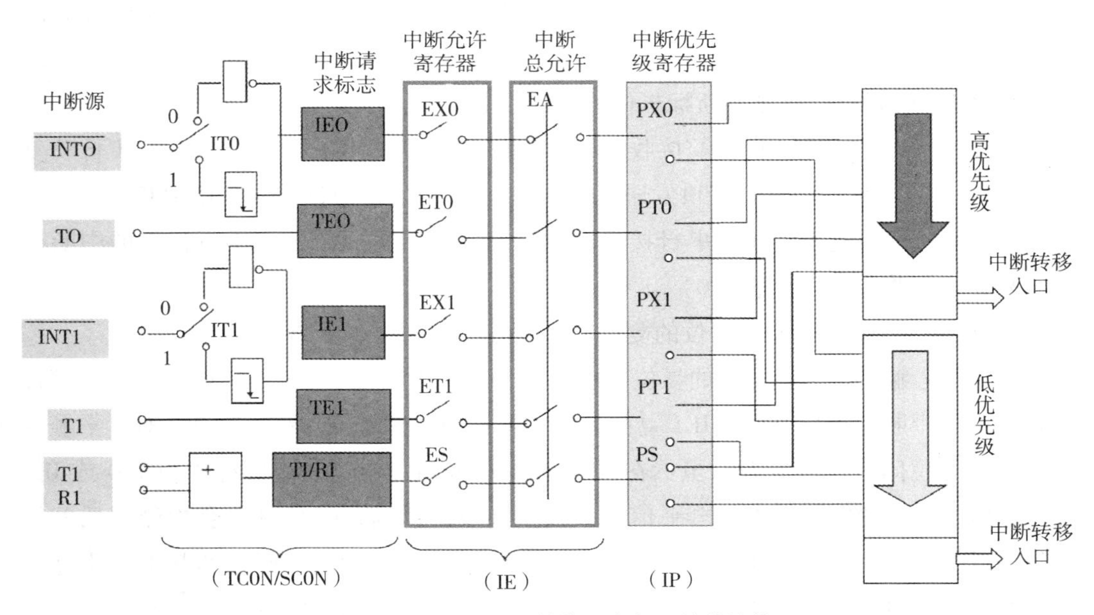

图 4－3　MCS－51 单片机中断系统的结构

中断源发出中断请求，CPU 响应中断的必要条件是：

（1）发出中断请求的中断允许位为 1；

（2）CPU 开放中断（即 EA＝1）。

此外，当 CPU 正在处理高级别或同级中断时，即使满足上述条件，CPU 也不响应中断。而当发出请求中断的级别高于正在处理的中断时，CPU 可以响应中断。因此，在应用系统设计中，常常将实时性响应要求高的中断事件，设置为较高的中断优先级别，以保证它得到及时的响应和处理。

2. 中断响应

CPU 响应中断的过程如下：

（1）对应的优先级状态触发器置 1（以阻止 CPU 响应后来的同级或低级中断）；

（2）将部分中断标志位复位；

（3）将程序计数器（PC）的内容压入堆栈，即保护程序的断点；

（4）转移到中断服务程序的入口去执行。

3. 中断处理与中断返回

中断请求的识别、中断优先级的判断、响应中断的各种动作是由 CPU 自动完成的，而中断处理与中断返回需要由开发者编制的中断服务程序来完成。在编制中断服务程序时要考虑下列问题。

（1）因为各中断源的中断服务程序入口地址仅相隔 8 个字节，一般容纳不下中断服务程序的执行代码，所以通常在中断服务程序的入口处存放一条无条件转移指令，在 CPU 响应中断时转移到实际中断服务程序的入口去执行。

（2）如果在执行实际中断服务程序的过程中不允许高级别的中断打断程序的执行，需要在实际中断服务程序的入口处用软件屏蔽 CPU 的中断，而在中断返回前再用软件打开 CPU 中断。

（3）如果在中断服务程序中要使用主程序（或能够被该中断源中断的其他程序）所用的寄存器或存储单元，就需要对它们进行保护，即保护现场。当然，在保护现场之前应先屏蔽 CPU 的中断。

（4）因为在 CPU 响应串行接口发送/接收中断时 CPU 不能使中断标志位自动复位，因此要在中断服务程序中用软件将其中断标志位复位。对电平型外部信号触发中断也要考虑类似的问题。

（5）如果在中断服务程序中进行了现场保护，在中断返回前一定要恢复现场。如果 CPU 的中断被屏蔽了，一定要用软件再打开 CPU 中断。然后才是中断服务程序的最后一条语句 RETI，从中断服务程序返回中程序。

（6）为了使应用系统能够及时响应各中断源的中断请求，中断服务程序要尽可能简短，一些可以在主程序中完成的操作，应安排在主程序中来完成，这样可以减少中断处理占用的时间，提高响应速度。

5 MCS－51 单片机的定时/计数器

5.1 51 子系列单片机定时/计数器的结构和寄存器

51 子系列单片机的内部有两个可编程定时/计数器（Timer/Counter），本节将介绍这两个定时/计数器的结构、原理和工作方式，并举例说明其使用方法。

5.1.1 定时和计数的概念

1. 定时

在测量和控制系统的设计中，经常碰到当设计的时间到达执行某种工作的问题，如每隔一定时间采集环境的温度、湿度等；洗衣机按照设定的时间间隔完成既定的任务；报警灯的周期性亮灭等。常用的定时方法主要有以下 3 种。

（1）硬件定时。主要有电子元器件构成硬件电路实现定时功能。如由 555 定时器和必要的电阻和电容及可以构成硬件计时器。硬件定时的优点是定时功能完全由硬件电路组成，不占用 CPU 的时间，适合于较长时间的定时场合。但是如果要改变定时时间，则需要调整电路中元器件的参数，因此在使用上非常不灵敏。

（2）软件定时。该定时方法是靠 CPU 执行循环程序以达到延迟一定时间的。软件定时的优点是定时时间比较准确，且只要通过修改循环次数和循环体内的语句就可以灵活地调整定时时间，其缺点是占用 CPU 的时间。因此，软件定时不适合于定时时间较长的场合。

（3）可编程定时器定时。可编程定时器集成在位处理器的内部，通过对系统机器周期的计数达到定时的目的。可以通过编程确定定时时间的长短。一旦完成定时器的初始化编程，启动定时器后，定时器就可以与 CPU 并行工作，不占用 CPU 时间。这就如同上了闹钟之后，由钟表定时，而不需要主人单独去一秒一秒地累计时间一样。由此可见，可编程定时器设置灵活，应用方便。

2. 计数

所谓计数是指统计外部事件发生的次数，例如工业中产品生产线中的计数装置、汽车里程表、小麦千粒重仪等。能够实现计数功能的，一是商品化的电气或机械计数器；二是计算机。当用计算机计数时，要求外部事件的发生以输入脉冲表示，因此计数功能的实质就是记录输入给计算机的外来脉冲的个数。如给汽车轮胎上安装一个传感器，轮胎每转一圈，产生一个脉冲信号，根据累计的脉冲数和轮胎直径可以计算汽车行走的路程。

目前，一些微处理器将定时器和计数器结合在一起，集成在计算机的内部，可以通过编程确定其作为定时器用，还是作为计数器用。

5.1.2　51 子系统单片机定时/计数器的结构

MCS－51 系列单片机中 51 子系列有两个 16 位的可编程定时/计数器，简称定时器 0（T0）和定时器 1（T1）；52 子系列中有 3 个 16 位的可编程定时/计数器，即 T0、T1 和 T2。在此，以 51 子系列单片机为例说明定时/计数器的结构。51 子系列中定时/计数器的原理结构中，两个 16 位可编程 T0 和 T1 分别由两个 8 位专用寄存器组成，即 T0 由 TL0 和 TH0 构成；T1 由 TL1 和 TH1 构成。这些寄存器是用于存放定时或计数初始值的，每个寄存器均可单独访问。此外，其内部还有一个 8 位的定时器方式寄存器 TMOD 和一个 8 位的定时控制寄存器 TCON。TMOD 用于控制和确定定时/计数器的工作方式和功能；TCON 用于控制 T0 和 T1 计数工作的启动和停止。此外，TCON 还可保存 T0 和 T1 的溢出和中断标志（TF0 和 TF1）。TMOD 和 TCON 的内容是通过软件设置的。系统复位时，两者均被清 0。

这些寄存器之间是通过内部总线和控制逻辑电路连接起来的。当定时器工作在计数方式时，外部事件通过单片机引脚 T0（P3.4）和（P3.5）输入。

两个定时/计数器都具有定时和计数两种功能，而 16 位的定时/计数器实质上是一个加 1 计数器，其功能受软件控制和切换。

在定时方式下，每个机器周期计数器加 1。由于一个机器周期等于 12 个晶振周期，因此计数频率为晶振频率的 1/12。如果单片机采用 6MHz 的晶振，则计数频率为 0.5MHz，即 2 微秒计数器加 1，这也是最短的定时时间。若要延长定时时间，则需要改变定时器的初始值。

在计数方式下，分别由 T0（P3.4）和（P3.5）输入外来脉冲，T0 和 T1 引脚分别是两个计数器的计数输入端。外部输入的脉冲在负跳变时计数器加 1。计数方式下，单片机在每个机器周期的 S5P2 拍节对外部计数脉冲进行采样。如果前一个机器周期采样为高电平，后一个机器周期采样为低电平，即为一个有效的计数脉冲，在下一个机器周期的 S3P1 进行计数。可见，采样计数脉冲是在两个机器周期进行的。据此可知，计数脉冲的频率不能高于晶振频率的 1/24。例如，如果选用 6MHz 的晶振，则最高计数频率为 0.25MHz。虽然对外部输入信号的占空比无特殊要求，但为了确保某给定电平在变化前至少被采样一次，外部计数脉冲的高电平与低电平保持时间均需要在一个机器周期以上。

综上可知，定时/计数器是一种可编程部件，它是与 CPU 同时存在且同时工作的。

5.1.3 定时/计数器的寄存器

1. 定时/计数器工作方式寄存器 TMOD（timer mode）

TMOD 用于设置定时/计数器的工作模式和工作方式，是一个 8 位的特殊功能寄存器，其字节地址是 89H，不能进行位寻址，格式如表 5－1 所示。

表 5－1　TMOD 的格式

位序	D7	D6	D5	D4	D3	D2	D1	D0
位符号	GATE	$C/\overline{T}$	M1	M0	GATE	$C/\overline{T}$	M1	M0
定时/计数器	T1				T0			

TMOD 的 8 位被分成两个部分，低 4 位用于控制 T0，高 4 位用于控制 T1。

（1）M1 M0：定时器四种工作方式的选择位。

①M1 M0＝00：工作方式 0，13 位定时/计数器工作方式。

②M1 M0＝01：工作方式 1，16 位定时/计数器工作方式。

③M1 M0＝10：工作方式 2，自动再装入计数初始值的 8 位定时/计数器工作方式。

④M1 M0＝11：工作方式 3，两个独立的 8 位定时/计数器，仅 T0 可用，T1 在方式 3 时停止工作。

（2）$C/\overline{T}$：计数模式和定时模式的选择位。

①$C/\overline{T}=0$ 为定时器工作模式。

②$C/\overline{T}=1$ 为计数器工作模式。

（3）GATE：门控位。

①GATE＝0 时，以 TCON 中的运行控制位 TR0（TR1）启动 T0（T1）。

②GATE＝1 时，T0（T1）的启动受外部中断信号$\overline{INT0}$（$\overline{INT1}$）的控制，此时要求 TR0（TR1）＝1。

通常，是 GATE＝0，从而完全由指令控制 TR 的状态而启动或停止定时/计数器。

由于 TMOD 只有单元地址，没有位地址，因此对 TMOD 的初始化只能采用字节形式进行操作，而不能使用位操作指令。例如，设 T0 为计数方式，按方式 0 工作，T1 为定时工作方式，按方式 1 工作；均由软件启动定时/计数器的运行，则实现定时/计数器的初始化语句是：

```
TMOD=0x14;                    //C51 语句
```

2. 定时/计数器控制寄存器 TCON（timer controller）

TCON 是一个 8 位的特殊功能寄存器，其字节地址是 88H，可位寻址（位地址为 88H～8FH），其低 4 位与外部中断有关，主要功能是为定时器在溢出时设定标志位，并控制定时器的运行或停止等。

TR0（TR1）是 T0（T1）的运行控制位，由软件置 1 或清 0。当 TR0（TR1）＝0 时，停止 T0（T1）的计数工作；当 TR0（TR1）＝1 时，启动 T0（T1）的计数工作。

5.2 定时/计数器的工作方式及应用

如前所述，特殊功能寄存器 TMOD 的 M1 和 M0 的 4 种组合构成了定时/计数器的 4 种工作方式。在工作方式 0、1 和 2 下，T0 和 T1 的工作方式完全相同；在工作方式 3 下，两个定时/计数器的工作方式不同。本节主要以 T0 为例，说明定时/计数器的工作过程，并举例说明定时/计数器的应用方法。

5.2.1 工作方式 0

工作方式 0 时，定时器/计数器 T0、T1 的结构简图如图 5－1 所示。

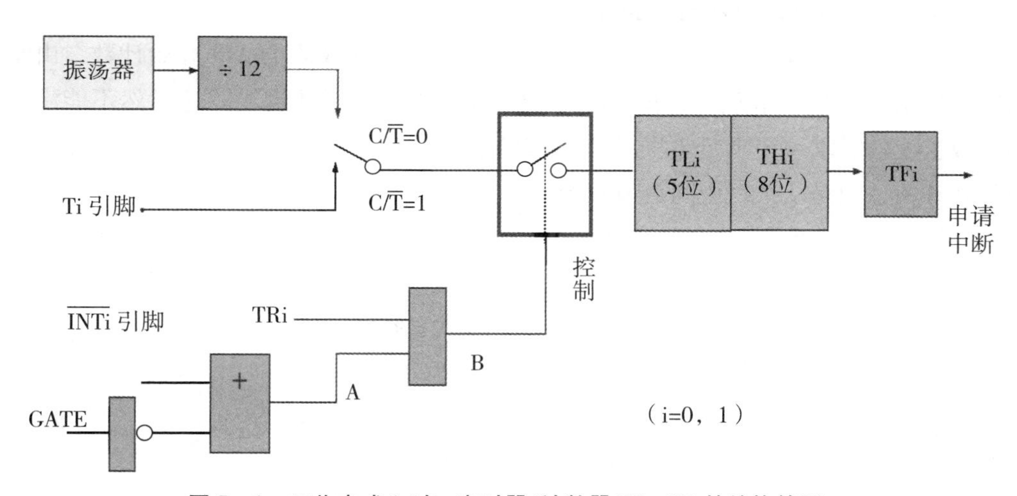

图 5－1 工作方式 0 时，定时器/计数器 T0、T1 的结构简图

1. 定时/计数器在工作方式 0 下的工作过程

工作方式 0 下，由 TH 和 TL 构成的 16 位寄存器只用了 13 位，即 TH 的全部 8 位和 TL 的低 5 位，构成一个 13 位的加 1 计数器。

当 $C/\overline{T}=0$ 时，选择定时器工作模式。这时多路开关接通振荡器 12 分频输出端，T0 对机器周期计数。

当 $C/\overline{T}=1$ 时，多路开关使引脚 T0（P3.4）与 13 位计数器相连，外部计数脉冲由引脚 T0 输入。当外部信号电平发生由“1”到“0”的负跳变时，计数器加 1，这时 T0 成为外部事件计数器。

当 GATE =0 时，或门输出 A 点为“1”，或门被封锁，于是引脚$\overline{INT0}$的输入信号无效。因为或门输出常“1”，则 B 点点位取决于 TR0，于是由 TR0 就可控制计数开关 K，从而控制 T0 的启动或停止。若 TR0 由软件置“1”，便闭合计数开关 K，启动 T0 开始计数；若使 TR0 =0，则断开开关 K，停止 T0 的计数。

定时/计数器处于工作状态时，TL0 的低 5 位计满后直接向高字节 TH0 进位，当全部 13 位计数器计满溢出时，自动使 TCON 中的 TF0 置 1，此时 TH0 和 TL0 的值全为 0. 在中断方式下，便申请中断。当转向中断服务程序后 TF0 由硬件清 0。在查询方式下，可检查 TF0 的值以判断是否计满。当 TF0 =1，表示计满，在执行下一次计数前，应用软件将 TF0 清 0。若希望计数器按原计数初始值开始计数，在计数溢满后，应给 TH0 和 TL0 重新赋初始值。

当 GATE =1 且 TR0 =1 时，或门、与门全部打开，计数开关 K 的状态完全受$\overline{INT0}$信号控制。当$\overline{INT0}$ =1 是，启动定时/计数器开始计数，否则停止计数。可利用这一特性测量$\overline{INT0}$端出现的正脉冲的宽度。

2. 定时/计数器计数初始值的确定

日常生活中的计数都是从 0 开始，但是如果定时/计数器也从 0 开始计数，由于计数时才溢出，因此工作方式 0 下，只有计到 8192（2^{13}）时才溢出，这显然不能满足不同计数长度的需求。为满足不同计数长度的需求，且计满后产生溢出信号，计数就不能从 0 开始，而是从某一中间数值开始。

设所需计数长度为 N，计数初始值 X 的计算方法如下。

当工作于计数模式下时：

$$X = 8192 - N \quad (1 \leqslant N \leqslant 8191)$$

当工作于定时模式下时：

$$X = 8192 - \frac{T_C \times f_{osc}}{12}$$

式中，T_C 为所需定时时间，单位为 s；f_{osc} 为晶振频率，单位为 Hz。

若 f_{osc} =12 MHz，机器周期 T_M =1 μs，则最小的定时时间为 1 μs，最大的定时时间为 8192 μs。

值得注意的是，工作方式 0 下的计数初始值是 13 位二进制数，其高 8 位赋值给 TH，低 5 位赋给 TL，TL 的高 3 位为 0。

3. 工作方式 0 应用举例

应用定时/计数器时的主要任务是编程。在编程时，应注意两点：一是正确写入控制字，即初始化定时/计数器；二是计算正确的定时/计数初始值。

一般情况下，写入控制字的次序大致如下：

（1）把工作方式控制字写入 TMOD；

（2）把定时/计数初始值装入 TL0、TH0（或 TL1、TH1）；

（3）置位 EA 使 CPU 开放中断（如果工作在中断方式下）；

（4）置位 ET0（或 ET1）允许定时/计数器中断（如果工作在中断方式下）；

（5）置位 TR0（或 TR1）以启动计数。

下面举例说明定时/计数器的用法。

例如，设单片机的f_{osc}为 11.0592MHz，使用 T1 以工作方式 0 产生频率为 131Hz 的方波形音频信号（低音的 Do），并由 P1.0 输出给与其相连的喇叭。用中断方式实现该功能。

解：131Hz 方波的周期是 7.634ms，则高、低电平持续时间各是 3.817ms。因此，只要当定时时间为 3.817ms。如此反复，就可输出 131Hz 的音频信号。

（1）TMOD 和 TCON 的初始化。

根据题意 TMOD＝00000000B＝0。其中，T1 的 GATE＝0，$C/\overline{T}=0$，M1＝0，M0＝0，T0 中没有用的位设置为 0。

以 TR1 控制定时/计数器的运行，则 TCON 中的 TR1＝1。

由于用中断方式完成，因此开放中断且允许 T1 中断，则 EA＝1，ET1＝1。

（2）计算定时 3.817ms 时的计数初始值 X。

因为机器周期 $T_M=1.085\mu s$，计数长度 $N=3817\mu s/1.085\mu s=3518$，$X=8192-3518=4674=1001001000010B$，则 TH1＝92H＝146，TL0＝2。

（3）C51 程序如下：

```
#include <reg51.h>
sbit  led = P1^0;
main ()
{
TMOD =1;                         //初始化 T1
TH1 =4674 /32;                   //取高 8 位
TL1 =4674% 32;                   //取低 8 位
EA =1;                           //中断初始化
ET1 =1;
TR1 =1;                          //启动 T1
while (1);                       //等待中断
}
void t1int ()   interrupt  3     //T1 中断服务程序
{
led = ~led;                      //输出取反
TH1 =4674 /32;
```

```
TL1 =4674% 32;
}
```

5.2.2 工作方式 1

工作方式 1 时，定时器/计数器 T0、T1 的结构简图如图 5－2 所示。

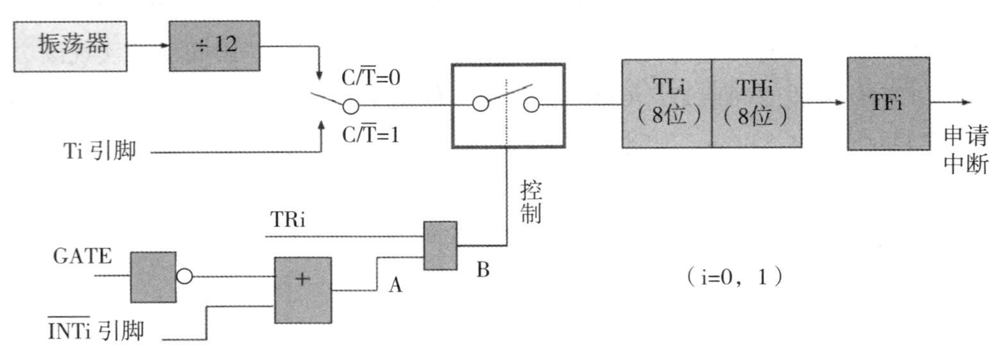

图 5－2 工作方式 1 时，定时器/计数器 T0、T1 的结构简图

工作方式 1 和工作方式 0 的工作原理基本相同，唯一不同的是工作方式 1 下是 16 位的定时/计数器。16 位初始值的高 8 位送 TH，低位送 TL。

当 f_{osc} 分别为 6MHz、11.0592MHz 和 12MHz 时，工作方式 1 下单片机的最大定时时间分别为 131.072ms、71.107ms 和 67.536ms。

例如，设单片机的 f_{osc} = 11.0592MHz，P1 口的每一位接一个 LED，低电平使 LED 点亮，电路如图所示。要求使 LED 由地位到高位依次循环点亮（每次只亮一个），每个 LED 亮的时间是 1s。用 T0 的定时中断功能实现该任务。

解：当 f_{osc} = 11.0592MHz 时，机器周期为 1.085μs，方式 1 下的最大延时时间为 71.107ms，显然不能满足 1s 的要求。如果使定时器的定时时间为 50ms，中断 20 次则共延时 1s。

当定时时间为 50ms 时，计数初始值 X = 65536 － 50ms/1.085μs = 19453 = 4BFDH，所以，TH1 = 4BH，TL1 = 0FDH。

根据题意，TMOD = 1。

C51 程序如下：

```
#include <reg51.h>
#include <intrins.h>                    //包含循环左、右移函数的头文件
unsigned char a, i;
main ()
{
```

```
TMOD =1;                              //设置 T0 工作方式 1
TH0 =19453 /256;                      //取高 8 位
TL0 =19453% 256;                      //取低 8 位
EA =1;                                //开放中断
ET0 =1;
I =20;                                //设置循环次数
a =0xfe;                              //循环初始值
P1 =a;                                //输出给 P1 口
TR0 =1;                               //启动 T0 开始定时
While (1)                             //等待中断
{}
If (i = =0)                           //是否到 20 次?
  {
    I =20;                            //重置循环次数
    a =_ crol_ (a, 1);                //循环左移
    P1 =a;                            //输出到 P1 口
  }
}
```

5.2.3 工作方式 2

TMOD 中的 M1 =1、M0 =0 时，选定工作方式 2。

这种方式是将 16 位计数寄存器分为两个 8 位寄存器，组成一个可重装入的 8 位计数寄存器。

在方式 2 中，TLi 作为 8 位计数寄存器，THi 作为 8 位计数初值寄存器。当 TLi 计数溢出时，一方面 TFi 置位，并向 CPU 申请中断；另一方面将 THi 的内容重新装入 TLi 中，继续计数。重新装入时不影响 THi 的内容，所以可以多次连续再装入。

方式 2 对定时控制特别有用，实现每隔预定时间发出控制信号，它可用于循环重复定时计数，用户可以省去重装计数初值的程序，并可产生相当精度的定时时间，特别适用于作串行口波特率发生器。工作方式 2 时，定时器/计数器 T0、T1 的结构简图如图 5－3 所示。

5.2.4 工作方式 3

TMOD 中的 M1 =1、M0 =1 时，选定工作方式 3。

这种方式只适用于定时器/计数器 T0，是将定时器/计数器 T0 分为一个 8 位定时器/

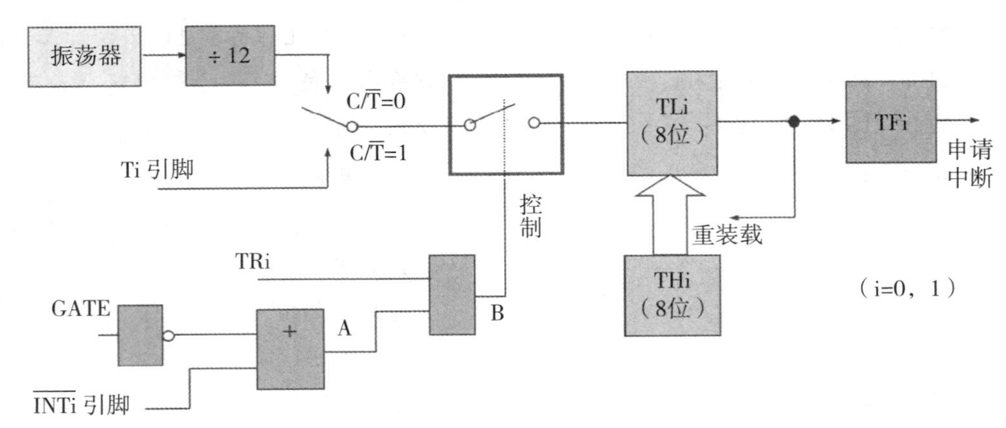

图 5-3　工作方式 2 时，定时器/计数器 T0、T1 的结构简图

计数器和一个 8 位定时器。

该方式下的 TL0 可作定时也可作计数用，只是此时的定时器/计数器为 8 位计数器，它占用了定时器/计数器 T0 的 GATE、TR0、T0 引脚以及中断源等。

该方式下的 TH0 只可用作简单的内部定时器功能，因为此时的外部引脚 T0 已被 TL0 所占用，不过它也占用了 T1 的启动/停止控制位 TR1 和计数溢出标志位 TF1 及 T1 的中断源。

TH0 的启动和关闭仅受 TR1 的控制，当 TR1 = 1，TH0 启动定时；当 TR1 = 0，TH0 停止定时工作。工作方式 3 时，TL0，TH0 的结构简图如图 5-4 所示。

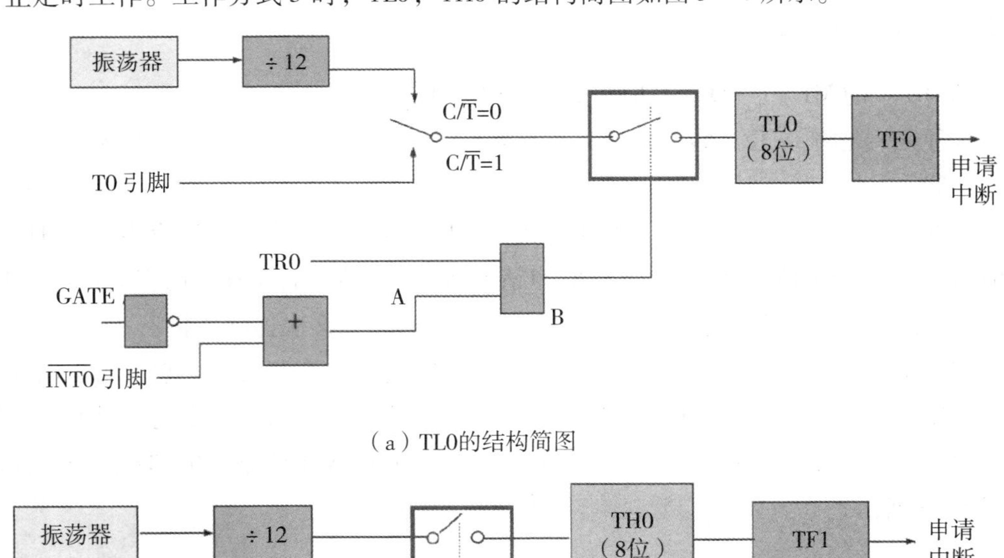

图 5-4　工作方式 3 时，TL0、TH0 的结构简图

在方式 3 下，定时器/计数器 T1 仍可选方式 0、1 或 2，用在不需要中断的场合。通过设置 C/T 位可对内部时钟进行定时或对外部引脚脉冲进行计数的功能。但由于它的 TR1 和 TF1 已被 TH0 所占用，此情况下仅用 T1 的控制位 C/T 切换其定时或计数的工作方式就可以使 T1 运行；溢出产生的中断请求不能由 TF1 发出，只能送入串行口。由此，当 T0 工作于方式 3 时，定时器/计数器 T1 一般用作串行口波特率发生器。通常，把 T1 设置为方式 2 作波特率发生器比较方便。

6 MCS－51 单片机串行接口技术

6.1 串行通信的概念

6.1.1 并行通信与串行通信

通信是指计算机与外界的信息传输，既包括计算机与计算机之间的传输，也包括计算机与外部设备，如终端、打印机和磁盘等设备之间的传输。在通信领域内，有两种数据通信方式：并行通信和串行通信。

并行通信是构成一组数据的各位同时进行传送，例如 8 位、16 位或 32 位数据并行传送，多位传输线由数据线、地址线和控制线组成。其特点是传输速度快，控制逻辑简单，缺点是当距离较远、位数较多时，导致线路较多且成本高。因此，并行通信只适用于近距离的高速数据传输。

串行通信是数据一位接一位地顺序传送。其特点是通信线路简单，只需一对传输线就可实现通信，故长距离传送时大大降低了成本，特别适合远距离通信。其缺点是通信速度较并行通信慢。不过由于 USB 等高速接口的兴起，串行接口已经逐渐成为主流的通信接口。

图 6－1 为以上两种通信方式的示意。

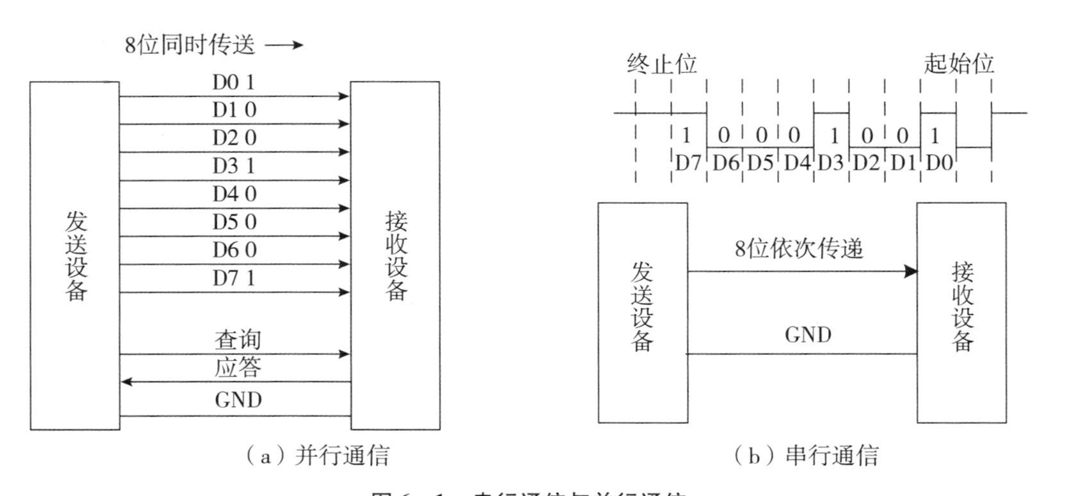

（a）并行通信　　（b）串行通信

图 6－1　串行通信与并行通信

6.1.2 同步通信与异步通信

串行通信可以分为两种类型，一种叫同步通信，另一种叫异步通信。

1. 同步通信

同步通信是一种连续串行传送数据的通信方式，同步通信把许多字符组成一个信息组，字符可以一个接一个地传输，在每组信息（通常称为信息帧）的开始要加上同步字符，在没有信息要传输时，要填上空字符，因此同步传输不允许有间隙。同步方式下，发送方除了发送数据，还要传输同步时钟信号，信息传输的双方用同一个时钟信号确定传输过程中每1位的位置。

在同步通信中，同步字符可以采用统一标准格式，也可以由用户约定。同步通信的速度比异步通信的数据传输速率要高，通常为几十至几百千比特每秒。其缺点是硬件设备较为复杂，要求发送端时钟与接收端时钟保持严格同步。

图6－2为同步通信的示意图。

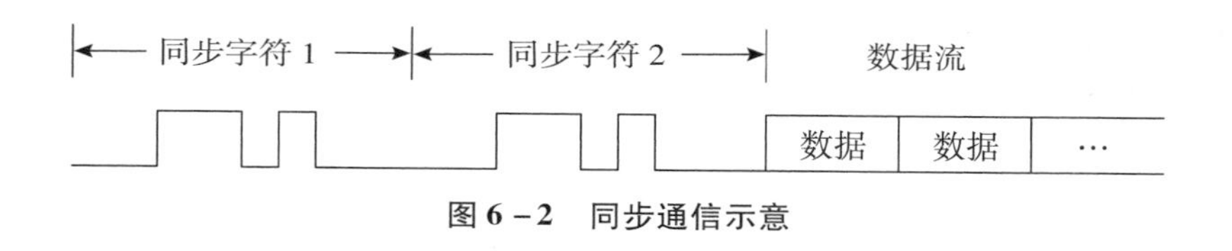

图6－2 同步通信示意

2. 异步通信

在异步通信中，数据通常是以字符为单位组成字符帧传送的。两个数据字符之间的传输间隔是任意的，所以，每个数据字符的前后都要用一些数位来作为分隔位。如图6－3所示，一个字符在传输时，除了传输实际数据字符信息外，还要传输几个外加数位。具体说，在1个字符开始传输前，输出线必须在逻辑上处于“1”状态，这称为标识态。传输一开始，输出线由标识态变为“0”状态，从而作为起始位。起始位后面为5～8个信息位，信息位由低往高排列，即先传字符的低位，后传字符的高位。信息位后面为校验位，校验位可以按奇校验设置，也可以按偶校验设置，或不设校验位。最后是逻辑的“1”作为停止位，停止位可为1位、1.5位或者2位。如果传输完1个字符以后，立即传输下一个字符，那么，后一个字符的起始位便紧挨着前一个字符的停止位了，否则，输出线又会进入标识态。

在异步通信方式中，发送和接收的双方必须约定相同的帧格式，否则会造成传输错误。发送方只发送数据帧，不传输时钟，发送和接收双方必须约定相同的传输率。当然双方实际工作速率不可能绝对相等，但是只要误差不超过一定的限度，就不会造成传输出错。图6－3是异步通信时的字符帧格式。

异步通信的优点是不需要传送同步时钟，字符帧的长度也不受限制，所以所需设

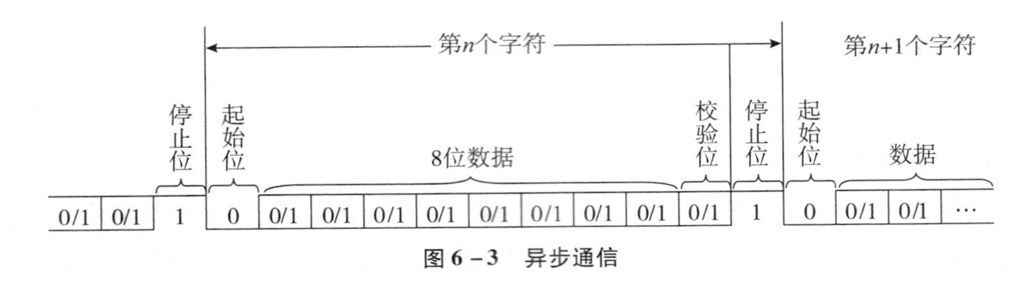

图 6－3　异步通信

备简单。确定是字符帧因包含有起始位和终止位等降低了有效的数据传输速率。

6.1.3　数据传送方向

串行通信的数据传送方向有 3 种形式：单工方式、半双工方式、全双工方式。

1. 单工方式

在一个单工的串行通信系统中，一般要求至少有两根线（“信号线”和“地线”）。数据传送只有一个方向。例如，可以使用单工方式将数据从一个简单的数据监测系统传送到 PC 上。如图 6－4（a）所示。

2. 半双工方式

在半双工通信系统中，一般同样要求至少有两根线。这里的数据传送是双向的。然而，同一时刻传输只能为一个方向。如图 6－4（b）所示。

3. 全双工方式

在一个全双工的串行通信系统中，一般至少要求有三根线（信号线 A、信号线 B 和地线）。信号线 A 将传送一个方向上的数据，同时信号线 B 传送另一个方向上的数据。如图 6－4（c）所示。

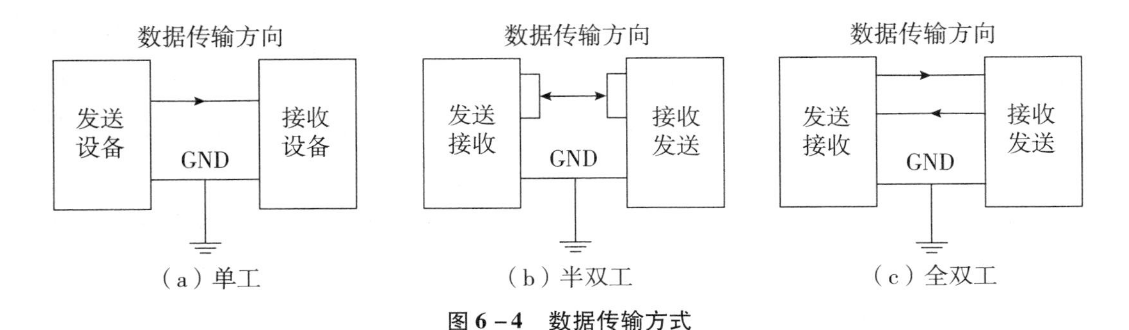

图 6－4　数据传输方式

6.1.4　波特率

在数字信道中，波特率是数字信号的传输速率，它用单位时间内传输的二进制代码的有效位（bit）数来表示，其单位为每秒比特数 bit/s（bps）、每秒千比特数（Kb-ps）或每秒兆比特数（Mbps）来表示（此处 K 和 M 分别为 1000 和 1000000，而不是涉及计算机存储器容量时的 1024 和 1048576）。波特率是串行通信的重要指标，用于表征数据传输的速率。对于二进制数据，数据传输速率为：

$$S = 1/T(\text{bps})$$

其中，T 为发送每一比特所需要的时间。例如，如果在通信信道上发送一比特 0、1 信号所需要的时间是 0.001ms，那么信道的数据传输速率为 1000bps。

在异步串行通信中，发送方按设定波特率确定发送速度，而接收方按设定波特率定时检测信号，判定接收的数据。接收方和发送方必须使用相同的波特率，才能正确接收到发送方的数据。

6.2　MCS－51 单片机的串行接口

6.2.1　MCS－51 单片机串行接口的结构

MCS－51 内部包含一个全双工串行接口，可同时发送和接收数据。当使用该串行口时，占用 P3.0 和 P3.1 两个引脚。它有四种工作方式，可供不同场合使用。波特率由软件控制，通过片内的定时器/计数器产生。

串行口的结构示意如图 6－5 所示。串行口有两个独立的接收、发送缓冲器 SBUF（属于特殊功能寄存器）。接收缓冲器只能读出不能写入，发送缓冲器只能写入不能读出。两者共用一个字节地址（99H）。控制电路主要由串行控制寄存器 SCON、波特率发生器等部分构成。波特率发生器可以由定时器 T1 来完成。

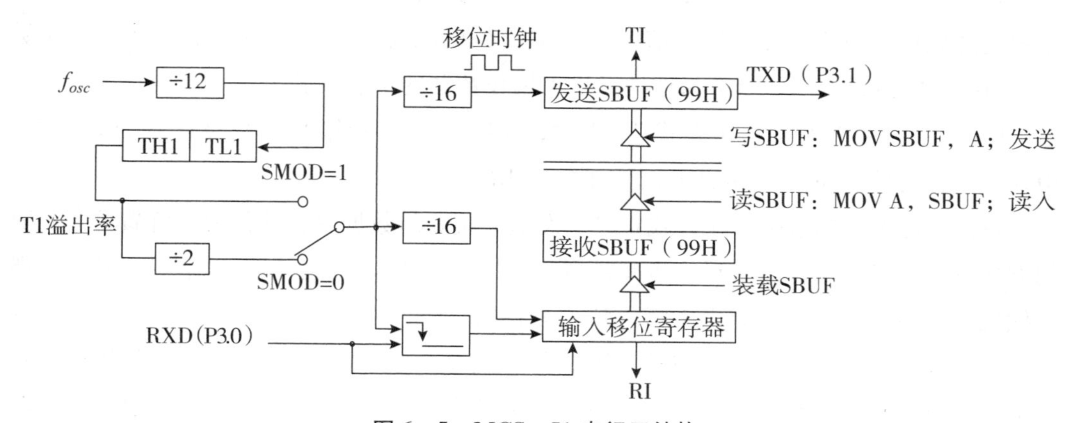

图 6－5　MCS－51 串行口结构

6.2.2　串行接口的相关寄存器

1. 串行口数据缓冲器 SBUF

SBUF 是两个在物理上独立的接收、发送缓冲器，可同时发送、接收数据，但共同占用一个地址99H。可通过指令对SBUF的读写来区别是对接收缓冲器的操作还是对发送缓冲区的操作。MCS－51系列单片机，没有专门的启动发送与的指令，在满足发送条件的情况下，只要执行写入SBUF命令，便启动了发送过程。

2. 串行口控制寄存器SCON

SCON（Serial Control Register）串行口控制寄存器，用于控制串行通信的方式选择、接收和发送，指示串口的状态。SCON既可以字节寻址，也可以位寻址，在复位时被清“0”，其字节地址为98H，地址位为98H～9FH。SCON各位定义为：

	D7	D6	D5	D4	D3	D2	D1	D0	
SCON	SM0	SM1	SM2	REN	TB8	RB8	TI	RI	98H

说明如下：

SM0、SM1：串行口工作方式选择位。

SM2：允许方式2、3的多机通信控制位。在方式2和3中，若SM2＝1且接收到的第9位数据（RB8）为1，才将接收到的前8位数据送入接收SBUF中，并置位RI产生中断请求；否则丢弃前8位数据。若SM2＝0，则不论第9位数据（RB8）为1还是为0，都将前8位送入接收SBUF中，并产生中断请求。在方式0时，SM2必须为0。

REN：允许接收位。若REN＝0，禁止接收数据；若REN＝1，允许接收数据。该位由软件置位或复位。

TB8：发送数据位8。在方式2、3时，TB8的内容是要发送的第9位数据，其值由用户通过软件来设置。在多机通信中，以TB8位的状态表示主机发送的是地址还是数据：TB8＝0为数据，TB8＝1为地址；也可用作数据的奇偶校验位。

RB8：接收数据位8。在方式2、3时，RB8是接收的第9位数据。在方式1时，RB8是接收的停止位 。在方式0时，不使用RB8。

TI：发送中断标志位。在方式0时，发送完第8位数据后，该位由硬件置位。在其他方式下，于发送停止位之后，由硬件置位。因此，TI＝1表示帧发送结束，其状态既可供软件查询使用，也可请求中断。TI由软件清“0”。

RI：接收中断标志位。在方式0时，接收完第8位数据后，该位由硬件置位。在其他方式下，于接收到停止位之时，该位由硬件置位。因此，RI＝1表示帧接收结束，其状态既可供软件查询使用，也可请求中断。RI由软件清“0”。

在开始串行通信前，必须用软件来设定SCON的内容。当由指令改变SCON的内容时，改变的内容是在下1条指令的第一个周期的S1P1状态期间才锁存到SCON寄存器中，并开始有效。如果此时已开始进行串行发送，那么TB8中送出去的仍是原有的值而不是新值。

在进行串行通信时，当一帧发送完时，发送中断标志置位，向 CPU 请求中断；当一帧接收完时，接收中断标志置位，也向 CPU 请求中断。若 CPU 允许中断，都要进行中断服务程序。但 CPU 事先并不能区分是 TI 还是 RI 请求中断，只有在进入中断服务程序后，通过查询来区分，然后进入相应的中断处理。所以，中断标志位 TI 和 RI 均不能自动复位，而必须在中断服务程序中，当判别了是哪一种中断后才能用指令使其复位。复位中断标志的目的是撤销中断请求，这是很必要的一种操作，否则又会申请另一次中断。

3. 特殊功能寄存器 PCON

PCON 主要是为 CHMOS 型单片机的电源控制而设置的专用寄存器，在 51 单片机中单元地址是 87H，其结构格式如下：

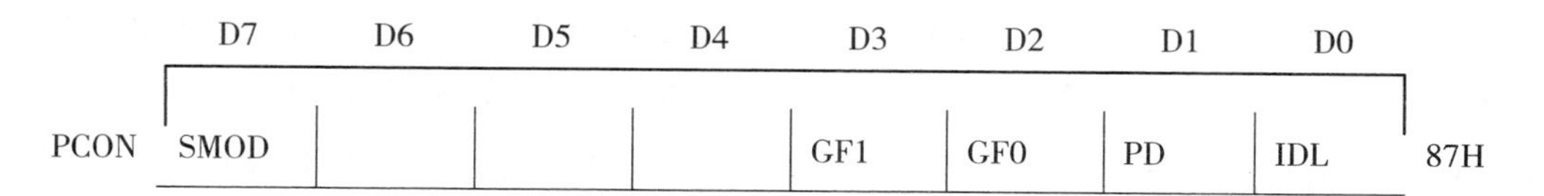

最高位 SMOD 与串口通信有关。当 SMOD＝0 时，串口方式 1、2、3 波特率正常。当 SMOD＝1 时，串口方式 1、2、3 波特率加倍。

6.2.3 串行接口的工作方式

串行接口有 4 种工作方式，可由 SCON 中的 SM0、SM1 设置。如表 6－1 所示。

表 6－1　　串行接口的工作方式

SM0	SM1	工作方式	方式简单描述	波特率
0	0	0	移位寄存器 I/O	主振频率/12
0	1	1	8 位 UART	可变
1	0	2	9 位 UART	主振频率/32 或主振频率/64
1	1	3	9 位 UART	可变

1. 方式 0

在方式 0 下（SM0＝0、SM1＝0），串行口作为同步移位寄存器使用，这时以 RXD（P3.0）端作为数据移位的入口和出口，而由 TXD（P3.1）端提供移位时钟脉冲。移位数据的发送和接收以 8 位为一组，低位在前高位在后。其波特率是固定的，为 f_{osc}（振荡频率）的 1/12。

（1）方式 0 发送。串行数据从 RXD 引脚输出，TXD 引脚输出移位脉冲。CPU 将数据写入发送寄存器（SBUF）时，立即启动发送，将 8 位数据以 $f_{osc}/12$ 的固定波特率从

RXD 输出，低位在前，高位在后，直至最高位（D7 位）数字移出后，停止发送数据和移位时钟脉冲。

（2）方式 0 接收。方式 0 接收前，务必先置位 REN = 1，允许接收数据。此时，RXD 为串行数据输入端，TXD 仍为同步脉冲移位输出端。当 RI = 0 和 REN = 1 同时满足时，就会启动一次接收过程。接收器以 $f_{osc}/12$ 的固定波特率接收 TXD 端输入的数据。当接收到第 8 位数据时，将数据移入接收寄存器，并由硬件置位 RI，向 CPU 申请中断。

2. 方式 1

在方式 1 时（SM0 = 0、SM1 = 1），串行口被设置为波特率可变的 8 位异步通信接口。

（1）方式 1 发送。当 CPU 将数据写入发送缓冲 SBUF，启动发送。先把起始位输出到 TXD，然后把移位寄存器的输出位送到 TXD。接着发出第一个移位脉冲（SHIFT），使数据右移一位，并从左端补入 0。此后数据将逐位由 TXD 端送出，而其左面不断补入 0。发送完一帧数据后，就由硬件置位 TI。

（2）方式 1 接收。当 REN = 1 且接收到起始位后，在移位脉冲的控制下，把接收到的数据移入接收缓冲寄存器（SBUF）中，停止位到来后，把停止位送入 RB8 中，并置位 RI，通知 CPU 接收到一个字符。

3. 方式 2 和方式 3

当 SM0 = 1、SM1 = 0 时，串行口选择方式 2；当 SM1 = 1、SM0 = 1 时，串行口选择方式 3。方式 2 和方式 3 的工作原理相似，定义为 9 位的异步通信接口，发送（通过 TXD）和接收（通过 RXD）一帧信息都是 11 位，1 位起始位（0）、8 位数据位（低位在先）、1 位可编程位（即第 9 位数据）和 1 位停止位（1）。方式 2 和方式 3 唯一的差别是方式 2 的波特率是固定的，方式 3 的波特率是可变的。

（1）方式 2 和方式 3 发送。当 CPU 执行一条数据写入 SUBF 的指令时，启动发送器发送。把起始位（0）放到 TXD 端，经过一位时间后，数据由移位寄存器送到 TXD 端，通过第一位数据，出现第一个移位脉冲。当 TB8 的内容移到位寄存器的输出位置时，其左面一位是停止位“1”，再往左的所有位全为“0”。这种状态由零检测器检测到后，就通知发送控制器作最后一次移位，然后置 TI = 1，请求中断。

（2）方式 2 和方式 3 接收。接收时，数据从右边移入输入移位寄存器，在起始位 0 移到最左边时，控制电路进行最后一次移位。当 RI = 0，且 SM2 = 0（或接收到的第 9 位数据为 1）时，接收到的数据装入接收缓冲器 SBUF 和 RB8（接收数据的第 9 位），置 RI = 1，向 CPU 请求中断。如果条件不满足，则数据丢失，且不置位 RI，继续搜索 RXD 引脚的负跳变。

6.3 串行接口应用举例

波特率与定时器初值设置。

串行通信的 4 种工作方式对应着 3 种波特率。

（1）对于方式 0，波特率是固定的，为单片机时钟的 1/12，即 $f_{osc}/12$。

（2）对于方式 2，波特率有两种可以选择，即 $f_{osc}/32$ 和 $f_{osc}/64$。对应于以下公式：

$$波特率 = f_{osc} \times 2^{SMOD}/64$$

SMOD 为 PCON 寄存器中的控制位（最高位）。当 SMOD＝1 时，波特率 $=f_{osc}/32$；当 SMOD＝0 时，波特率 $=f_{osc}/64$。

（3）对于方式 1 和方式 3，波特率都是由定时器 T1 的溢出率来决定，对应于以下公式：

$$波特率 = (2^{SMOD}/32) \times (定时器T1的溢出率)$$

而定时器 T1 的溢出率则和所采用的定时器 T1 的工作方式有关，并可用以下公式表示：

$$定时器T1的溢出率 = f_{osc}/12 \times (2^n - X)$$

其中，X 为定时器 T1 的计数初值，n 为定时器 T1 的位数，对于定时器方式 0，取 $n=13$；对于定时器方式 1，取 $n=16$；对于定时器方式 2、3，取 $n=8$。

在串行通信时，经常采用定时器方式 2（8 位重装载方式），这样不但操作方便，而且还可避免重装时间常数带来的定时误差。

通常波特率是一些固定的数据，如 1200、2400、4800、9600 等。所以我们通常要做的是使用上述方法根据波特率求定时器初值，而不是根据定时器初值求波特率。常用的波特率初值表如表 6－2 所示。

表 6－2　　常用波特率初值表

波特率（bps）	晶振（MHz）	初值		误差（%）	晶振（MHz）	初值		误差（12MHz 晶振）（%）	
		（SMOD＝0）	（SMOD＝1）			（SMOD＝0）	（SMOD＝1）	（SMOD＝0）	（SMOD＝1）
300	11.0592	0xF0	0x40	0	12	0x98	0x30	0.16	0.16
600	11.0592	0xF0	0xA0	0	12	0xCC	0x98	0.16	0.16
1200	11.0592	0xF8	0xD0	0	12	0xE6	0xCC	0.16	0.16
1800	11.0592	0xF0	0xE0	0	12	0xEF	0xDD	2.12	－0.79
2400	11.0592	0xF4	0xE8	0	12	0xF3	0xE6	0.16	0.16

续 表

波特率（bps）	晶振（MHz）	初值		误差（%）	晶振（MHz）	初值		误差（12MHz 晶振）（%）	
		（SMOD = 0）	（SMOD = 1）			（SMOD = 0）	（SMOD = 1）	（SMOD = 0）	（SMOD = 1）
3600	11.0592	0xF8	0xF0	0	12	0xF7	0xEF	-3.55	2.12
4800	11.0592	0xFA	0xF4	0	12	0xF9	0xF3	-6.99	0.16
7200	11.0592	0xFC	0xF8	0	12	0xFC	0xF7	8.15	-3.55
9600	11.0592	0xFD	0xFA	0	12	0xFD	0xF9	8.15	-6.99
14400	11.0592	0xFE	0xFC	0	12	0xFE	0xFC	8.15	8.51
19200	11.0592	…	0xFD	0	12	…	0xFD	…	8.51
28800	11.0592	0xFF	0xFE	0	12	0xFF	0xFE	8.51	8.51

6.4 RS-232 接口与应用

除了满足上一节约定的波特率、工作方式和特殊功能寄存器的设定外，串行通信双方必须采用相同的接口标准，才能进行正常的通信。由于不同设备串行接口的信号线定义、电气规格等特性都不尽相同，因此要使这些设备能够互相连接，需要统一的串行通信接口。采用标准接口还能提高通信速度和传送距离。

1. RS-232 介绍

1997 年，电信工业协会发布了被正式地称为 TIA-232 版本 F 的串行通信协议。自从这个协议与 19 世纪 60 年代作为“推荐标准”出现以来，已经被普遍地成为“RS-232”。类似的标准（V.28）由国际电信联盟（ITU）和国际电报电话咨询委员会（CCITT）发布。

“RS-232”标准包括以下详细内容：

（1）用于数据传输的协议。

（2）信号线上的电压。

（3）用于连接设备的接插件。

总的来说，该标准易于理解并被广泛使用，其数据传输速率最高为大约 115kB/s 或 330kB/s（115/330k 波特率），能够在 15 米或更远的距离内传送数据。RS-232 是一种点到点的通信标准，与多点的 RS-485 标准（将在下一节讨论）不同。

2. RS-232 基本协议与接口标准

RS-232 是一种面向字符的协议。即，规定为发送一个一个的 8 位数据块。为了在

RS－232 连接上传送一个字节，通常按如下方式对信息进行编码：

（1）当 RS－232 上的“发送”线上无数据发送时，这个线将保持为逻辑 1 电平。

（2）发送一个“起始”位，将“发送”线拉低以指示数据传输的起始。

（3）发送数据（8 位）。数据往往被编码为 7 位格式的 ASCII 码。首先发送最低位。如果发送 7 位数据，则第八位数据往往用作简单的奇偶校验位并传送，用来提供一种基本的逐个字符的错误检测功能。本书介绍的代码都不使用奇偶校验位，而是使用所有 8 位来传送数据。

（4）发送一个（或多个）“停止”位。停止位输出逻辑 1。可以是一个或者较少见的 1.5 或 2 个脉冲宽度。本书的所有代码示例均使用一个停止位。

RS－232 通常运行在一系列（受限制的）波特率上。典型的波特率为：75、110、300、1200、2400、4800、9600、14400、19200、28800、33600、56000、115000 和 330000 波特率。其中，9600 波特率是一种非常“安全的”选择，得到了非常广泛的应用。

RS－232 接口规定使用 25 针“D”形口连接器，连接器的尺寸及每个插针的排列位置都有明确的定义。在微型计算机通信中，常使用的有 9 根信号引脚，所以常用 9 针“D”形口连接器替代 25 针连接器。连接器引脚定义如图 6－6 所列。

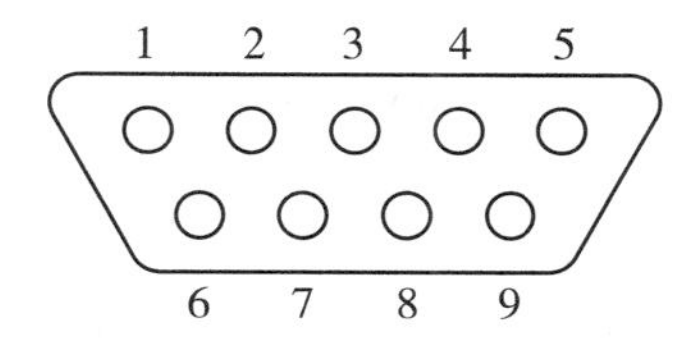

图 6－6　RS－232 连接器引脚分布

RS－232 接口的主要信号线的功能定义如表 6－3 所示。

表 6－3　　RS－232 接口信号线功能定义

插针序号	信号名称	功能
1	DCD	载波检测
2	RXD	接收数据（串行输入）
3	TXD	发送数据（串行输出）
4	DTR	DTE 就绪（数据终端准备就绪）
5	SGND	信号接地
6	DSR	DCE 就绪（数据建立就绪）
7	RTS	请求发送
8	CTS	允许发送
9	RI	振铃指示

3. RS－232电平与TTL电平转换电路

RS－232标准对逻辑电平的定义：对于数据：逻辑“1”的电平低于－3V，逻辑“0”的电平高于＋3V；对于控制信号：接通状态即信号有效的电平高于＋3V，断开状态即信号无效的电平低于－3V，也就是当传输电平的绝对值大于3V时，电路可以有效地检查出来，介于－3～＋3V的电压无意义，低于－15V或高于＋15V的电压也认为无意义。因此，实际工作时，应保证电平在±（3～15）V。

综上所述，RS－232通信使用的电压与MCS－51所使用的电压不兼容。因此，在微控制器电路板和PC电缆之间将需要某种形式的电平转换电路。通常，性价比较高的实现方法是使用一个专用的“收发器”芯片。其中，Max232（Maxim）被广泛应用。其应用电路如图6－7所示。

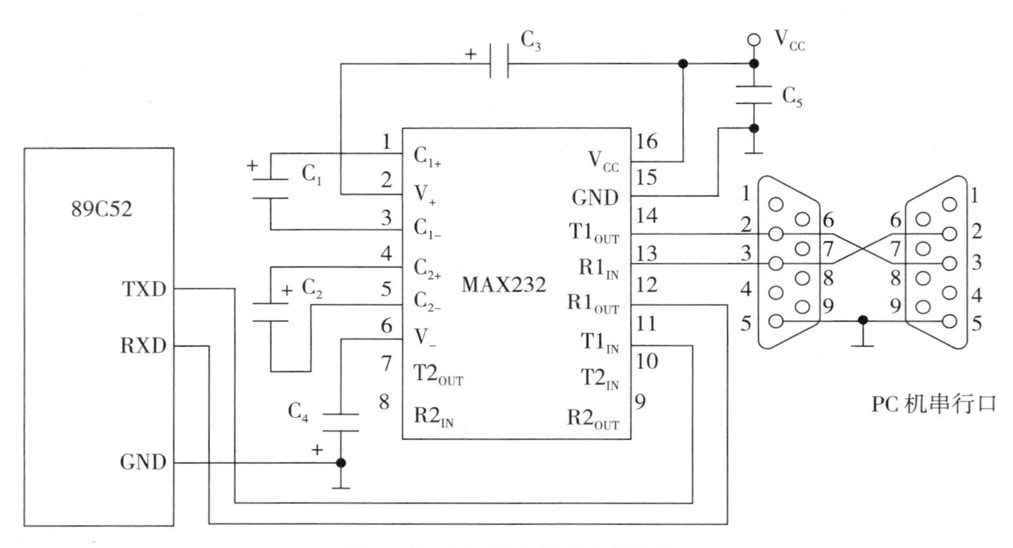

图6－7 Max232典型应用电路

4. 计算机与单片机串行口方式1通信实例

串行口方式1是最常用的通信方式，其传送一帧数据的格式如图6－8所示。

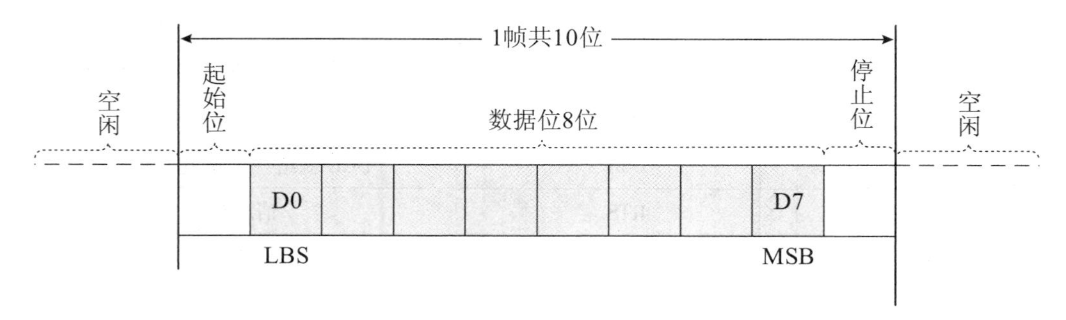

图6－8 串行口方式一数据帧格式

串行口方式 1 传送一帧数据共 10 位，1 位起始位（0），8 位数据位，最低位在前，高位在后，1 位停止位（1），帧与帧之间可以有空闲，也可以无空闲。方式 1 数据输出时序和数据输入时序分别如图 6－9 和图 6－10 所示。

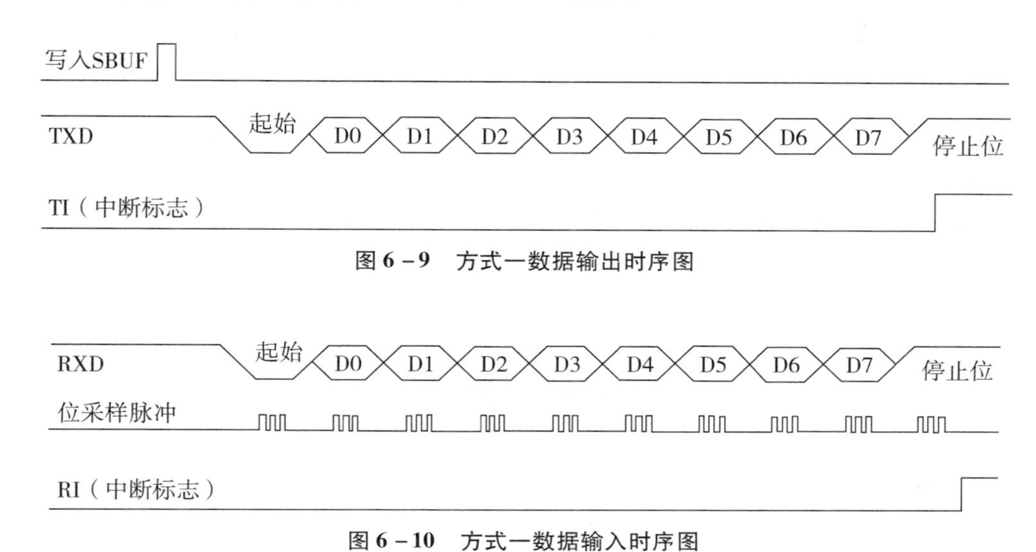

图 6－9　方式一数据输出时序图

图 6－10　方式一数据输入时序图

当数据被写入 SBUF 寄存器后，单片机自动开始从起始位发送数据，发送到停止位的开始时，由内部硬件将 TI 置 1，向 CPU 申请中断，接下来可在中断服务程序中做相应处理，也可以选择不进入中断。

用软件置 REN 为 1 时，接收器以所选择波特率的 16 倍速率采样 RXD 引脚电平，检测到 RXD 引脚输入电平发生负跳变时，则说明起始位有效，将其移入输入移位寄存器，并开始接收这一帧信息的其余位。接收过程中，数据从输入移位寄存器右边移入，起始位移至输入移位寄存器最左边时，控制电路进行最后一次移位。当 RI＝0，且 SM2＝0（或接收到的停止位为 1）时，将接收到的 9 位数据的前 8 位数据装入接收 SBUF，第 9 位（停止位）进入 RB8，并置 RI＝I，向 CPU 请求中断。

在具体操作串行口之前，需要对单片机的一些与串口有关的特殊功能寄存器进行初始化设置，主要是设置产生波特率的定时器 1、串行口控制和中断控制。具体步骤如下：

（1）确定 TI 的工作方式（编程 TMOD 寄存器）。

（2）计算 T1 的初值，装载 THI，TL1。

（3）启动 TI（编程 TCON 中的 TR1 位）。

（4）确定串行口工作方式（编程 SCON 寄存器）。

（5）串行口工作在中断方式时，要进行中断设置（编程 IE，IP 寄存器）。

下面举例说明串口方式 1 的具体使用方法和操作流程。

例：在上位机上用串口调试助手发送一个字符 A，单片机收到字符后返回给上位机“I get A”，串口波特率设置为 9600bps。c 程序代码如下：

```
#include <reg52.h>
#define uchar unsigned char
#define uint unsigned int
unsigned char flag, a, i;
uchar code table [] = "I get";
//uchar code table [] = {'I',' ','g','e','t',' '};
void init ()
{
    TMOD = 0x20;        //设定 T1 定时器工作方式 2
    TH1 = 0xfd;         //T1 定时器装初值
    TL1 = 0xfd;         //T1 定时器装初值
    TR1 = 1;            //启动 T1 定时器
    REN = 1;            //允许串口接收
    SM0 = 0;            //设定串口工作方式 1
    SM1 = 1;            //设定串口工作方式 1
    EA = 1;             //开总中断
    ES = 1;             //开串口中断
}
void main ()
{
    init ();
    while (1)
    {
      if (flag = =1)
      {
        ES = 0;
        for (i = 0; i < 6; i + +)
        {
            SBUF = table [i];
            while (! TI);
            TI = 0;
        }
```

```
            SBUF = a;
            while (! TI);
            TI = 0;
            ES = 1;
            flag = 0;
          }
      }
  }
  void ser () interrupt 4
  {
      RI = 0;
      a = SBUF;
      flag = 1;
  }
```

程序分析：

初始化函数“Void init ( )”中没有看到开定时器 1 中断的语句，因为定时器 1 工作在方式 2 时为 8 位自动重装方式，我们进中断后无事可做，因此无须打开定时器 1 的中断，更无须写定时器 1 的中断服务程序。

“void ser ( ) interrupt 4”为串口中断服务程序，在本程序中完成三件事：RI 清 0，因为程序既然产生了串口中断，那么肯定是收到或发送了数据，在开始时没有发送任何数据，那必然是收到了数据，此时 RI 会被硬件置 1，进入串口中断服务程序后必须由软件清 0，这样才能产生下一次中断；将 SBUF 中的数据读走给 a，这才是进入中断服务程序中最重要的目的；将标志位 flag 置 1，以方便在主程序中查询判断是否已经收到数据。

进入大循环 while ( ) 语句后，一直在检测标志位 flag 是否为 1，当检测到为 1 时，说明程序已经执行过串口中断服务程序，即收到了数据，否则始终检测 flag 的状态。当检测到 flag 置 1 后，先是将 ES 清 0，原因是接下来要发送数据，若不关闭串口中断，当发送完数据后，单片机同样会申请串口中断，便再次进入中断服务程序，flag 又被置 1，主程序检测到 flag 为 1，又回到这里再次发送，如此重复下去，程序便成了死循环，造成错误的现象，因此我们在发送数据前把串口中断关闭，等发送完数据后再打开串口中断，这样便可以安全地发送数据了。

在发送数据时，当发送前面 6 个固定的字符时，使用了一个 for 循环语句，将前面数组中的字符依次发送出去，后面再接着发送从中断服务程序中读回来的 SBUF 中的数据时，当向 SBUF 中写入一个数据后，使用“while (! TI);”等待是否发送完毕，因为当发送完毕后 TI 会由硬件置 1，然后才退出“while（！TI）;”接下来我们再将 TI 手动清 0。

当接收数据时，我们写“a = SBUF;”语句，单片机便会自动将串口接收寄存器中的数据取走给 a；当发送数据时，我们写“SBUF = a;”语句，程序执行完这条语句便自动开始将串口发送寄存器中的数据一位位从串口发送出去。在这里再强调一下，SBUF 是共用一个地址的两个独立的寄存一器，MCS－51 识别操作哪个寄存器的关键语句就是“a = SBUF”和“SBUF = a”。

6.5 RS－485 接口与应用

1. RS－485 介绍

由于 RS－232 传输速率慢，传输距离短，无法满足许多工业现场的使用要求，因此 EIA 相继公布了 RS－449、RS－423、RS－422 和 RS－485 等替代标准。其中 RS－485 以其优秀的特性、较低的成本在工业控制领域得到了广泛的应用。RS－485 的标准文件只定义了线路、驱动器和接收器的电气特性，这是该标准的一个重要限制。所以和 RS－2323 不同，RS－485 的标准中没有规定软件协议或连接器规格。

RS－485 和 RS－232 通信协议有很多相似之处：两者都是都是被广泛应用的串行标准，并且两者都需要使用适当的收发器，与微处理器的串行接口相连。RS－485 和 RS－232 也有一些重要的差异。

（1）RS－232 是单线标准（每个信道一根信号线）。环境电噪声可能破坏数据传输。这使得通信的最大距离被限制为 30 米左右，通信速度被限制在 115Kbaud 左右（对于较新的收发器）。

（2）RS－485 是一个双线或者差分通信标准。这意味着每个信道有两根线，一根传送正相信号，一根传送反相信号。接收器会检测出两条线路上的电压差。电噪声会同时影响两条线路，并在接收器检测电压差时抵消。因而，RS－485 网络可以延伸到 1 千米远，同时数据传输速率仍达 90Kbaud。如果距离较短（15 米以内），数据传输速率可以更高达（10MB/s）。

（3）RS－232 是点对点通信标准。对本书来说，这意味着 RS－232 适合于两个节点的系统，每个节点包含一个微控制器（其中一个节点是台式计算机或类似的个人计算机）。

（4）RS－485 是一个多点通信标准。大的 RS－485 网络可以支持 32 个节点的负载，如果使用高阻抗接收器，甚至可以达到 256 个节点。

（5）RS－232 使用廉价的平行电缆，用 3 根线就能实现双工（发送，接收，地线）。

（6）要想达到最好的性能，RS－485 必须使用双绞线缆，其中包含一个双绞线对、地线（通常还有屏蔽层）。这种电缆比 RS－232 所使用的电缆要粗重而且价格更贵。

（7）RS－232 电缆不需要终端电阻。

（8）RS－485 电缆通常需要在线路两端的节点处并联一个 120Ω 的终端电阻（假设使用的是 24－AWG 双绞线）。终端电阻能减少电压反射，而电压反射可能会导致接收器误判逻辑电平。

2. RS－485 电平与 TTL 电平转换电路

RS－485 具体的电气特性如表 6－4 所示。

表 6－4　　RS－485 的电气特性

项目	条件	最小值	最大值
驱动器开路输出电压	逻辑 1	1.5V	6V
	逻辑 1	－1.5V	－6V
驱动器带载输出电压	R_L＝100Ω，逻辑 1	1.5V	5V
	R_L＝100Ω，逻辑 0	－1.5V	－5V
驱动器输出短路电流	每个输出对公共端		±250mA
驱动器输出上升时间	R_L＝54Ω，C＝50pF		总周期的 30%
驱动器共模电压	R_L＝54Ω		±3V
接收器灵敏度	$-7V < V_{CM} < 12V$		±200mV
接收器共模电压范围		－7V	＋12V
接收器输入电阻		12kΩ	

RS－485 接口采用差分方式传输信号，并不需要相对于某个参考点来检测信号系统，只需检测两线之间的电位差即可。但必须注意，收发器只有在共模电压不超出一定范围（－7～12V）的条件下才能正常工作。当共模电压超出此范围时，就会影响通信的可靠性甚至损坏接口。

对于基本系统而言，常采用 Maxim 公司的 Max481/483/485/487/489 系列收发器构成电平转换驱动电路。其典型工作电路如图 6－11 所示。

3. 基于 RS－485 的多机通信

单片机构成的多机系统常采用总线型主从式结构。所谓主从式，即在数个单片机中，有一个是主机，其余的都是从机，从机要服从主机的调度、支配。51 单片机的串行口方式 2 和方式 3 适于这种主从式通信结构。当然，采用不同的通信标准时，还需进行相应的电平转换，有时还要对信号进行光电隔离。在实际的多机应用系统中，常采用 RS－485 串行标准总线进行数据传输。多机通信连接如图 6－12 所示。

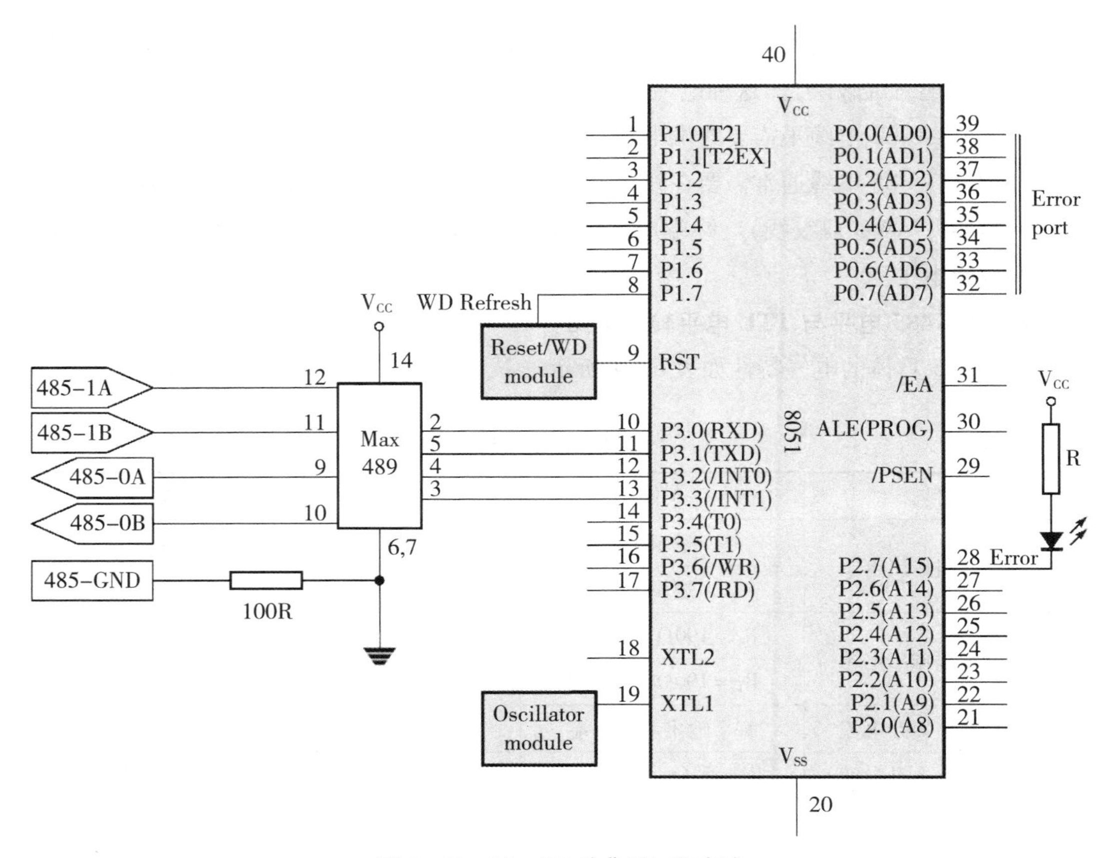

图 6－11　Max489 的典型工作电路

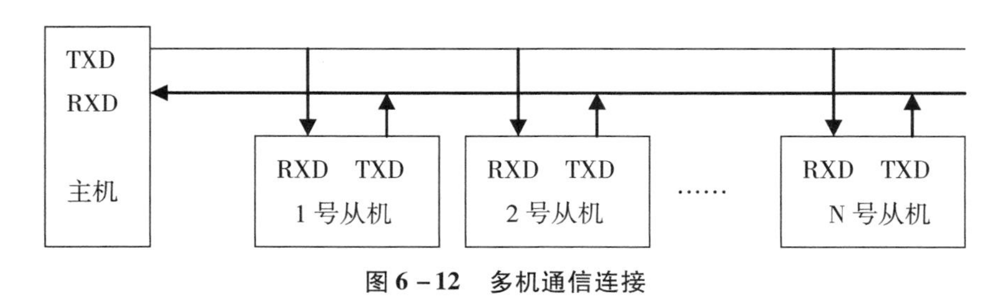

图 6－12　多机通信连接

多机通信时，通信协议要遵守以下原则：

（1）所有从机的 SM2 位置 1，处于接收地址帧状态。

（2）主机发送一地址帧，其中 8 位是地址，第 9 位为地址/数据的区分标志，该位置 1 表示该帧为地址帧。所有从机收到地址帧后，都将接收的地址与本机的地址比较。对于地址相符的从机，使自己的 SM2 位置 0（以接收主机随后发来的数据帧），并把本机地址发回主机作为应答；对于地址不符的从机，仍保持 SM2 =1，对主机随后发来的数据帧不予理睬。

（3）从机发送数据结束后，要发送一帧校验和，并置第 9 位（TB8）为 1，作为从机数据传送结束的标志。

（4）主机接收数据时先判断数据接收标志（RB8），若 RB8＝1，表示数据传送结束，并比较此帧校验和，若正确则回送正确信号 00H，命令该从机复位（即重新等待地址帧）；若校验和出错，则发送信号 FFH，命令该从机重发数据。若接收帧的 RB8＝0，则将数据存到缓冲区，并准备接收下一帧信息。

（5）主机收到从机应答地址后，确认地址是否相符，如果地址不符，则发复位信号（数据帧中 TB8＝1）；如果地址相符，则 TB8 清 0，开始发送数据。

从机收到复位命令后回到监听地址状态（SM2＝1），否则开始接收数据和命令。

编写程序时可以按以下方式操作：

（1）主机发送的地址联络信号为 00H，01H，02H，…（即从机设备地址）；地址 FFH 为命令各从机复位，即恢复 SM2＝1。

（2）主机命令编码如下：01H 一主机命令从机接收数据；02H 一主机命令从机发送数据；若有其他数据，则都按 02H 对待。

（3）从机状态字格式如表 6－5 所示。

表 6－5　　从机状态字格式

D7	D6	D5	D4	D3	D2	D1	D0
ERR	0	0	0	0	0	TRDY	RRDY

若 ERR＝1，从机接收到非法命令。

若 TRDY＝1，从机发送准备就绪。

若 RRDY＝1，从机接收准备就绪。

通常，从机以中断方式控制和主机的通信。下面分别给出多机通信时主机与从机的参考程序。

例：程序可分成主机程序和从机程序，约定一次传送的数据为 16B，以 02H 地址为例。

主机程序代码如下：

```
#include <reg52.h>          //52 系列单片机头文件
#define uchar unsigned char
#define uint unsigned int
#define SLAVE 0x02          /* 从机地址 */
#define BN 16
uchar rbuf [16];
uchar code tbuf [16] = {" master transmit"};
void err (void)
```

```
{
    SBUF =0xff;
    while (TI! =1);
    TI =0;
}
uchar master (uchar addr, uchar command)
{
    uchar aa, i, p;
    while (1)
    {
        SBUF = SLAVE;                  /* 发呼叫地址 */
        while (TI! =1);
            TI =0;
        while (RI! =1);
            RI =0;                     /* 等待从机回答 */
        if (SBUF! =addr)
            err ();                    /* 若地址错，发复位信号 */
        else
        {                              /* 地址相符 */
            TB8 =0;                    /* 清地址标志 */
            SBUF = command;            /* 发命令 */
            while (TI! =1);
                TI =0;
            while (RI! =1);
                RI =0;
            aa = SBUF;                 /* 接收状态 */
            if ( (aa&0x08) = =0x08) /* 若命令未被接收，发复位信号 */
            {
                TB8 =1;
                err ();
            }
            else
            {
                if (command = =0x01) /* 是发送命令 */
```

```
{
    if ((aa&0x01) = =0x01) /* 从机准备好接收 */
    {
        do
        {
            p=0;                /* 清校验和 */
            for (i=0; i<BN; i++)
            {
                SBUF=tbuf[i]; /* 发送一数据 */
                p+=tbuf[i];
                while (TI! =1);
                TI=0;
            }
            SBUF=p;          /* 发送校验和 */
            while (TI! =1);
            TI=0;
            while (RI! =1);
            RI=0;
        }while(SBUF!=0);     /* 接收不正确,重新发送 */
        TB8=1;               /* 置地址标志 */
        return (0);
    }
    else
    {
        if ((aa&0x02)==0x02)/* 是接收命令,从机准备
                               好发送 */
        {
            while (1)
            {
                p=0;             /* 清校验和 */
                for (i=0; i<BN; i++)
                {
                    while (RI! =1);
                    RI=0;
```

```
                    rbuf [i] =SBUF; /* 接收一数据 */
                   p + =rbuf [i];
                  }
                  while (RI! =1);
                  RI =0;
                 if (SBUF = =p)
                  {
                  SBUF =0X00; /* 校验和相同发" 00" */
                   while (TI! =1);
                    TI =0;
                   break;
                 }
                 else
                 {
                    SBUF =0xff;      /* 校验和不同发"
                                        0FF", 重新接
                                        收 */
                     while (TI! =1);
                      TI =0;
                 }
                 }
                 TB8 =1;               /* 置地址标志 */
               return (0);
             }
           }
         }
       }
     }
   }
}
void main ()
{
    TMOD =0x20;                              /* T/C1 定义为方式2 */
    TL1 =0xfd;
```

```
    TH1 =0xfd;                    /* 置初值 */
    PCON =0x00;
    TR1 =1;
    SCON =0xf0;                   /* 串行口为方式3 */
    master (SLAVE, 0x01);
    master (SLAVE, 0x02);
    while (1);
}
```

从机程序代码如下：

```
#include <reg52.h>
#define uchar unsigned char
#define SLAVE  0x02
#define BN  16
uchar trbuf [16];
uchar rebuf [16];
bit tready;
bit rready;
void str (void);
void sre (void);
void main (void)
{
    TMOD =0x20;                   /* T/C1 定义为方式2 */
    TL1 =0xfd;                    /* 置初值 */
    TH1 =0xfd;
    PCON =0x00;
    TR1 =1;
    SCON =0xf0;                   /* 串行口为方式3 */
    ES =1;
    EA =1;                        /* 开串行口中断 */
    while (1)
    {
        tready =1;
        rready =1;
    }                             /* 假定准备好发送和接收 */
```

```
}
void ssio (void) interrupt 4
{
    uchar a;
    RI =0;
    ES =0;                          /* 关串行口中断 * /
    if (SBUF! =SLAVE)
    {
        ES =1;
        goto reti;
    }                               /* 非本机地址, 继续监听 * /
    SM2 =0;                         /* 取消监听状态 * /
    SBUF =SLAVE;                    /* 从本地址发回 * /
    while (TI! =1);
        TI =0;
    while (RI! =1);
        RI =0;
    if (RB8 = =1)
    {
        SM2 =1;
        ES =1;
        goto reti;
    }                               /* 是复位信号, 恢复监听 * /
    a =SBUF;                        /* 接收命令 * /
    if (a = =0x01)                  /* 从主机接收的数据 * /
    {
        if (rready = =1)
        SBUF =0x01;                 /* 接收准备好发送状态 * /
    else
        SBUF =0x00;
    while (TI! =1);
        TI =0;
    while (RI! =1);
        RI =0;
```

```
        if (RB8 = =1)
        {
            SM2 =1;
            ES =1;
            goto reti;
        }
        sre ();                     /* 接收数据 */
    }
    else
    {
        if (a = =0x02)              /* 从机向主机发送数据 */
        {
                if (tready = =1)
                SBUF =0x02;         /* 发送准备好发送状态 */
            else
                SBUF =0x00;
            while (TI! =1);
                TI =0;
            while (RI! =1);
                RI =0;
            if (RB8 = =1)
            {
                SM2 =1;
                ES =1;
                goto reti;
            }
            str ();                 /* 发送数据 */
        }
        else
        {
            SBUF =0x80;             /* 命令非法，发送状态 */
            while (TI! =1);
                TI =0;
            SM2 =1;
```

```
            ES =1;                        /* 恢复监听 */
        }
    }
    reti;;
}
void  str (void)                          /* 发数据块 */
{
    uchar p, i;
    tready =0 ;
    do
    {
        p =0;                             /* 清校验和 */
        for (i =0; i < BN; i + +)
        {
            SBUF =trbuf [i];              /* 发送一数据 */
            p + =trbuf [i];
            while (TI! =1);
             TI =0;
        }
        SBUF =p;                          /* 发送校验和 */
        while (TI! =1);
            TI =0;
        while (RI! =1);
            RI =0;
    } while (SBUF! =0);                   /*主机接收不正确，重新发送 */
    SM2 =1;
    ES =1;
}
void sre (void)                           /*接收数据块 */
{
    uchar p, i;
    rready =0 ;
    while (1)
    {
```

```
    p =0;                           /* 清校验和 */
    for (i =0; i <BN; i ++)
    {
        while (RI! =1);
        RI =0;
          rebuf [i] =SBUF;          /* 接收数据 */
          p + =rebuf [i];
    }
    while (RI! =1);
    RI =0;
    if (SBUF = =p)
    {
        SBUF =0x00;
        break;
    }                               /* 校验和相同发" 00" */
    else
     {
        SBUF =0xff;                 /* 校验和不同发"0FF", 重新接收 */
        while (TI = =0);
        TI =0;
      }
    }
  SM2 =1;
  ES =1;
}
```

7 MCS－51 单片机与 A/D、D/A 的接口

7.1 A/D 转换器接口

在单片机应用领域中，除数字量之外经常会遇到另外一种物理量，即模拟量。例如：温度、压力、流量、速度、电压等，它们都是连续变化的物理量。由于计算机只能处理数字量，因此计算机系统中凡遇到有模拟量的地方，就要进行模拟量向数字量或数字量向模拟量的转换，也就出现了单片机的模/数（A/D）转换和数/模（D/A）转换的接口问题。现在这些转换器都已集成化，具有体积小、功能强、可靠性高、误差小、功耗低等特点，并能很方便地与单片机进行连接。

7.1.1 A/D 转换器概述

A/D 转换器用于模拟量一数字量的转换。目前应用较广的是双积分型和逐次逼近型。

1. 双积分型

常用双积分型 A/D 转换器有 ICL7106、ICI7107、ICI7135 等芯片，以及 MCl443、5G14433 等芯片。双积分型 A/D 转换器具有转换精度高、抗干扰性能好、价格低廉等优点，但转换速度慢。

2. 逐次逼近型

目前，应用较广的逐次逼近型 A/D 转换器有 ADC0801～ADC0805、ADC0808～ADC0809、ADC0813～ADC0816 等芯片。逐次逼近型 A/D 转换器特点是转换速度较快，精度较高，价格适中。

3. 高精度，高速、超高速型

如 ICL7104、AD575、AD578 等芯片。

7.1.2 典型 A/D 转换器芯片 ADC0809 简介

1. 内部结构及引脚

ADC0809 是 8 输入通道逐次逼近式 A/D 转换器。内部结构框图及引脚如图 7－1（a）和图 7－1（b）所示。图 7－1 中多路开关可选通 8 个模拟通道，允许 8 路模拟量分时输入，共用一个 A/D 转换器进行转换。地址锁存与译码电路完成对 A、B、C 3 个

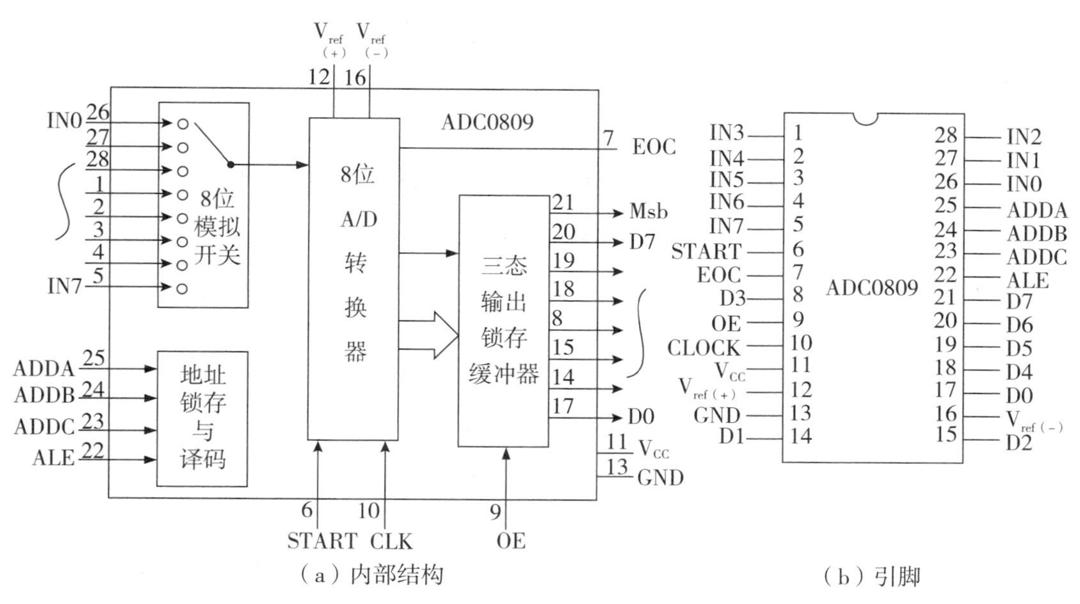

（a）内部结构　　（b）引脚

图 7－1　ADC0809 内部结构与引脚

地址线进行锁存和译码，其译码输出用于通道选择，通道选择如表 7－1 所示。三态输出锁存器用于存放和输出转换后得到的数字量。

2. 信号引脚功能

（1）IN0～IN7——模拟量输入通道。0809 对输入模拟量的要求主要有：信号单极性，电压范围 0～5V（V_{CC} = +5V）。另外，模拟量输入在 A/D 转换过程中其值不应变化，因此，对变化速度快的模拟量，在输入前应增加采样保持电路。

（2）A、B、C——地址线表。A 为低位地址，C 为高位地址，用于对模拟量输入通道进行选择，引脚在图中为 ADDA、ADDB 和 ADDC。

（3）ALE——地址锁存允许信号。对应 ALE 上跳沿，A、B、C 地址状态送入地址锁存器中。

（4）START——转换启动信号。START 上跳沿时，所有内部寄存器清 0；START 下跳沿时，开始进行 A/D 转换；在 A/D 转换期间，START 应保持低电平。

（5）D0～D7——数据输出线。为三态缓冲输出形式，可以和单片机的数据线直接相连。

（6）OE——输出允许信号。用于控制三态输出锁存器使 A/D 转换器输出转换得到的数据。OE＝0，输出数据线呈高电阻；OE＝1，输出转换得到的数据。

（7）CLK——时钟信号。ADC0809 内部没有时钟电路，所需时钟信号由外界提供。通常使用频率为 500kHz 的时钟信号。

（8）EOC——转换结束状态信号。EOC＝0，正在进行 A/D 转换；EOC＝1，转换结束。

使用时，该状态信号既可作为查询的状态标志，又可以作为中断请求信号使用。

V_{CC}—— +5V 电源。

V_{ref}——参考电源。

参考电源用来与输入的模拟信号进行比较，作为逐次逼近的基准。

表 7－1　　通道选择表

C	B	A	选择的通道
0	0	0	IN0
0	0	1	IN1
0	1	0	IN2
0	1	1	IN3
1	0	0	IN4
1	0	1	IN5
1	1	0	IN6
1	1	1	IN7

7.1.3　MCS－51 单片机与 ADC0809 的接口

如图 7－2 所示，为 MCS－51 单片机与 ADC0809 连接方案之一。

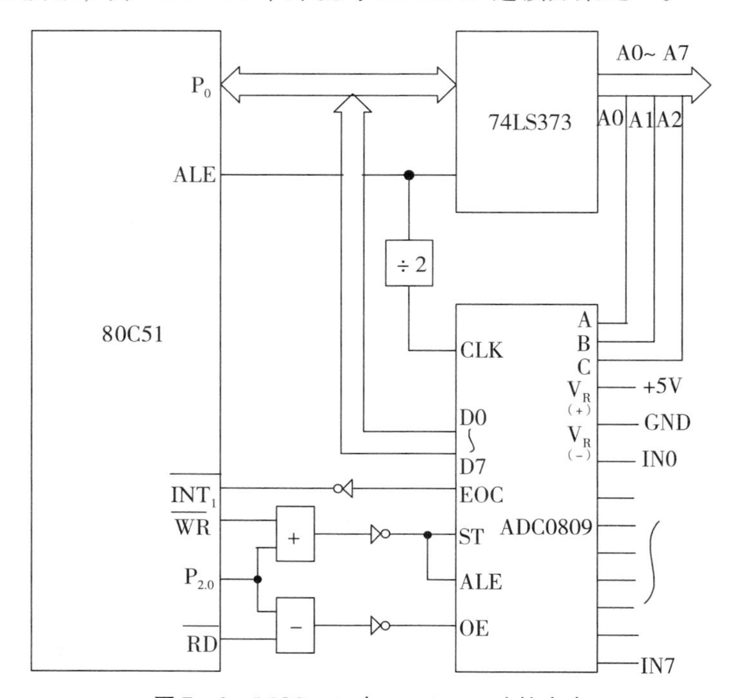

图 7－2　MCS－51 与 ADC0809 连接方案

对8个模拟输入通道IN0～IN7采用线选法。低3位地址线A0、A1、A2分别与ADC0809A、B、C端相连，P2.6＝1选中0809芯片。因此，8个模拟通道为：4000H～4007H（地址不是唯一的）。电路连接主要涉及两个问题，一个是8路模拟信号的通道选择，另一个是A/D转换完成后转换数据的传送。

1. 8路模拟通道选择

ADDA、ADDB、ADDC分别接系统地址锁存器提供的末3位地址，只要把3位地址写入0809中的地址锁存器，就实现了模拟通道选择。对系统来说，0809的地址锁存器是一个输出口，为了把3位地址写入，还要提供口地址。图7－2采用了线选法，口地址有P2.6确定，同时以WR作为写选通信号，RD作为读选通信号。从图7－2中可以看到，ALE信号与START信号连在一起，这样连接可以在信号的前沿写入地址信号，在其后沿便启动转换。

2. 转换数据的传送

A/D转换后得到的数据为数字量，这些数据应传送给单片机进行处理。数据传送的关键问题是如何确认A/D转换的完成，因为只有确认数据的转换完成后，才能进行传送。通常可采用下述3种方式。

（1）定时传送方式。对于一种A/D转换器来说，转换时间作为一项技术指标是已知的和固定的。例如ADC0809的转换时间为128μs，相当于6MHz的MCS－51单片机64个机器周期。可根据此设计一个延时子程序，A/D转换启动后即调用这个延时子程序，延时时间一到，转换即告结束，接着便进行数据传送。

（2）查询方式。A/D转换芯片有表示转换结束的状态符号，例如ADC0809的EOC端。因此在查询方式中，可用软件测试EOC的状态，来判断转换是否结束，若转换已结束则接着进行数据传送。

（3）中断方式。如果把表示转换结束的状态信号（EOC）作为中断请求信号，那么，便可以中断方式进行数据传送。

不管是用上述哪种方式，只要一旦确认转换结束，便可通过指令进行数据传送。

7.1.4　A/D转换器应用

例如：用单片机控制ADC0809进行模数转换，当拧动实验板上的电位器时，在数码管的前三位以十进制方式动态显示出A/D转换后的数字量（8位AD转换后数值在0～255变化）。

程序代码如下：

```
#include <reg52.h>                    //52系列单片机头文件
#include <intrins.h>
#define uchar unsigned char
```

```
#define uint unsigned int
sbit dula = P2^6;                   //申明 U1 锁存器的锁存端
sbit wela = P2^7;                   //申明 U2 锁存器的锁存端
sbit adwr = P3^6;                   //定义 AD 的 WR 端口
sbit adrd = P3^7;                   //定义 AD 的 RD 端口
uchar code table [] = {
0x3f, 0x06, 0x5b, 0x4f,
0x66, 0x6d, 0x7d, 0x07,
0x7f, 0x6f, 0x77, 0x7c,
0x39, 0x5e, 0x79, 0x71};
void delayms (uint xms)
{
    uint i, j;
    for (i =xms; i >0; i - -)       //i =xms 即延时约 xms 毫秒
        for (j =110; j >0; j - -);
}

void display (uchar bai, uchar shi, uchar ge) //显示子函数
{
    dula =1;
    P0 =table [bai];                //送段选数据
    dula =0;
    P0 =0xff;                       //送位选数据前关闭所有显示，防止打
                                      开位选锁存时
    wela =1;                        // 原来段选数据通过位选锁存器造成
                                      混乱
    P0 =0x7e;                       //送位选数据
    wela =0;
    delayms (5);                    //延时

    dula =1;
    P0 =table [shi];
    dula =0;
    P0 =0xff;
```

```
        wela =1;
        P0 =0x7d;
        wela =0;
        delayms (5);

        dula =1;
        P0 =table [ge];
        dula =0;
        P0 =0xff;
        wela =1;
        P0 =0x7b;
        wela =0;
        delayms (5);
    }
    void main ()                          //主程序
    {

        uchar a, A1, A2, A3, adval;
        wela =1;
        P0 =0x7f;                         //置CSAD为0，选通ADCS以后不必
                                            再管ADCS
        wela =0;
        while (1)
        {
            adwr =1;
            _nop_ ();
            adwr =0;                      //启动AD转换
            _nop_ ();
            adwr =1;
            for (a =10; a >0; a--)        //AD工作频率较低，所以启动转换后
                                            要多留点时间用来转换
             {                            //这里把显示部分放这里的原因也是为
                                            了延长转换时间
                display (A1, A2, A3);
```

```
            }
            P1 =0xff;                         //读取 P1 口之前先给其写全1
            adrd =1;                          //选通 ADCS
            _ nop_  ();
            adrd =0;                          //AD 读使能
            _ nop_  ();
            adval =P1;                        //AD 数据读取赋给 P1 口
            adrd =1;
            A1 =adval/100;                    //分出百，十，和个位
            A2 =adval% 100/10;
            A3 =adval% 10;
        }
    }
```

程序分析：

刚进入主程序后，首先将 U2 锁存器的输出口的最高位置低电平，目的是将与之相连的 ADC0809 的 CS 片选端置低选中，因为本例程专门操作 A/D 芯片，所以一次选中，以后再不用管它。同时要注意，以后凡是操作 U2 寄存器的地方都不要再改变 A/D 的 CS 端，在数码管显示程序中，送出位选信号时，我们始终保持 U2 锁存器的最高位为低电平，上例数码管显示部分程序中“P0 =0x7e；P0 =0x7d；P0 =0x7b”即是。

进入 while（1）入循环后，先启动 A/D 转换，其操作方法就是按照前面介绍的启动时序图来完成的，其中用到“_ nop_ ()”，它相当于一个机器周期的延时。

在启动 A/D 转换后，还未读取转换结果，就立即先送结果给数码管显示，这样写的目的是为了给 A/D 转换留有一定时间，我们把数码管显示这部分作为 A/D 转换的时间，这样的话，首次显示时，数码管上必然显示的全是 0。我们编码下载程序后，首次上电会看到显示全是 0，但马上又出现了数字。因为首次显示完后，接下来便读取到了 A/D 转换后的结果，当程序再次循环回来时便显示了上次的数值，这样并不影响我们观察实验现象。

7.2 D/A 转换器接口

7.2.1 D/A 转换器概述

D/A 转换器的输入为数字量，经转换后输出为模拟量。根据转换原理可分为调频式、双电阻式、脉幅调制式、梯形电阻式、双稳流式等，其中梯形电阻式用的较为普遍。常用 D/A 器件有 DAC0832、DAC0831、DAC0830、AD7520、AD7522、AD7528、

DAC82 等芯片。

7.2.2　典型 D/A 转换器芯片 DAC0832 简介

DAC0832 是一个 8 位 D/A 转换器。单电源供电，从 +5 ~ +15V 均可正常工作。基准电压的范围为 ±10V；电流建立时间为 1μs；CMOS 工艺；低功耗 20mW。

DAC0832 转换器芯片为 20 引脚，双列直插式封装，其引脚排列和内部结构框图如图 7－3 所示。

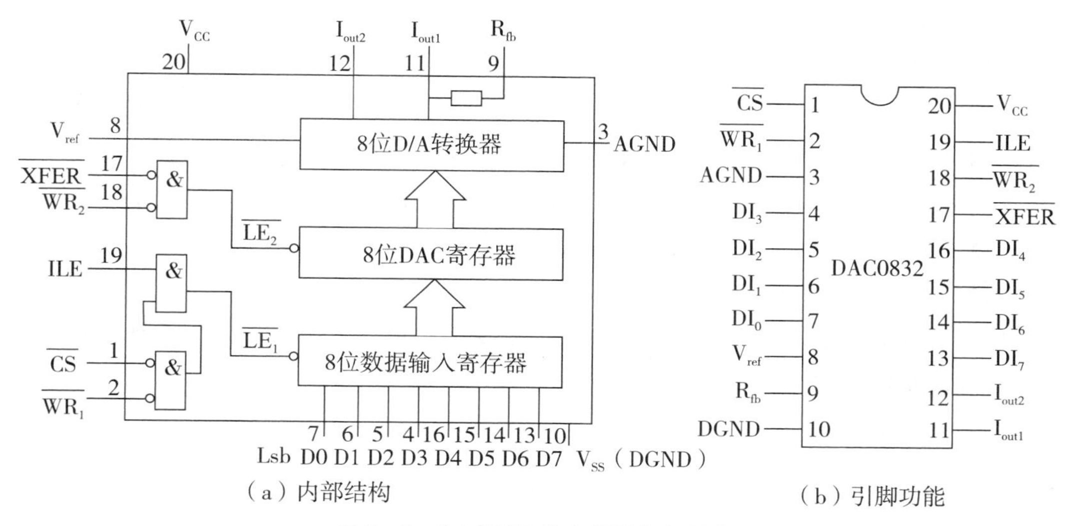

图 7－3　DAC0832 的内部结构与引脚

该转换器由输入寄存器和 DAC 寄存器构成两级数据输入锁存。使用时数据输入可以采用两级锁存（双锁存）形式，或单级锁存（一级锁存，一级直通）形式，或直接输入（两级直通）形式。

此外，3 个“与”门电路组成了寄存器输出控制逻辑电路，该逻辑电路的功能是进行数据锁存控制，当 LE =0 时，输入数据被锁存；当 LE =1 时，锁存器的输出跟随输入的数据。

D/A 转换电路是一个 R－2R T 形电阻网络，实现 8 位数据的转换。

对各引脚信号说明如下：

（1）DI0 ~ DI7：转换数据输入。

（2）CS：片选信号（输入），低电平有效。

（3）ILE：数据锁存允许信号（输入），高电平有效。

（4）WR_1：第 1 写信号（输入），低电平有效。

（上述两个信号控制输入寄存器选用数据直通方式或是数据锁存方式：当 ILE =1 和 WR_1 =0 时，为输入寄存器直通方式；当 ILE =1 和 WR_1 =1 时，为输入寄存器锁存

方式）

（5）WR_2：第 2 写信号（输入），低电平有效。

（6）XFER：数据传送控制信号（输入），低电平有效。

（上述两个信号控制 DAC 寄存器选用数据直通方式或是数据锁存方式：当 $WR_2=0$ 和 XFER＝0 时，为 DAC 寄存器直通方式；当 $WR_2=1$ 和 XFER＝0 时，为 DAC 寄存器锁存方式）

（7）I_{out1}：电流输出 1。

（8）I_{out2}：电流输出 2。

（DAC 转换器的特性之一是：$I_{out1}+I_{out2}=$常数）

（9）R_{fb}：反馈电阻端。DAC0832 是电流输出。为了取得电压输出，需在电压输出端接运算放大器，R_{fb}即为运算放大器的反馈电阻端。

（10）V_{ref}：基准电压，其电压可正可负，范围 $-10\sim+10V$。

（11）DGND：数字地。

（12）AGND：模拟地。

D/A 转换芯片输入是数字量，输出为模拟量，模拟信号极易受电源和数字信号干扰，故为减少输出误差，提高输出稳定性，模拟信号须采用基准电源和独立的地线，一般应将数字地和模拟地分开。

7.2.3　MCS－51 单片机与 DAC0832 的接口与应用

1. 单缓冲方式

所谓单缓冲方式是指 DAC0832 中的输入寄存器和 DAC 寄存器一个处于直通方式，另一个处于受控选通方式。例如：为使 DAC 寄存器处于直通方式，可设 $WR_2=0$；为使输入寄存器处于受控锁存方式，可将 WR_1 端接 8051 的 WR 端，ILE＝1。CS 端可接 8051 地址译码输出，以便向 DAC0832 中输入寄存器确定地址。其他如数据线连接及地址锁存等问题不再赘述。

例如：用 DAC0832 输出一程控电压信号，典型电路连接如图 7－4 所示。

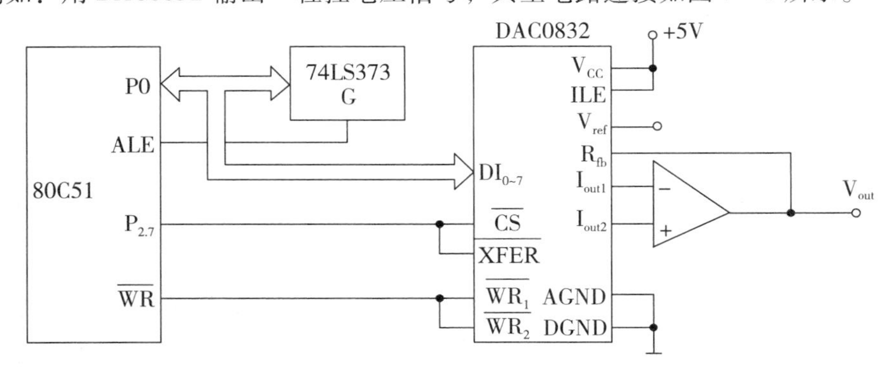

图 7－4　MCS－51 与 DAC0832 的典型电路连接

图 7－4 中，DAC0832 地址为 4000H，参考电源 V_{ref} 接＋5V 电源。为提高系统输出精度，V_{ref} 也可改接精密基准电源，反馈电阻 Rf 阻值可调节输出模拟电压幅度。

2. 双缓冲方式

所谓双缓冲方式是指 DAC0832 中输入寄存器和 DAC 寄存器均处于受控选通方式。

为了实现对 0832 内部两个寄存器的控制，可根据 DAC0832 引脚功能，给两个寄存器分配不同地址。

双缓冲方式常用于多路模拟信号同时输出的应用场合，例如单片机控制 X－Y 绘图仪中 8051 与两片 DAC0832 连接如图 7－5 所示。X－Y 绘图仪由 X、Y 两个方向的步进电机驱动，对 X－Y 绘图仪的控制需要分别给 X 通道和 Y 通道提供模拟坐标信号，另外两路坐标值须要同步输出，例如用 X－Y 绘图仪绘制曲线。显然，要保证所绘制曲线准确光滑，X 坐标数据和 Y 坐标数据必须同步输出。

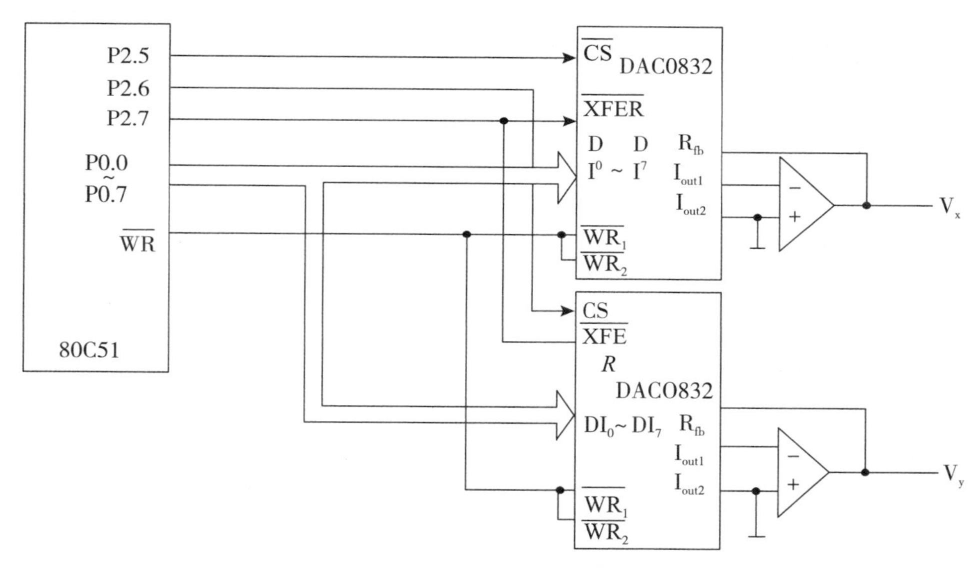

图 7－5 双缓冲方式典型电路图

例如：用单片机控制 DAC0832 芯片输出电流，让发光二极管 D12 由灭均匀变到最亮，再由最亮均匀熄灭。完成整个周期时间控制在 5s 左右，循环变化。

程序代码如下：

```
#include <reg52.h>
#define uchar unsigned char
#define uint unsigned int
sbit dula = P2^6;                    //申明 U1 锁存器的锁存端
sbit wela = P2^7;                    //申明 U2 锁存器的锁存端
sbit dawr = P3^6;                    //定义 DA 的 WR 端口
```

```
sbit dacs = P3^2;                      //定义 DA 的 CS 端口
sbit beep = P2^3;                      //定义蜂鸣器端口
void delayms (uint xms)
{
    uint i, j;
    for (i = xms; i > 0; i--)          //i = xms 即延时约 xms 毫秒
        for (j = 110; j > 0; j--);
}

void main ()
{
    uchar val, flag;
    dula = 0;
    wela = 0;
    dacs = 0;
    dawr = 0;
    P0 = 0;
    while (1)
    {
        if (flag == 0)
        {
            val += 5;
            P0 = val;                  //通过 P0 口给 DA 数据口赋值
            if (val == 255)
            {
                flag = 1;
                  beep = 0;
                delayms (100);
                beep = 1;
            }
            delayms (50);
        }
        else
        {
```

```
            val - =5;
            P0 =val;                        //通过 P0 口给 DA 数据口赋值
            if (val = =0)
            {
                flag =0;
                beep =0;
                delayms (100);
                beep =1;
            }
            delayms (50);
        }
    }
}
```

程序分析：

程序一开始，使能 D/A 的片选，接着使能写入端，这时 D/A 就成了直通模式，只需变化数据输入端，D/A 的模拟输出端便紧跟着变化，不过还是要注意变化数据的频率不要太高，不要超过 D/A 芯片的转换最高频率，芯片手册上都会有说明，要等 D/A 的一次转换完成后再变化下帧数据方可得到正确的模拟输出。

标志位的使用在程序中的作用非常大，尤其以后编写较大的程序时，灵活运用标志位可使程序编写更加流畅易懂。

关于延时计算，255 共有 51 个 5，每次延时 50ms，共计 50×51 =2551ms，忽略蜂鸣器响占用的 100ms，约为 2.5s。另外，半周期同样约为 2.5s，共计约 5s。当然，时间也能做到更精确，比如用定时器可以精确到微秒。

第2部分

ZigBee技术及单片机技术的应用

8 ZigBee 技术简介

8.1 短距离无线网络与 ZigBee

无线网络的发展过程中，出现了各种无线网络数据传输标准，如 WIFITM、Wireless USB、Bluetooth TM、Wirbree，不同的协议标准对应不同的应用领域。其中 WIFITM 主要应用于大量数据的传输，Wireless USB 主要应用于视频数据传输等。

而近来，随着物联网技术的快速发展，各种无线传感器网络协议标准也得到了飞速成长，其中应用较为广泛的便是 ZigBee2007 协议，TI 公司已经推出了可完全兼容该协议的 SoC 芯片 CC2530，同时也开发了相应的软件协议栈 Z－Stack，开发者完全可以使用上述的硬件和软件资源，搭建属于自己的无线传感器网络。

在完成该网络的搭建之前，我们需要先对目前主流的几类无线数据传输方式进行比较，进而深入地了解 ZigBee 无线传感网络技术的优势、缺陷及其应用的场景。不同数据传输方式的对比如图 8－1 所示。

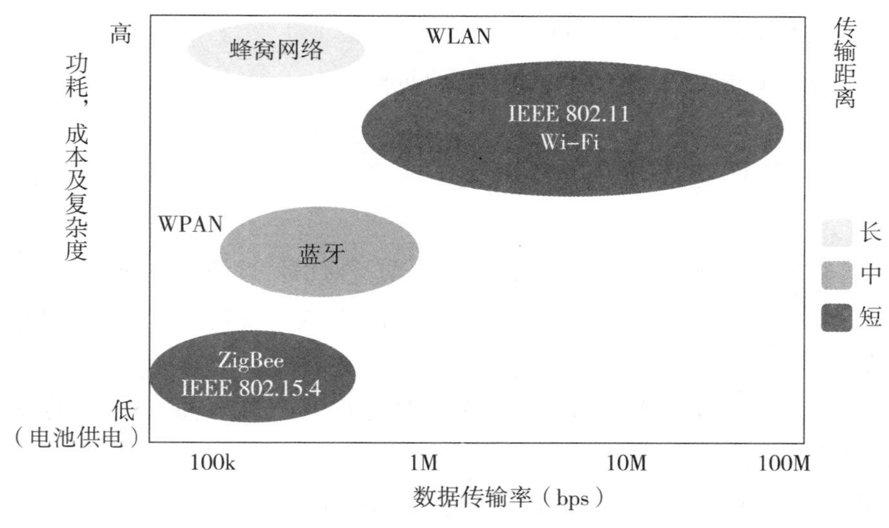

图 8－1 不同无线数据传输方式对比

由图 8－1 可以清晰地得知，ZigBee 无线传感网络技术主要应用于低功耗、低速率、低成本及短距离的应用场景。因此，在使用的过程中，通常被用于短距离无线控制系统，仅传递少量的控制信息。如，在智能家居领域中，ZigBee 无线传感网络技术可以用来传输控制电灯亮灭的控制信息；另一个主要的应用便是用于环境信息的采集与传输。

而 ZigBee 技术的缺陷也正来源于其技术的特点，低功耗、低速率、低成本及短距离，已经决定了 ZigBee 技术并不适用于长距离或大量数据的传输，当数据量过大，或采集的频率过高时，ZigBee 无线传感网络传输及处理数据的准确性便会大幅度地降低。

同时，ZigBee 技术低功耗的概念也仅限于终端节点，对终端节点进行设置，将其每小时的工作时间限定于 50s，其他时间均处于休眠状态方可实现两节 5 号电池即可工作半年时间的理想状态。对于 ZigBee 路由节点和协调器而言，需要持续供电以保证其数据传输的正确性，因此一般并不涉及低功耗的问题。

在 ZigBee 技术目前的使用过程中，若集成大量的非小数据量技术，如 GPS、GPRS 等，则背离了 ZigBee 技术作为低功耗、低成本、短距离无线数据传输方式的初衷。

8.2　ZigBee 通信协议简介

ZigBee 2007 协议定义了 ZigBee 和 ZigBee PRO 两个基本特性集，该规范比 ZigBee 2006 协议更具有应用前景，该协议的主要应用领域有：

（1）家庭自动化（Home Automation）。

（2）商业楼宇自动化（Building Automation）。

（3）自动读表系统（Automatic Meter Reading）。

8.3　ZigBee 通信信道简介

在无线数据传输网络中，通信信道至关重要。通信信道的合理分配，可以防止不同的电波，如收音机、手机、卫星电视等均使用空气作为传输介质传播而产生的相互干扰现象。

ZigBee 技术（IEEE 802.15.4）工作于免费的 ISM（Industrial、Scientific and Medical，工业、科学和医疗）频段。

IEEE 802.15.4 定义了两个频段，分别为 2.4GHz 频段和 896/915MHz 频带。在 IEEE802.15.4 中共规定了 27 个信道，如图 8－2 所示。

（1）在 2.4GHz 频段，共有 16 个信道，信道通信速率为 250kbps。

（2）在 915MHz 频段，共有 10 个信道，信道通信速率为 40kbps。

（3）在 896MHz 频段，仅有 1 个信道，信道通信速率为 20kbs。

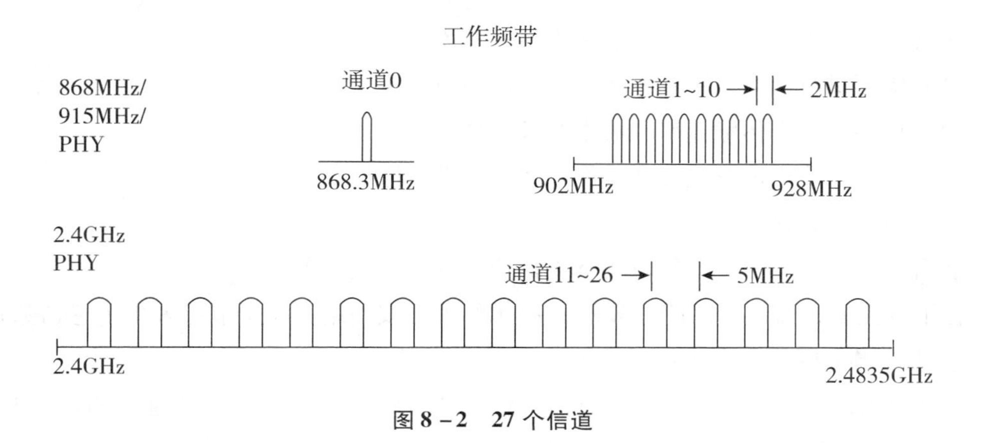

图 8－2 27 个信道

8.4 ZigBee 网络拓扑简介

ZigBee 网络拓扑结构主要有星状网络和网状网络。不同的网络拓扑结构对应于不同的应用领域。而在 ZigBee 无线传感网络的搭建过程中，不同的网络拓扑结构对网络节点的配置有着不同的要求（网络节点类型可以是协调器、路由器和终端节点，具体的配置需要格局配置文件决定）。星状网络和网状网络拓扑结构如图 8－3 所示。

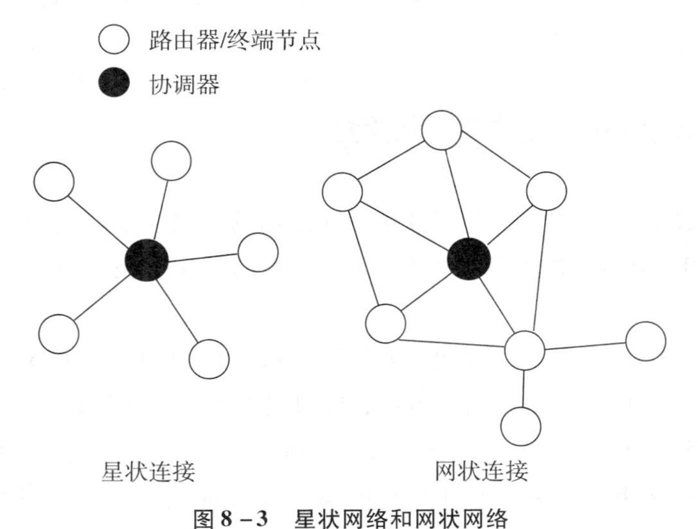

图 8－3 星状网络和网状网络

8.5 ZigBee 技术应用领域简介

ZigBee 技术是基于短距离小型网络而开发的通信协议标准，尤其是伴随 ZigBee 2007 协议的逐渐成熟，ZigBee 技术在智能家居和商业楼宇自动化方面有较大的应用背景。ZigBee 技术的出现弥补了低成本、低功耗和低速率无线通信市场的空缺，总体而言，在以下的几类应用场合可以考虑 ZigBee 技术。

（1）需要进行数据采集和控制的节点较多。

（2）应用对数据传输速率和成本要求不高。

（3）设备需要电池供电几个月的时间，且设备体积较小。

（4）野外布置网络节点，进行简单的数据传输。

下面，对当前市场上几个 ZigBee 方面应用的例子进行展示。

在工业控制方面，可以使用 ZigBee 技术组件无线网络，每个节点采集传感器数据，然后通过 ZigBee 网络来完成数据的传送。

在智能家居和商业楼宇自动化方面，将空调、电视、窗帘控制等通过 ZigBee 技术组成一个无线网络，通过一个遥控器或使用无线接入设备便可完成各种家电的控制，这种应用场所比现实中每一个家电需要一个遥控器方便得多。

在农业方面，传统的农业主要使用没有通信能力且孤立的机械设备，使用人力来检测农田的土质状况、作物生长状况等，如果采用 ZigBee 技术，可以轻松地实现作物各个生长阶段的监控，传感器数据可以通过 ZigBee 网络来进行无线传输，用户只需要在电脑前即可实时监控作物生长情况，这将极大促进现代农业的步伐。

在医学应用领域，可以借助 ZigBee 技术，准确、有效地检测病人的血压、体温等信息，这将大大减轻查房的工作负担，医生只需要在电脑前使用相应的上位机软件，即可监控数个病房病人的情况。

8.6 实验箱 ZigBee 开发硬件资源简介

由于 ZigBee2007 协议的发布以及相关公司推出的协议栈逐渐完善，市场上出现了各种各样的 ZigBee 技术解决方案，实验箱上所搭载的 ZigBee 技术模块便提供了一个完整的硬件开发平台。

实验箱所提供的 ZigBee 开发平台，配置了以 C8051 为内核的 CC2530 单片机，在软件开发中使用过了 IAR 软件集成开发环境，同时提供 ZigBee 协议栈。

其中，C8051 内核的单片机要支持 ZigBee 2007 协议，这是基于 ZigBee 的无线网络开发的硬件平台，IAR 开发环境用于软件的编写，ZigBee 协议栈可以用于网络通信软件的开发，用户只需要安装 ZigBee 协议栈即可实现 ZigBee 网络的开发。

本章主要讲述 IAR 开发环境进行 CC2530 单片机的开发，CC2530 单片机是 TI 公司推出的兼容 ZigBee 2007 协议的无线射频单片机，用户只需要外接一个天线，即可实现 ZigBee 无线网络的开发。

9 ZigBee 集成开发环境

9.1 IAR 集成开发环境简介

IAR Embedded Workbench（又称为 EW）的 C 交叉编译器是一款完整、稳定且很容易使用的专业嵌入式应用开发工具。IAR 对不同的微处理器提供统一的用户界面，目前可以支持至少 35 种的 8 位、16 位、32 位 ARM 微处理器结构。

IAR Embedded Workbench 集成的编译器有以下特点：

（1）完全兼容标准 C 语言。

（2）内部安装了相应芯片的程序速度和内部优化器。

（3）高效浮点支持。

（4）内存模式选择。

（5）高效的 PRO Mable 代码。

IAR Embedded Workbench 集成开发环境的安装过程如下：

（1）打开实验箱光盘内置文件夹 CD－EW8051－7601，单击 IAR 安装程序，出现如图 9－1 所示界面。

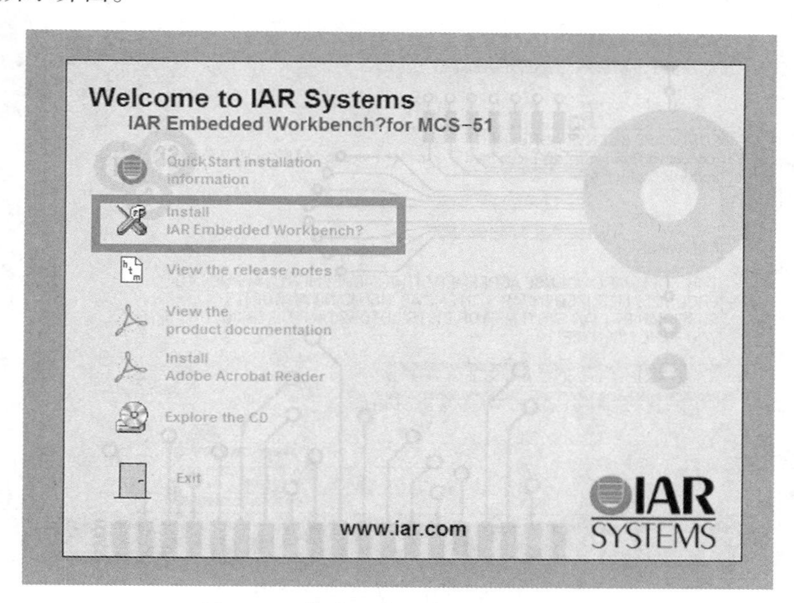

图 9－1　集成开发环境安装步骤（1）

（2）单击 Install IAR Embedded Workbench 选项，出现如图 9－2 所示界面。

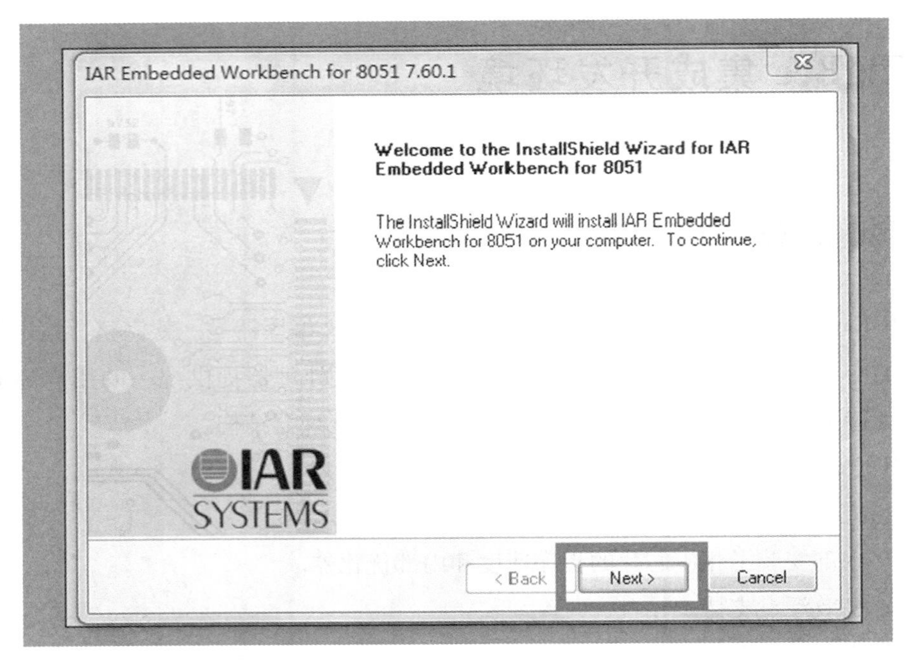

图 9－2　集成开发环境安装步骤（2）

（3）单击 Next 选项，出现如图 9－3 所示界面。

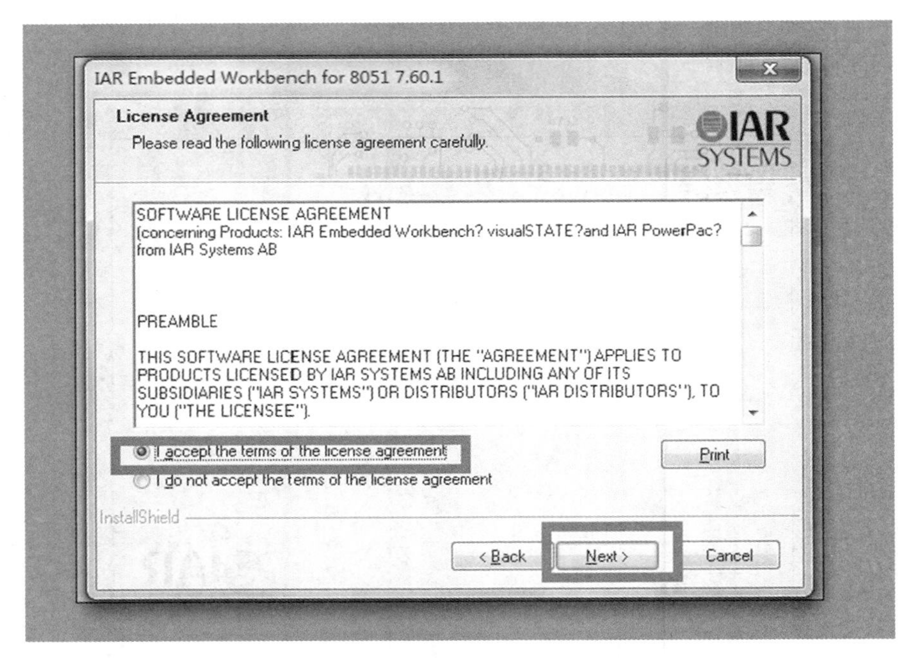

图 9－3　集成开发环境安装步骤（3）

（4）同意协议，单击“Next”按钮，出现如图 9－4 所示界面。

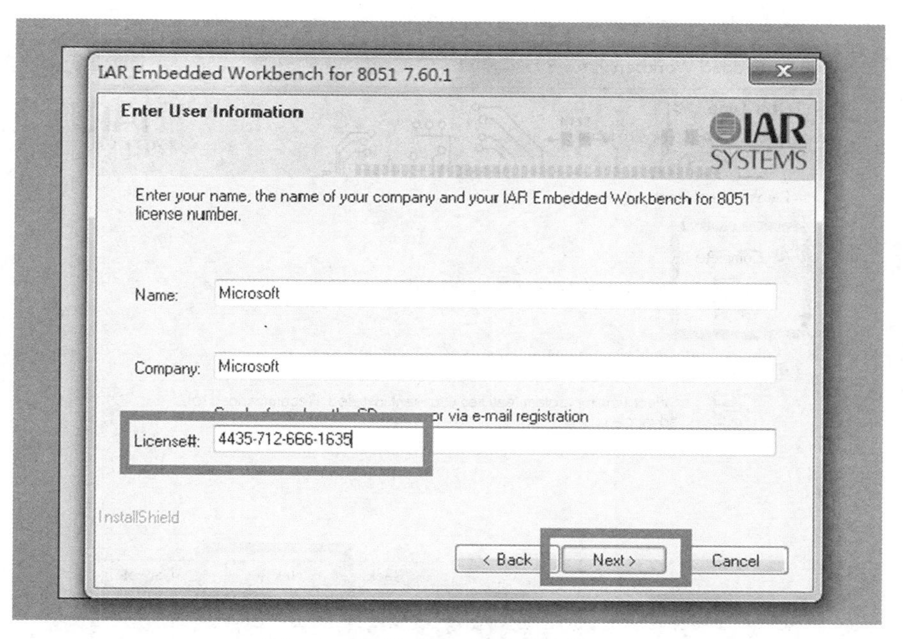

图 9－4 集成开发环境安装步骤（4）

（5）输入 License 内容，单击“Next”选项，出现如图 9－5 所示界面。

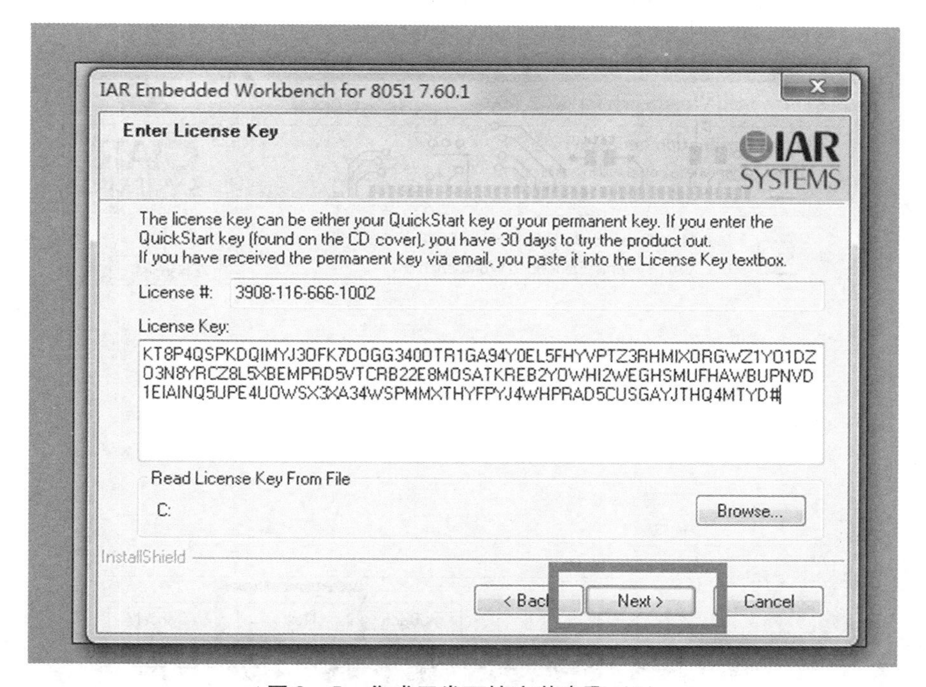

图 9－5 集成开发环境安装步骤（5）

（6）输入 License Key 内容，单击“Next”选项，出现如图 9－6 所示界面。

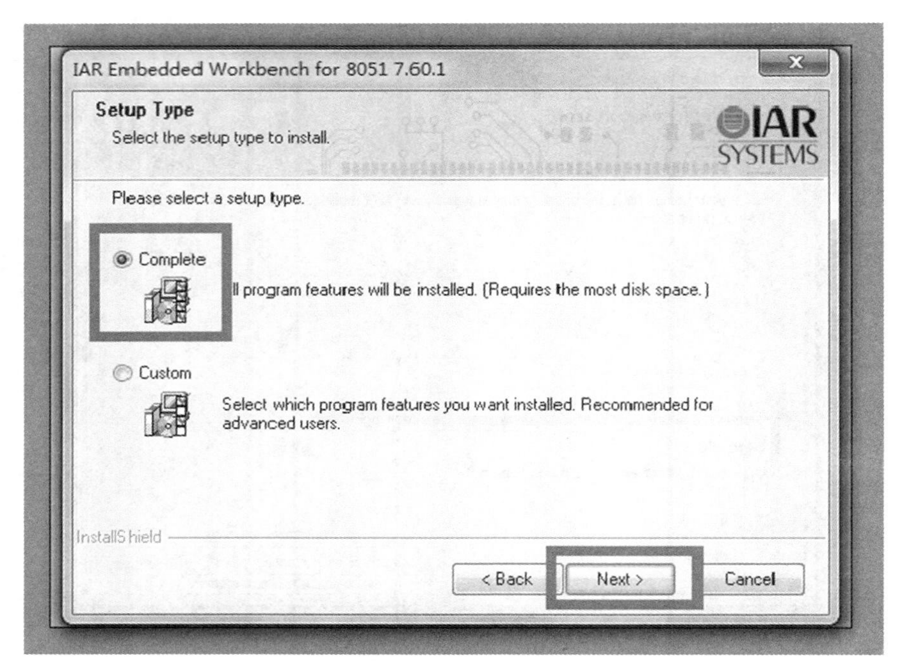

图 9－6　集成开发环境安装步骤（6）

（7）选择 Complete，单击“Next”按钮，出现如图 9－7 所示界面。

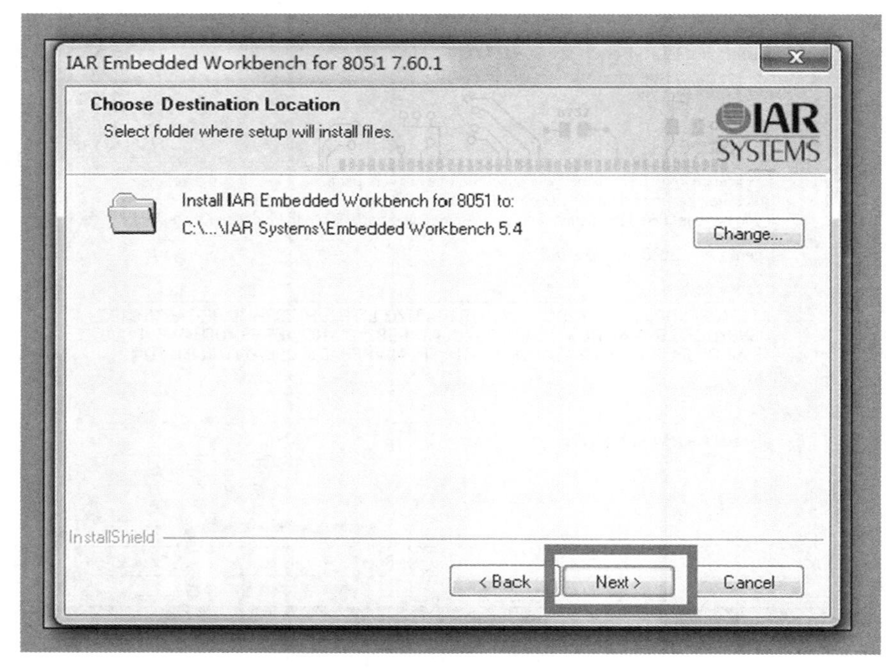

图 9－7　集成开发环境安装步骤（7）

（8）单击“Next”按钮，出现如图 9－8 所示界面。

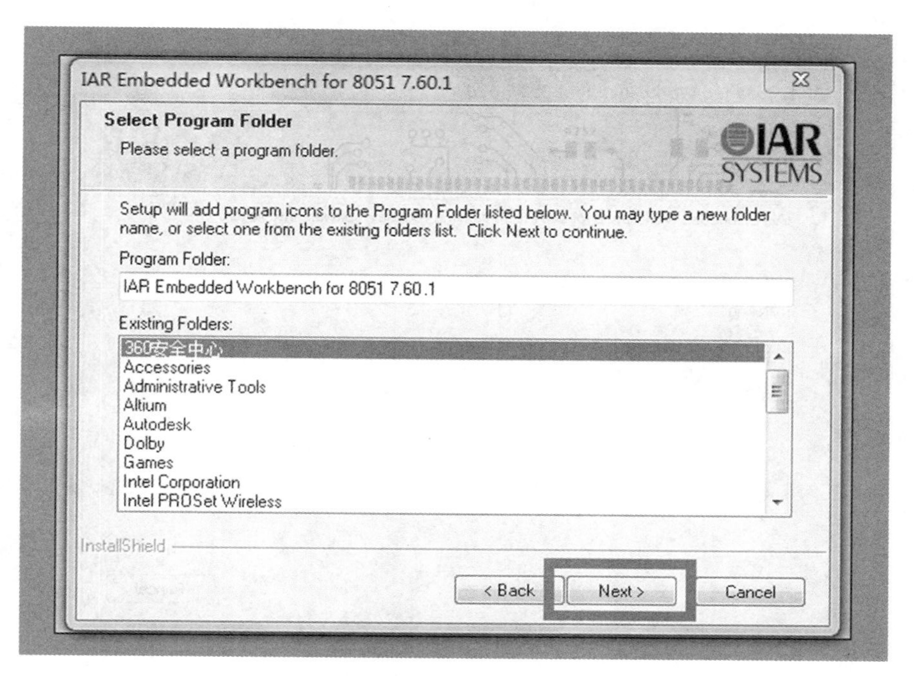

图 9－8　集成开发环境安装步骤（8）

（9）单击“Next”按钮，出现如图 9－9 所示界面。

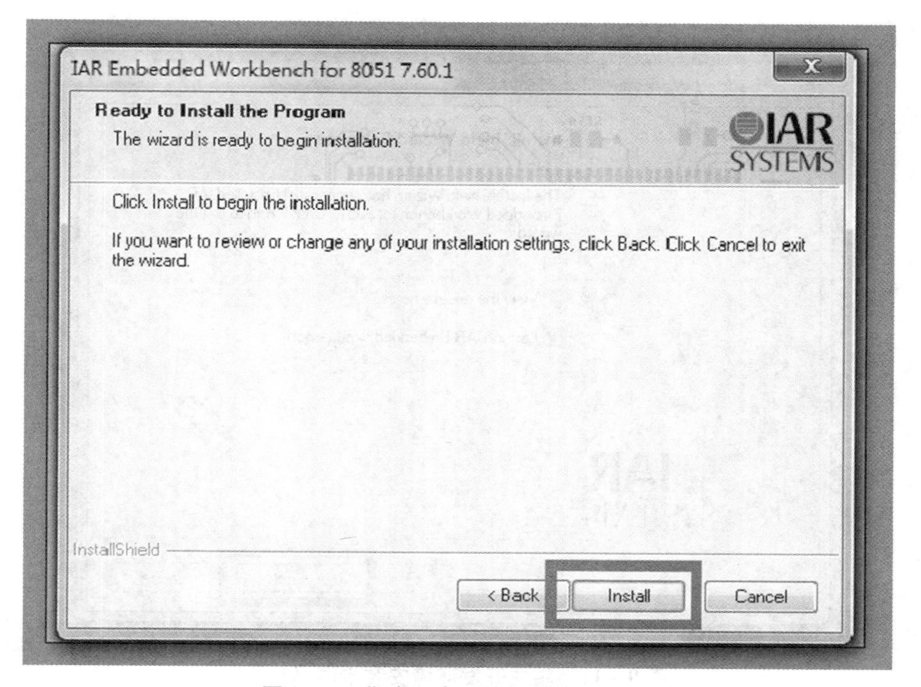

图 9－9　集成开发环境安装步骤（9）

（10）单击“Install”，出现如图 9－10 所示界面。

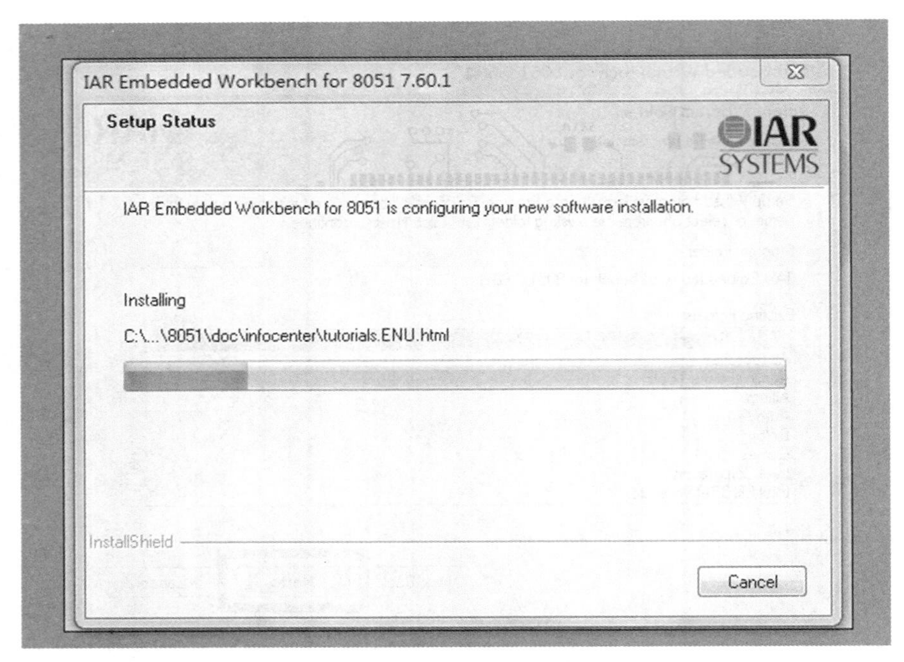

图 9－10　集成开发环境安装步骤（10）

（11）等待安装进程完成，出现如图 9－11 所示界面。

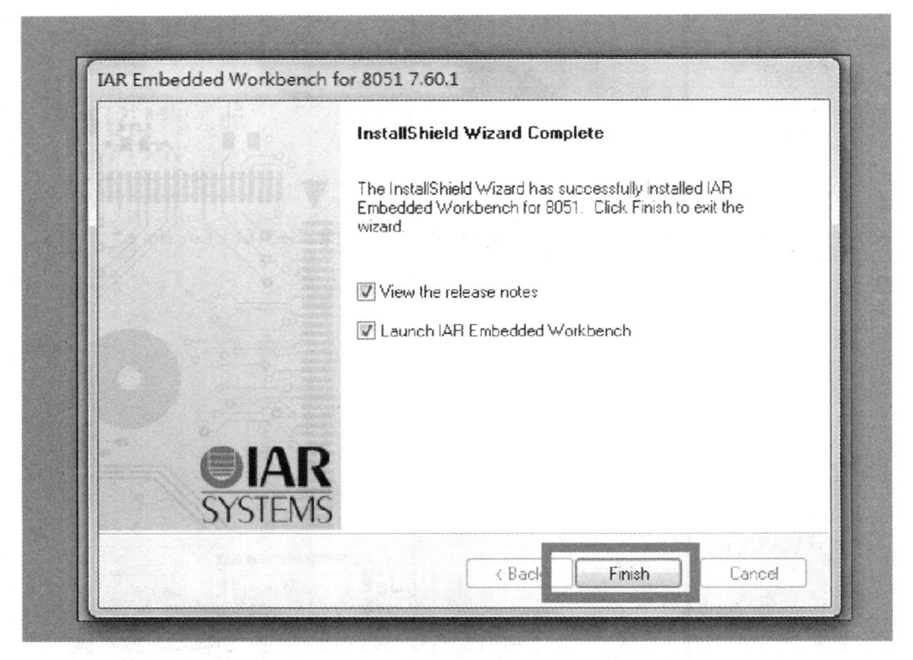

图 9－11　集成开发环境安装步骤（11）

（12）完成安装，进入 IAR 主界面，如图 9－12 所示。

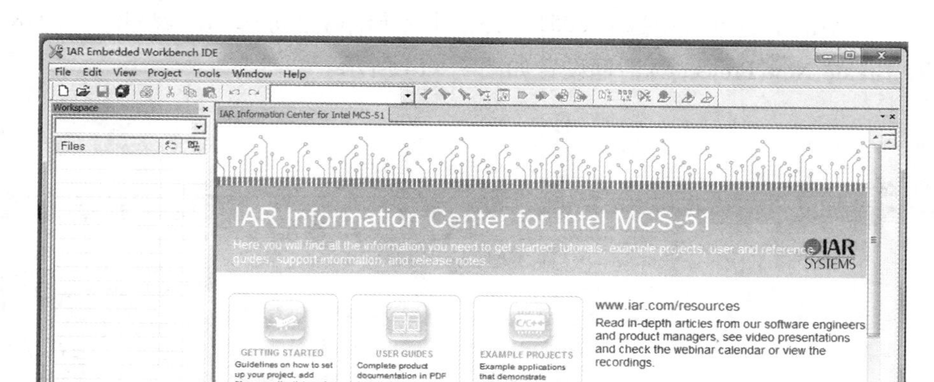

图 9－12　集成开发环境安装步骤（12）

9.2　IAR 工程建立与编辑

在完成 IAR 集成开发环境的安装之后，我们进一步来了解 IAR 集成开发环境中工程的相关操作。

9.2.1　新建 IAR 工程

打开 IAR 集成开发环境，单击菜单栏中的“Project”，在弹出的下拉菜单中选取“Create New Project”，如图 9－13 所示。

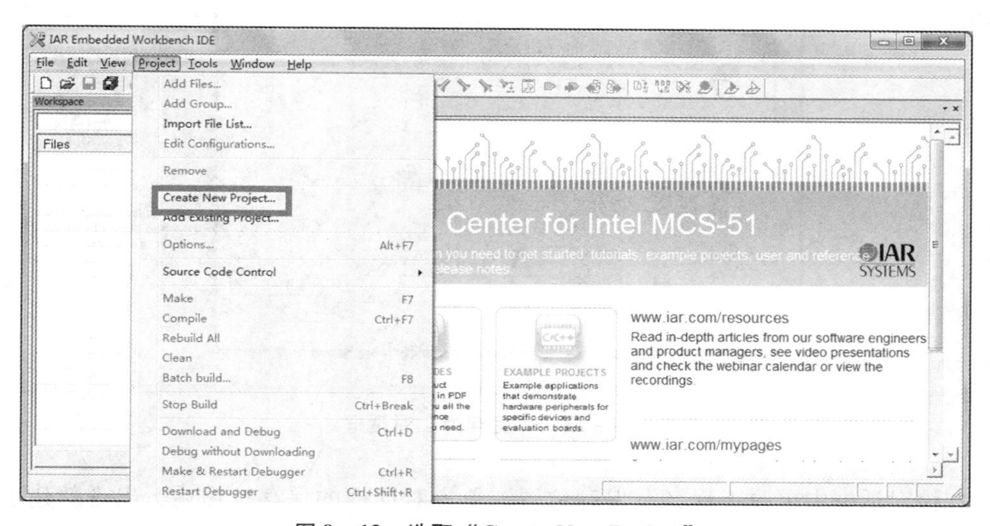

图 9－13　选取“Create New Project”

单击“Create New Project”选项之后，系统会自动弹出 Create New Project 对话框，在 Tool chain 中的下拉列表中选取 8051，并单击“Empty project”，最后单击“OK”按钮即可。Create New Project 对话框设置如图 9－14 所示。

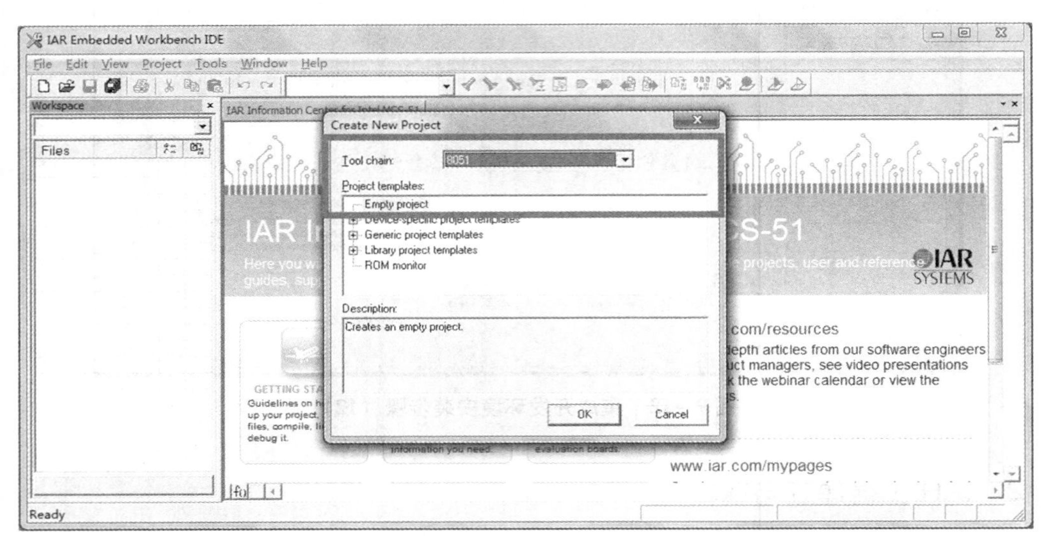

图 9－14 Create New Project 对话框

在选择完成后，单击 Create New Project 对话框下“OK”选项，弹出如图 9－15 所示的对话框。

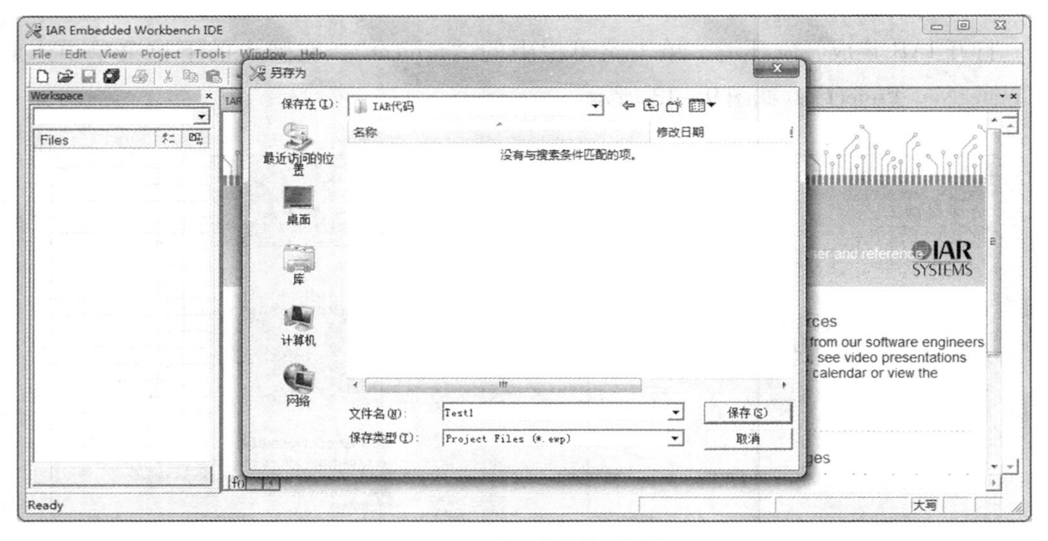

图 9－15 “另存为”对话框

在该对话框中更改工程名及保存位置，单击对话框的保存按钮后，出现新建工程的主窗口，如图 9－16 所示。

图 9－16　新建工程主窗口

单击菜单栏中“Files”，在下拉列表中选取 Save Workspace，保存该 Workspace，如图 9－17 所示。

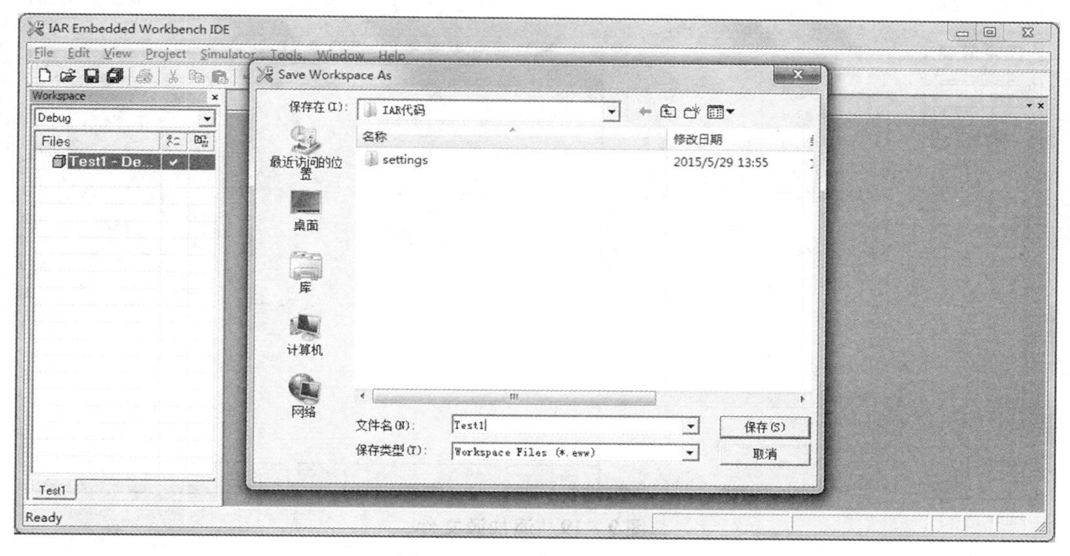

图 9－17　保存 Workspace

9.2.2　新建并添加源文件

在完成了 IAR 工程的新建之后，我们便可以在新建的工程中添加源文件，选择“File→New→File”，新建源文件如图 9－18 所示。

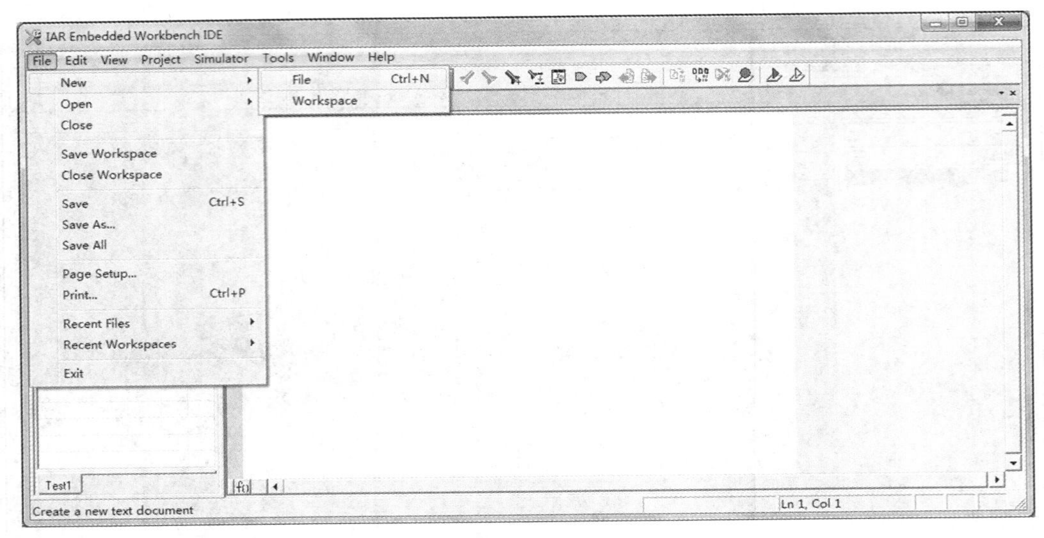

图 9－18　新建源文件

完成源文件的新建后，需要将该文件添加入新建的工程中，选择“Project→Add Files”，添加源文件如图 9－19 所示。

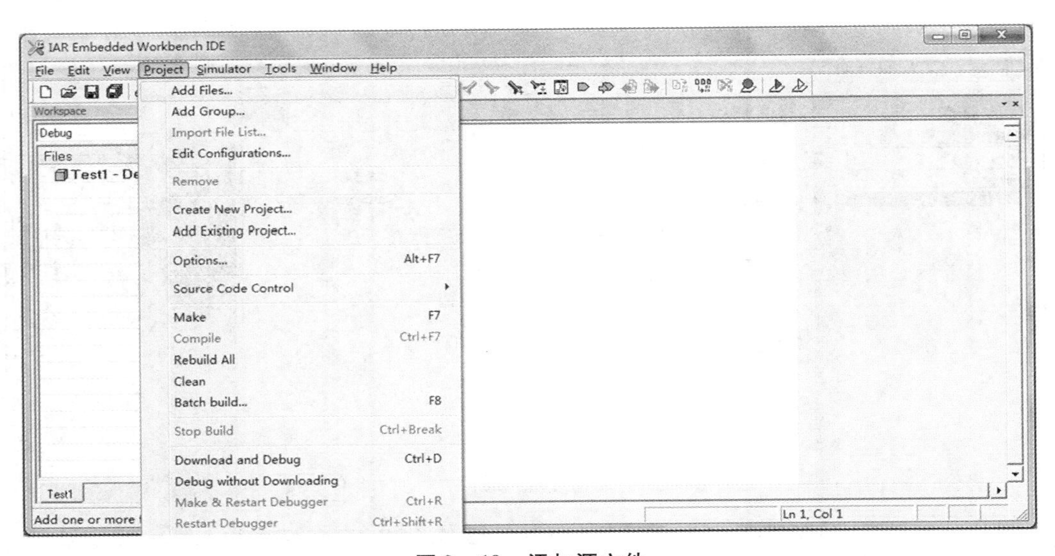

图 9－19　添加源文件

在文件列表中选取“LED. C”完成添加，添加源文件成功后，如图 9－20 所示。

随后，按照同样的方式，在 IAR 工程中添加“Led. h”，main. c、TEST1 中各文件的布局如图 9－21 所示。

在 Led. h 文件中输入一下代码：

```
#ifndef_ Led_ h_
#define_ Led_ h_
```

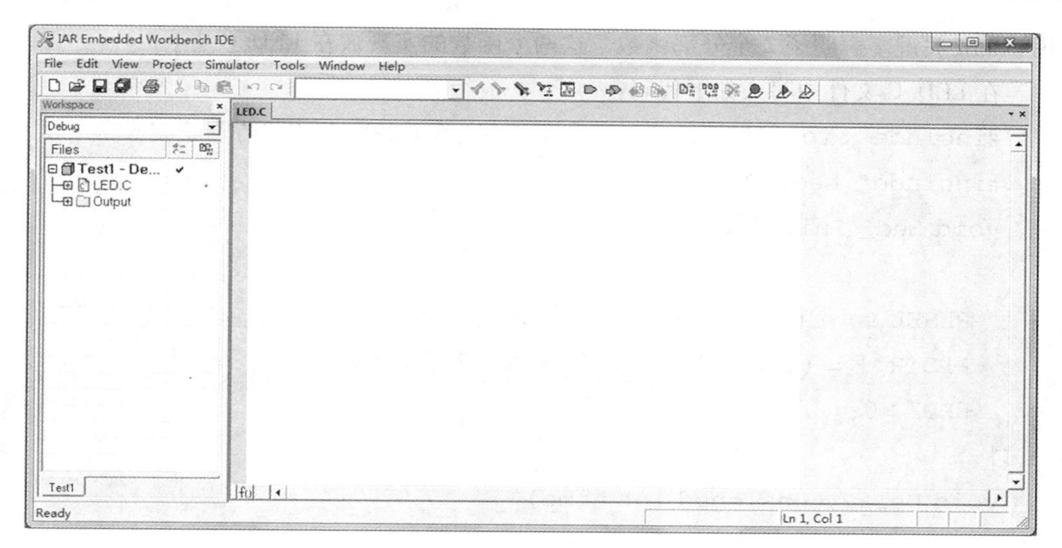

图 9－20　成功添加源文件

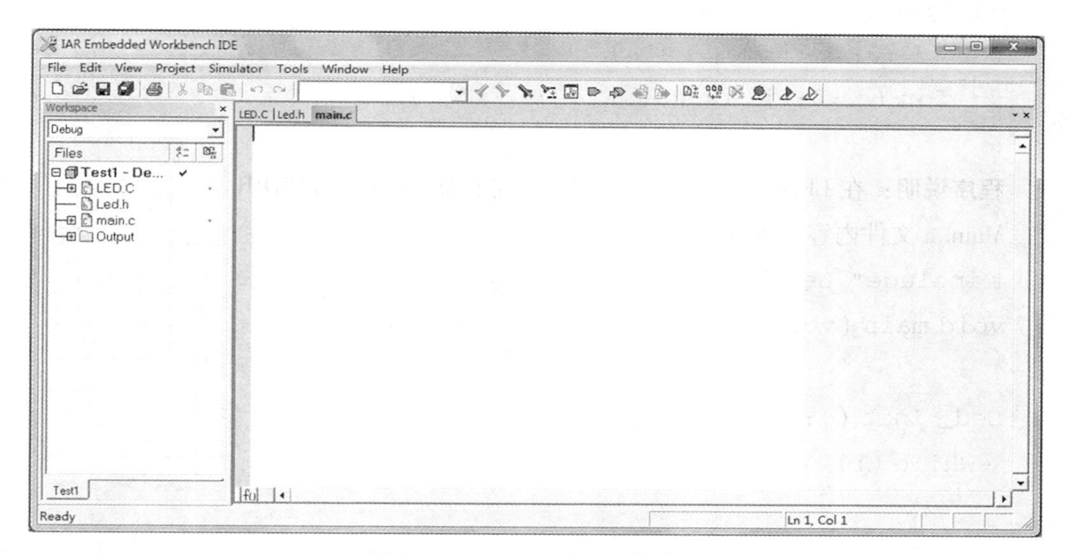

图 9－21　TEST1 中各文件布局

```
#include <iocc2530.h>            //该文件包含 CC2530 中寄存器宏定义
#define LED2 P1_7                //LED2 接单片机 P1_7 端口
#define LED2_ON () LED2 =1;
#define LED2_OFF () LED2 =0;
extern void LED_Init (void);
extern void Delay (unsigned int time);
#endif
```

程序说明：加黑部分代码是为了防止文件的重复包含问题，在程序的后半段，使用 extern 关键字声明了 2 个外部函数，这两个函数的实现放在 LED. C 中。

在 LED. C 文件中写入如下代码：

```
#include <iocc2530.h>    //该文件包含 CC2530 中寄存器宏定义
#include" Led.h"
void Led_ Init (void)
{
  PLSEL &=~ (1<<3);      //将 P1_ 3 设置 GPIO
  P1DIR |= (1<<3);       //将 P1_ 3 设置为输出模式
  LED2 =0;
}
void Delay (unsigned int time)
{
unsignedint I, j
for (i =0; i<time; i++)
    for (j =0; j<10000; j++)
}
```

程序说明： 在 LED_ Init（）函数中用了寄存器 PLSEL 和 PIDIR。

Main. c 文件内容如下：

```
# include" Led.h"
void main (void)
{
Led_ Init ();
  While (1)
     {
      LED2_ ON ();
      Delay (10);
      LED2_ OFF ();
      Delay (10);
     }
}
```

程序说明： 在该程序中，要使用 LED 初始化函数，而该函数又是在 Led. c 文件中实现的，在 Led. c 文件中使用 extern 关键字对其进行了声明，在 main. c 文件中需要使用该函数，则只需要 Led. h 文件即可，即#include “Led. h”。

9.2.3 IAR 工程设置

IAR 集成开发环境支持多种单片机，在使用 IAR 进行开发时，需要对工程进行基本的设置，使其符合所应用的单片机类型。

单击菜单栏上的“Project”，在弹出的下拉菜单中选择“Options”，如图 9－22 所示。

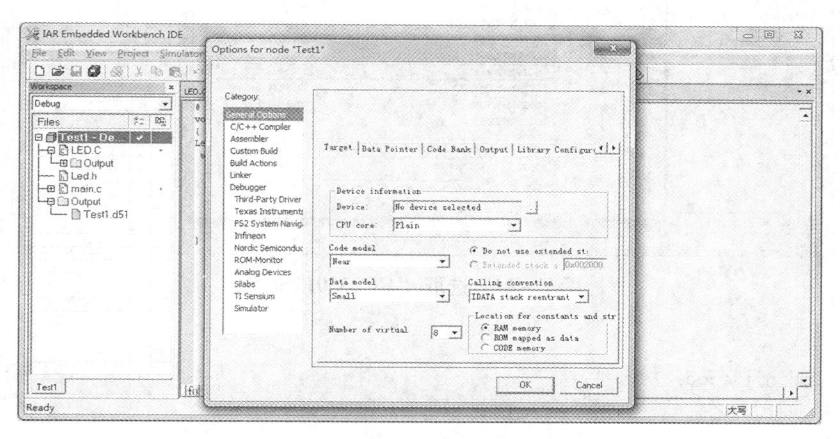

图 9－22 选择“Options”

1. General Options 选项

在 Target 标签下的 Device 中选取 Texas Instruments 文件夹，如图 9－23 所示。

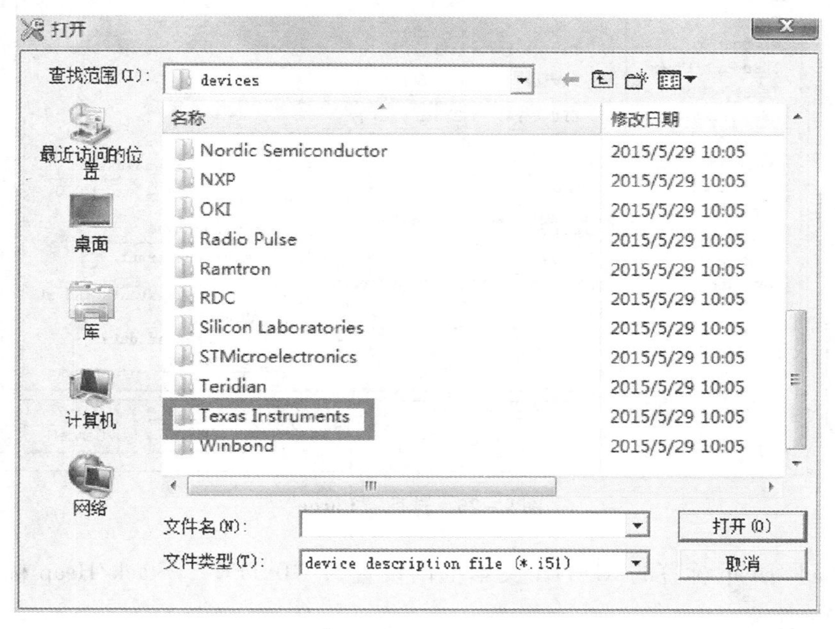

图 9－23 选取 Texas Instruments 文件夹

打开文件夹，在其中选取“CC2530F256. i51”，如图 9－24 所示；在 Data model 栏的下拉菜单中选取“Large”，如图 9－25 所示。

图 9－24　选取“CC2530F256”

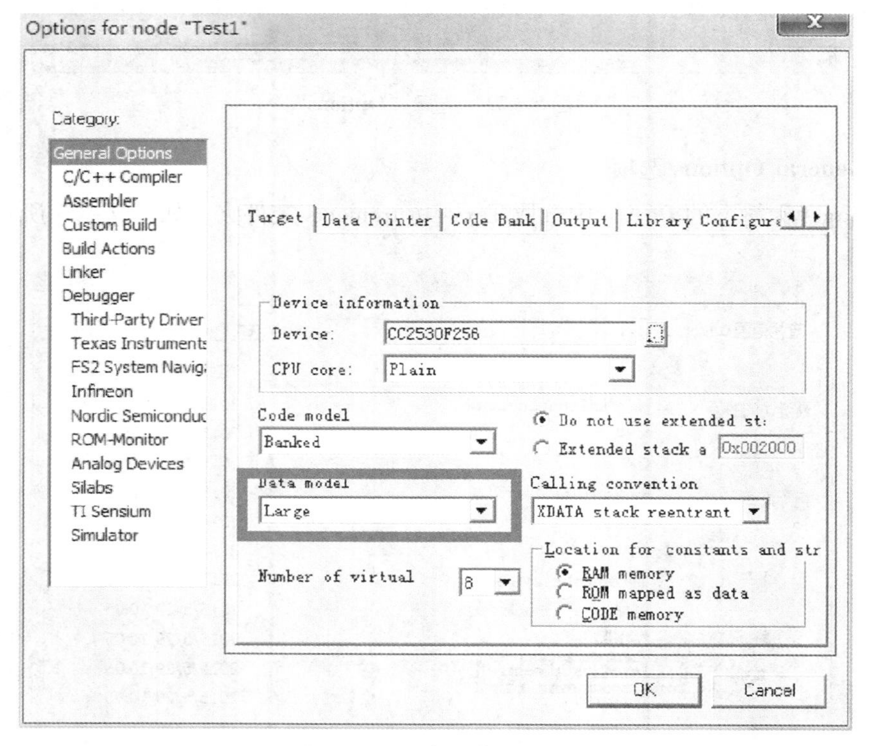

图 9－25　选取“Large”

在 Stack/Heap 标签的 XDATA 文本框内设置为“0x1FF”，Stack/Heap 标签的设置如图 9－26 所示。

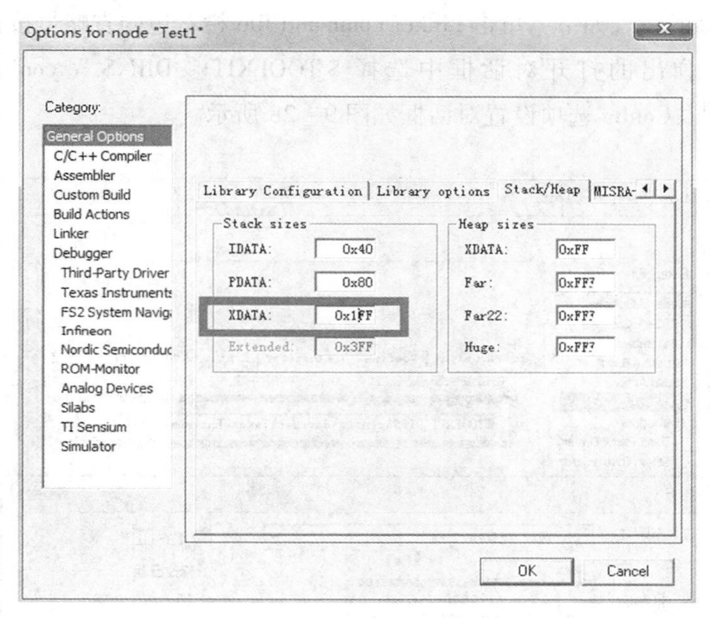

图 9 – 26 Stack/Heap 标签的设置

2. Linker 选项

Output 标签下的选项主要用于设置输出文件名及格式，将 Output file 标签下面的文本框中输入 Test1. hex。勾选 Allow C – SPY – specific extra output file，Output 标签的设置如图 9 – 27 所示。

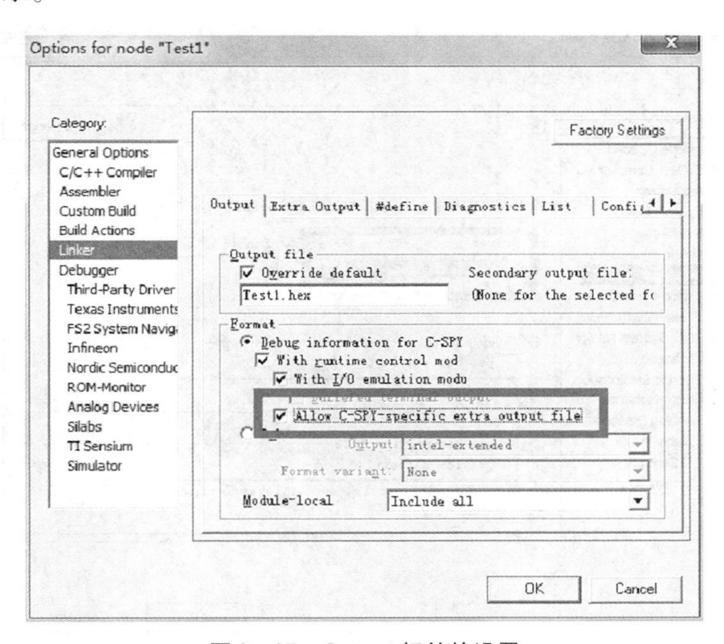

图 9 – 27 Output 标签的设置

Config 标签的设置如下：单击 Linker command file 栏右边的省略号按钮，勾选 Override default，在弹出的打开对话框中选择 $TOOLKIT_ DIR $ \ config \ Lik51ew_cc2530F256. xcl。Config 选项设置对话框如图 9－28 所示。

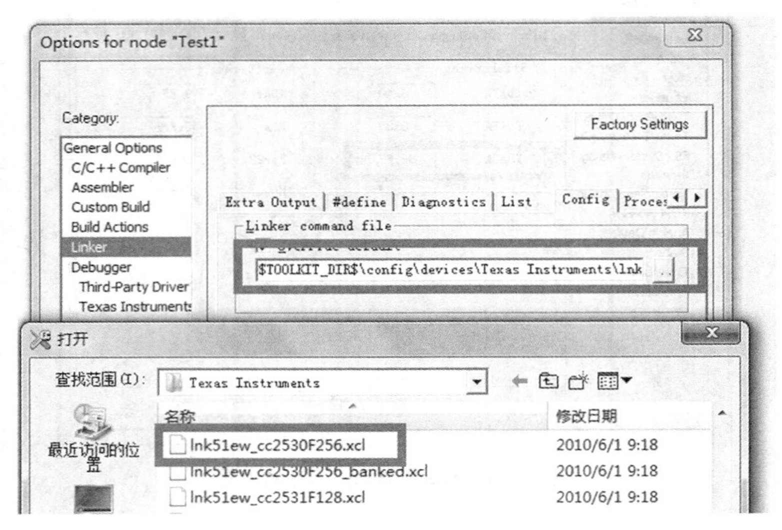

图 9－28　Config 选项设置对话框

3. Debugger 选项

Setup 标签下 Driver 栏设置为 Texas Instruments，Setup 标签的设置如图 9－29 所示。

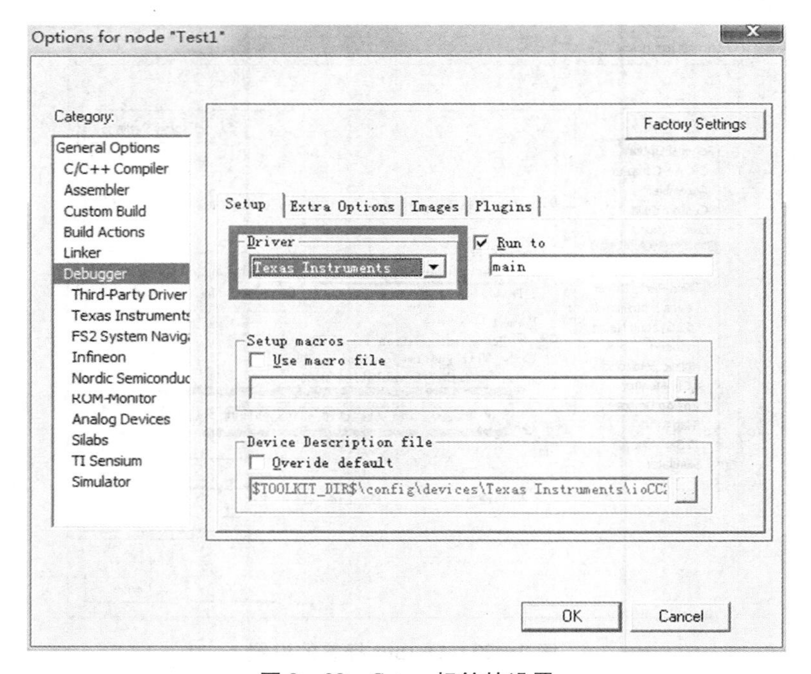

图 9－29　Setup 标签的设置

在完成上述操作后，单击 OK，完成 IAR 集成开发环境所有的配置工作。

9.2.4 源文件的编译

在完成 IAR 工程的相关设置之后，需要对工程中的源文件进行编译，单击菜单栏中的 MAKE 图表，如图 9－30 所示。

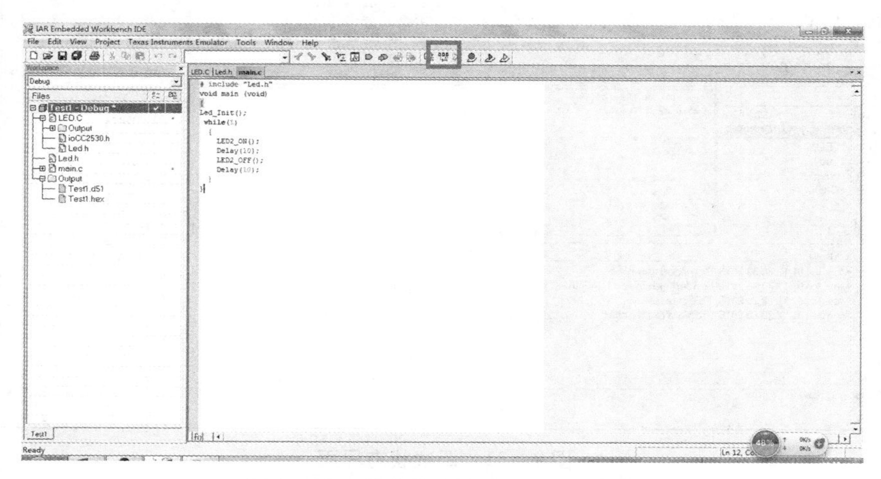

图 9－30 单击菜单栏中 MAKE 图表

若源文件未包含错误，则在 IAR 集成环境的左下角将弹出 Message 窗口，该窗口将显示源文件的错误和警告信息，如图 9－31 所示。

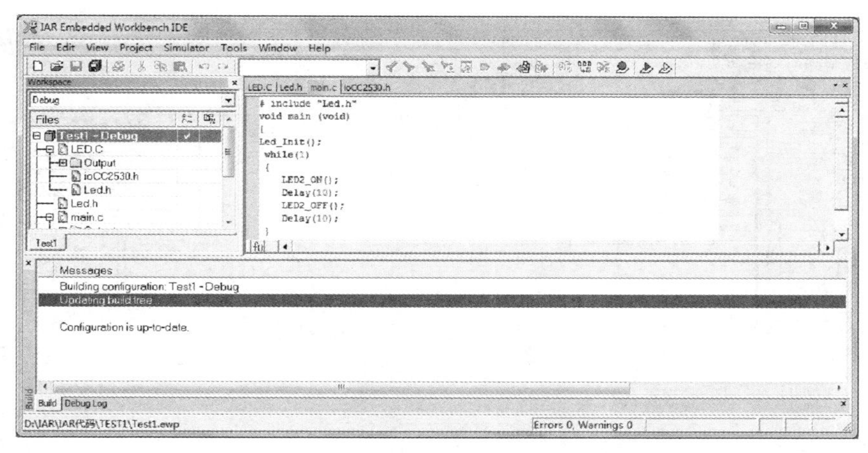

图 9－31 Message 窗口

9.3 IAR 工程仿真调试与下载

源程序编译后，就需要进行源程序的下载、仿真与调试，当然在此之前需要安装相应的仿真器驱动程序。选择 CC2530 下载器，通过 USB 与 PC 机相连，在对话框中选取“在本地计算机中寻找更新驱动”，打开 CC - DEBUGGER 文件夹，根据 PC 机情况选取相应的驱动程序，依照一般程序安装的过程完成下载器驱动程序的安装。

单击 IAR 工程中的 Debug 选项，进入调试状态界面，如图 9 - 32 所示。

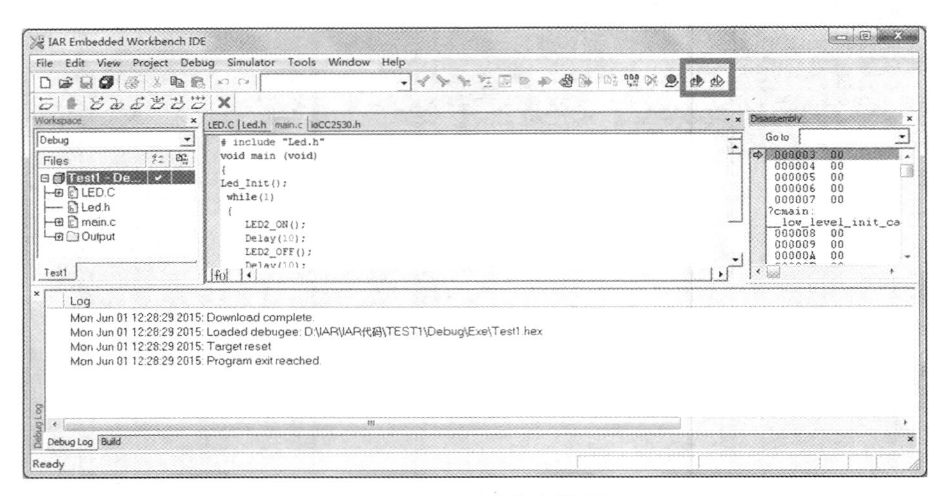

图 9 - 32　调试状态界面

其中，右侧对话框中的绿色小箭头指示了当前程序运行位置，此时单击键盘上的 F11 键可以实现程序的单步调试。在调试结束后，若需退出调试状态，则只需要单击 Stop Debugger 按钮，如图 9 - 33 所示。

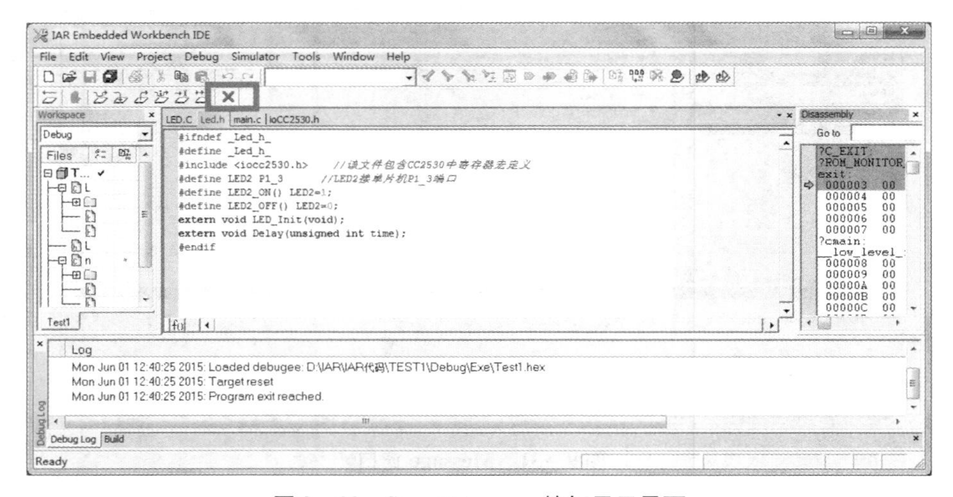

图 9 - 33　Stop Debugger 按钮显示界面

10　实验箱 ZigBee 开发硬件资源

在进行 ZigBee 无线传感网络开发，需要具备两项最为基础的支撑，其一为相应的硬件支持（能够支持 ZigBee 协议栈的硬件）；另外也需要相应的软件支持（能够支持 ZigBee 协议），当然还需要将程序下载到相应的开发硬件中。

10.1　核心硬件资源介绍

实验箱 ZigBee 模块包含了 ZIGEE 数据处理板与 ZigBee 核心板，分别为 ZigBee_ COOR 与 ZigBee_ NODE。其中 ZigBee_ COOR 板主要包括了 CC2530 单片机、天线接口、晶振、I/O 扩展接口和程序烧写接口。ZigBee_ COOR 板如图 10－1 所示。

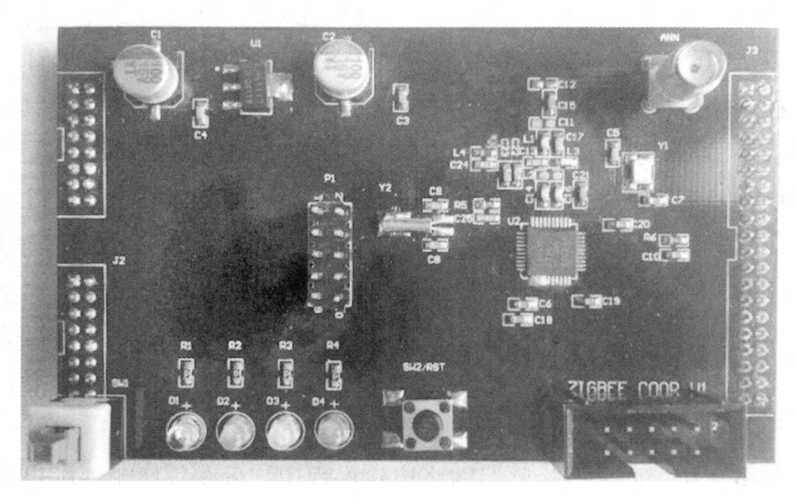

图 10－1　ZigBee_ COOR 板

ZigBee_ NODE 板主要包含了 CC2530 单片机、天线接口、晶振、传感器板及程序烧写接口。ZigBee_ NODE 板如图 10－2 所示。

在进行无线传感网络的开发过程中，使用 ZigBee_ NODE 对温湿度和光照信息进行采集，采集到的信息经过初步处理后传送给 ZigBee_ COOR 板，并通过串口传递至上位机。

10.1.1　CC2530 简介

CC253X 芯片是一款完全兼容 8051 内核，同时支持 IEEE 802.15.4 协议的无线射频单

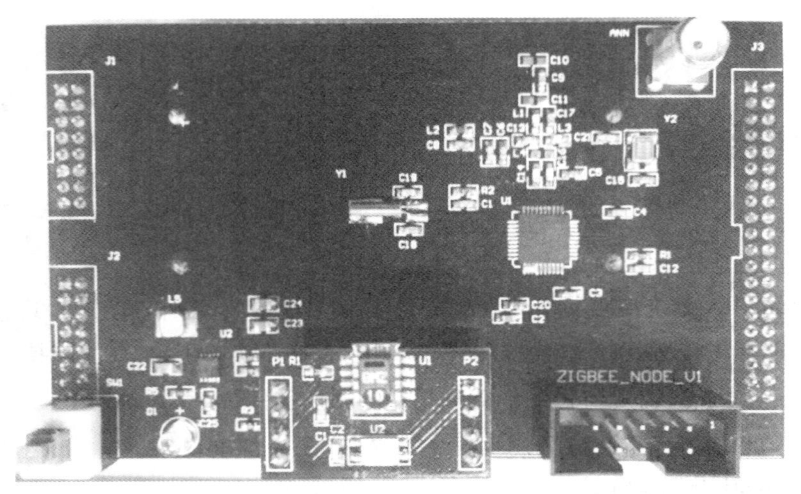

图 10－2　ZigBee_ NODE 板

片机。该芯片具备三种不同的内存访问总线（SFR，DATA 和 CODE/XDATA），其中 SFR 为特殊功能寄存器、DATA 为数据、CODE/XDATA 为代码/外部数据。同时，该芯片还具备一个调试接口和一个 18 输入扩展中断单元。

当 CC2530 处于空闲模式时，任何中断都可以把 CC2530 恢复到主动模式。某些中断还可以将 CC2530 从睡眠模式唤醒。位于系统核心存储器交叉开关使用 SFR 总线将 CPU、DMA 控制器与物理存储器和所有外接设备里连接起来。

CC2530 的 Flash 容量可以选择，有 32KB、64KB、123KB、256KB，这就是 CC2530 的在线可编非易失性存储器，并且映射到代码和外部数据存储器空间。除了保持程序代码和常量以外，非易失性存储器允许应用程序保存必要的数据，以保证这些数据在设备重启后可用。使用该功能，可以保存具体的网络参数，仅需系统再次上电便可以直接加入到网络中。

10.1.2　天线及巴伦匹配电路设计

在进行 ZigBee 协议的无线传感器网络构建过程中，天线及巴伦匹配电路的设计较为重要，这关系到了射频指标是否优良，对通信距离、系统功耗都有较大的影响。ZigBee 天线的设计可以使用 PCB 天线，如倒 F 天线、螺旋天线等，当然也可以使用 SMA 接口的杆状天线，通过对不同应用的具体分析来完成天线大小、类型的选择。实验箱 ZigBee 模块天线及巴伦匹配电路设计如图 10－3 所示。

10.1.3　晶振电路设计

CC2530 需要 2 个晶振，32MHz 晶振和 32.768KHz 晶振，晶振电路设计接口如图 10－4 所示。

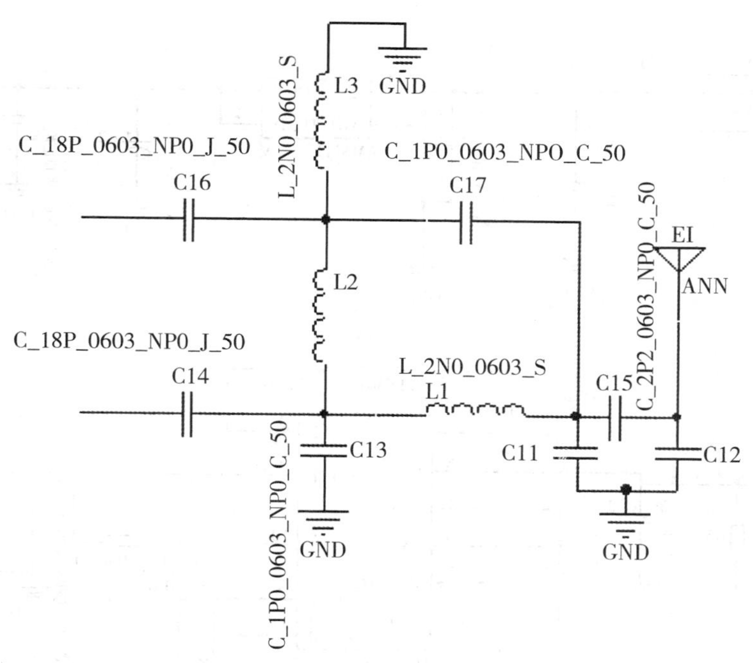

图 10-3 天线及巴伦匹配电路设计

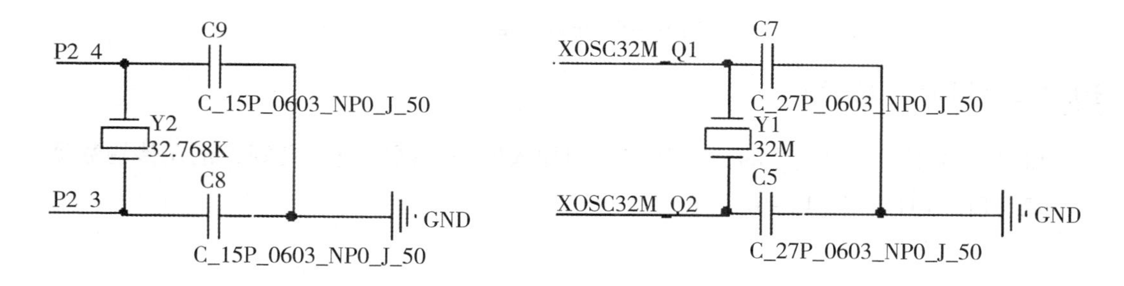

图 10-4 晶振电路设计

10.2 辅助硬件资源介绍

在进行 ZigBee 无线传感器网络的开发过程中，需要使用相应的硬件，针对不同的传感器均需要使用不同的传感器信号调理电路。该部分的设计根据选取传感器的不同，均有差异性，在此不做赘述。但针对 ZigBee 部分来讲，使用其进行无线网络通信部分的硬件电路是不变的，下面对 ZigBee 无线传感网络开发过程中涉及的辅助硬件资源进行设计。

10.2.1 电源电路设计

电源电路可以采用 5V 电源通过 DC-DC 电路转换为 3.3V 工作电压，使用芯片为 ASM1117，当然也可采用 2 节 5 号电池进行供电。电源电路设计如图 10-5 所示。

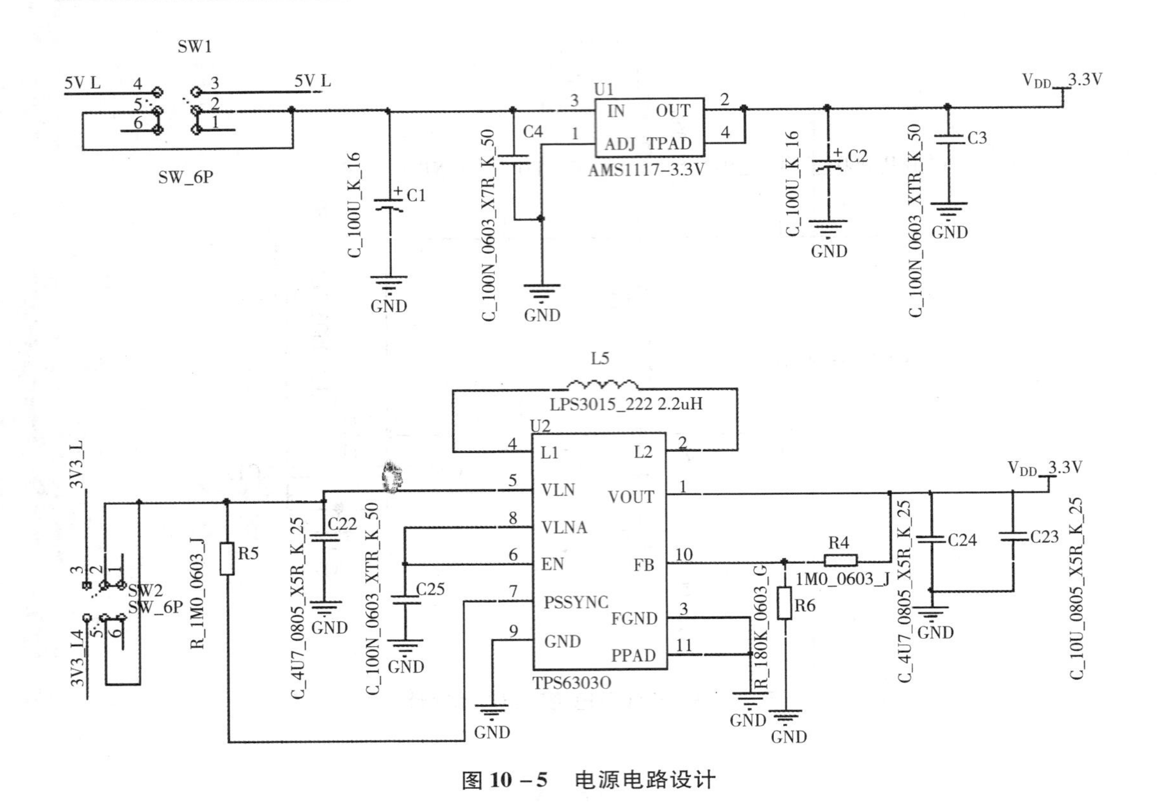

图 10－5　电源电路设计

10.2.2　LED 电路设计

LED 主要用于知识电路的工作状态，如加入网络、网络信号良好、正在传输数据等信息，LED 电路如图 10－6 所示。

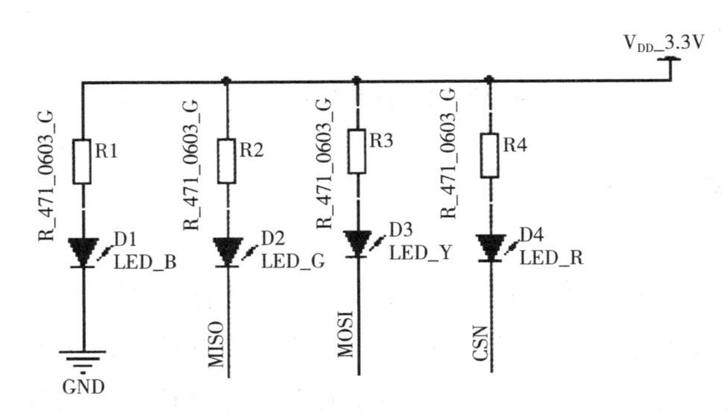

图 10－6　LED 电路设计

10.2.3　串口电路设计

串口电路主要用于实现 COMS/TTL 电平到 RS232 电平的转换，串口电路如图 10－7 所示。

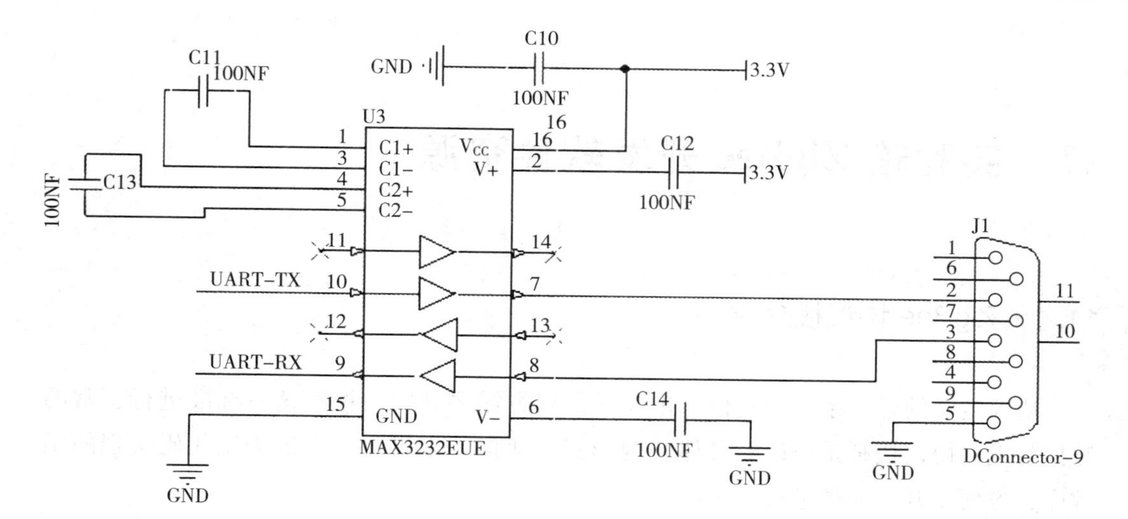
C11
100NF
GND
C10
100NF
3.3V
U3
16
C1+
C1−
C2+
C2−
VCC
V+
C12
100NF
3.3V
100NF
C13
11
14
UART−TX
10
7
12
13
UART−RX
9
8
15
GND
V−
6
C14
100NF
MAX3232EUE
GND
GND
GND
J1
1
6
2
7
3
8
4
9
5
11
10
DConnector−9

图 10 −7　串口电路设计

11　实验箱 ZigBee 开发软件资源

11.1　ZigBee 协议栈介绍

协议定义的是一系列的通信标准，通信双方需要共同的按照这一标准进行正常的数据收发；协议栈则是协议的具体实现形式，通俗的来讲可以理解为用代码实现的函数库，方便于开发人员进行调用。

ZigBee 的协议分为两部分，其中 IEEE802.15.4 定义了物理层和 MAC 层技术规范，ZigBee 联盟定义了网络层、安全层和应用层技术规范，ZigBee 协议栈就是将各个层的定义都集合在一起，以函数的形式实现，并给用户提供相应的应用层 API，方便用户调用。

ZigBee 协议栈的实现方式采用分层思想，大体上可以分为物理层、介质访问控制层、网络层和应用层，应用层包含应用程序支持层、应用程序框架层和 ZDO 设备对象。

ZigBee 协议栈的构成如图 11－1 所示。

物理层（PHY）和介质访问层（MAC）是由 IEEE802.15.4 规范定义的，物理层负责将数据通过发射天线发送出去以及从天线接收数据；ZigBee 无线网络中的网络号、网络发现等概念是介质访问控制层的内容。此外，介质访问控制层还提供点对点通信的数据确认（Pre－hop Acknowledgments）以及一些用于网络发现和网络形成的命令，但是介质访问控制层不支持多跳（Multi－hop）、网状网络（Mesh）等概念。

网络层（NWK）主要是对网状网络提供支持，如在全网范围内发送广播包，为单播数据包选择路由，确保数据包能够可靠的从一个节点发送到另一个节点。此外，网络层还具有安全特性，用户可以自动选择所需的安全策略。

应用程序支持子层主要是提供了一些 API 函数供用户调用。此外，绑定表也是存储在应用程序支持子层。ZigBee 设备对象 ZDO 是运行在端口 0 的应用程序，主要提供了一些网络管理方面的函数。

每个端口（Endpoint）都能用于收发数据，有如下两个端口较为特殊。

端口 0 该端口用于整个 ZigBee 设备的配置和管理，用户应用程序可以通过端口 0 和端口 1 与 ZigBee 协议栈的应用程序支持子层、网络层进行通信，从而实现对这些层的初始化工作，在端口 0 上运行的应用程序成为 ZigBee 设备对象（ZigBee Device Ob-

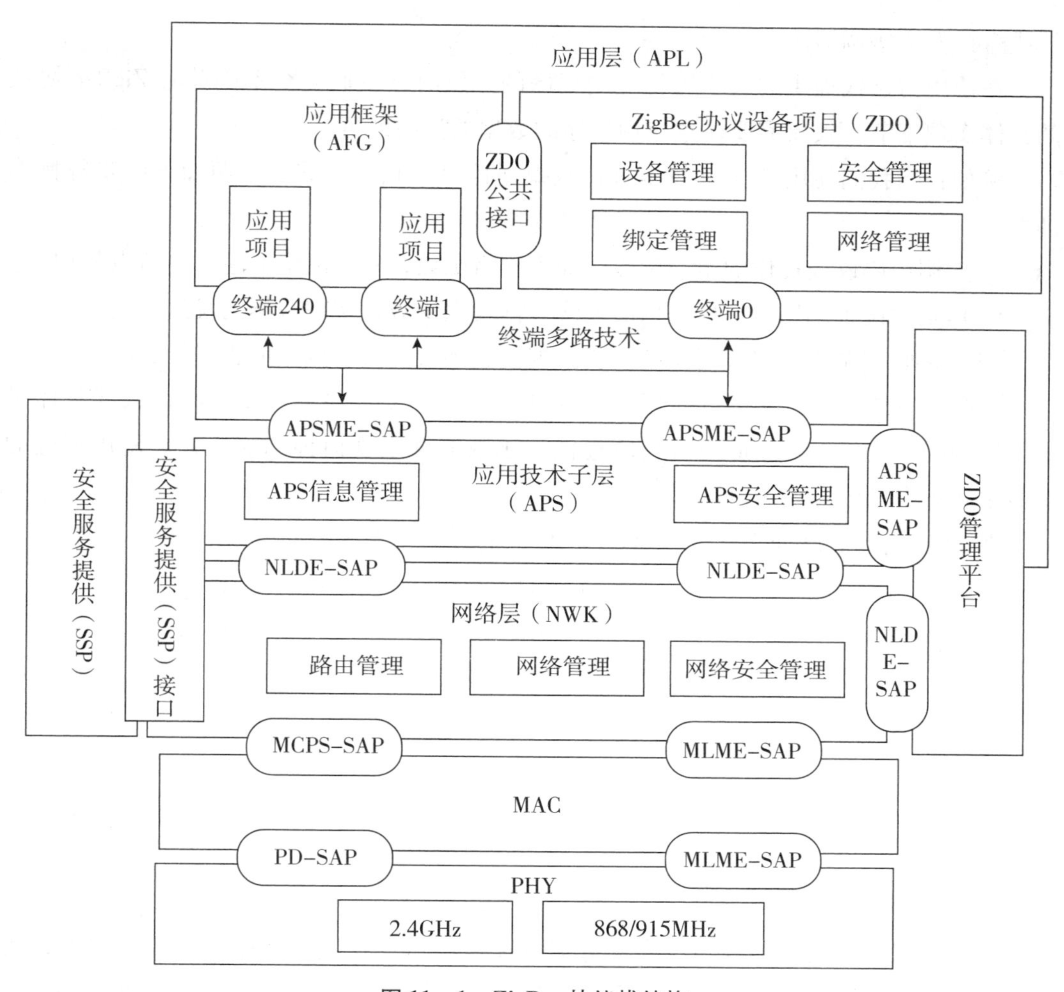

图 11－1　ZigBee 协议栈结构

ject，ZDO）。

端口 255 该端口用于向所有的端口广播。

11.1.1　协议栈的使用

使用 ZigBee 协议栈进行开发的思路整体上可以叙述为以下三点。

（1）用户对 ZigBee 无线网络的开发简化为应用层的 C 语言程序开发，用户不需要深入研究复杂的 ZigBee 协议栈。

（2）ZigBee 无线传感网络中数据采集，只需要用户在应用层加入传感器的读取函数即可。

（3）若需要工作在节能模式，可以根据数据采集周期进行时，定时时间到就唤醒 ZigBee 的终端节点，终端节点唤醒后，自动采集传感器数据，然后将数据发送给路由器或直接发给协调器。

在使用协议栈提供的 API 进行应用程序的开发时，我们完全不必关心 ZigBee 协议的具体实现细节，仅仅需要注意应用程序的数据的流向即可。

例如：当我们使用 ZigBee 技术进行数据通信时，我们仅需要按照如下的步骤操作即可。

（1）调用协议栈提供的组网函数、加入网络函数，实现网络的建立与节点的加入。

（2）发送设备调用协议栈提供的无线数据发送函数，实现数据的发送。

（3）接收端调用协议栈提供的无线数据接收函数，实现数据的正确接收。

因此，在使用协议栈进行应用程序的开发时，开发者并不需要关心协议栈具体是如何实现的，仅仅需要知道协议栈所提供的函数能够实现何种功能，并会调用相应的函数来实现自己的应用需求即可。

在 TI 退出的 ZigBee 2007 协议栈中，提供的数据发送函数如下：

```
afStatus_ t AF_ DataRequest (afAddrType_ t * dsAddr,
                              endPointDesc_ t * srcEP,
                              uint16 Cid,
                              uint16 len,
                              uint8 * buf,
                              uint8 * transID,
                              uint8 options,
                              uint8 radius)
```

开发者仅需调用该函数即可实现数据的无线发送，在该函数中具有 8 个参数，用户需要将每个参数的含义完全理解后，才能够熟练的应用该函数进行无线数据通信。

在 AF_ DataRequest（）函数中有两个最为核心的参数：

（1）uint16 len 发送数据的长度。

（2）uint8 * buf 指向存放发送数据的缓冲区指针。

11.1.2 协议栈的安装、编译与下载

ZigBee 的协议栈有很多的版本，不同的厂商提供的 ZigBee 协议栈有一定的区别，本书选用的为 TI 公司的 ZigBee 2007 协议栈。

ZigBee 2007 协议栈可在 TI 公司官网下载，具体文件为 Zstack – CC2530 – 2.3.0 – 1.4.0，在完成下载后双击 Zstack – CC2530 – 2.3.0 – 1.4.0.exe，即可进行协议栈的安装。具体如图 11 – 2 所示。

协议栈安装完毕后，在路径 C：\ Texas Instruments \ Zstack – CC2530 – 2.4.0 – 1.4.0 \ Projects \ zstack \ Samples \ GenericApp \ CC2530DB 下找到 GenericApp 文件，打

名称	修改日期	类型	大小
CD-EW8051-7601	2015/5/29 9:52	文件夹	
key	2015/5/29 9:52	文件夹	
ZStack-CC2530-2.4.0-1.4.0	2015/6/1 13:15	文件夹	
ZStack-CC2530-2.4.0-1.4.0	2015/5/29 9:42	应用程序	60,744 KB

图 11－2　ZigBee 协议栈安装文件

开该工程文件，具体如图 11－3 所示。

CoordinatorEB	2015/6/1 16:56	文件夹	
settings	2015/6/1 17:04	文件夹	
GenericApp.dep	2015/6/1 17:04	DEP 文件	56 KB
GenericApp.ewd	2010/10/24 19:12	EWD 文件	51 KB
GenericApp.ewp	2010/10/26 16:54	EWP 文件	107 KB
GenericApp	2010/10/24 19:11	IAR IDE Worksp...	1 KB

图 11－3　ZigBee 协议栈工程

双击打开该工程文件后，可以看到 GenericApp 工程文件布局，具体如图 11－4 所示。

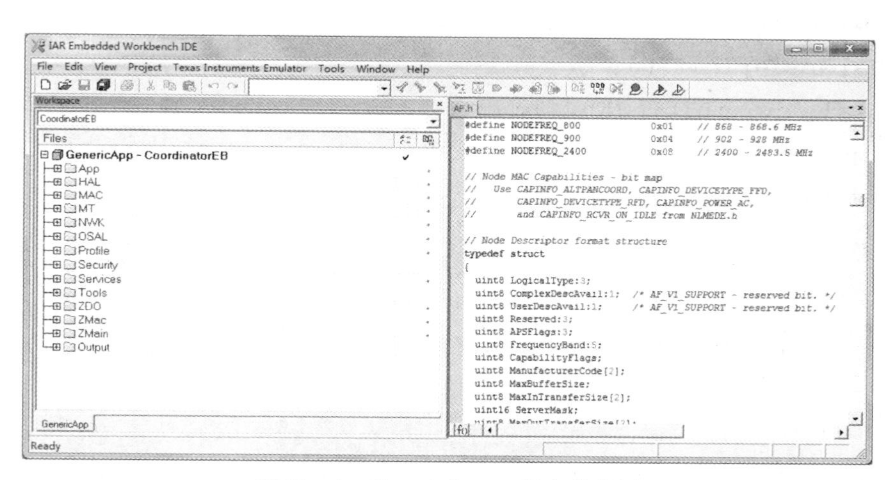

图 11－4　GenericApp 工程文件布局

在 GenericApp 工程文件布局中，有大量的文件夹如 APP、HAL、MAC 等，这些文件夹分别对应了 ZigBee 协议中不同的层，使用 ZigBee 协议进行应用程序的开发，一般仅需要修改目录 APP 内的文件即可。

在 Zmain 文件夹有 Zmain. c 文件，打开该文件后可找到 main（）函数，便是整个协议栈的入口点，协议栈从该函数开始执行。具体如图 11－5 所示。

下面，我们对 main（）函数进行分析，main（）函数的原型如下：

```
int main ( void )
{
```

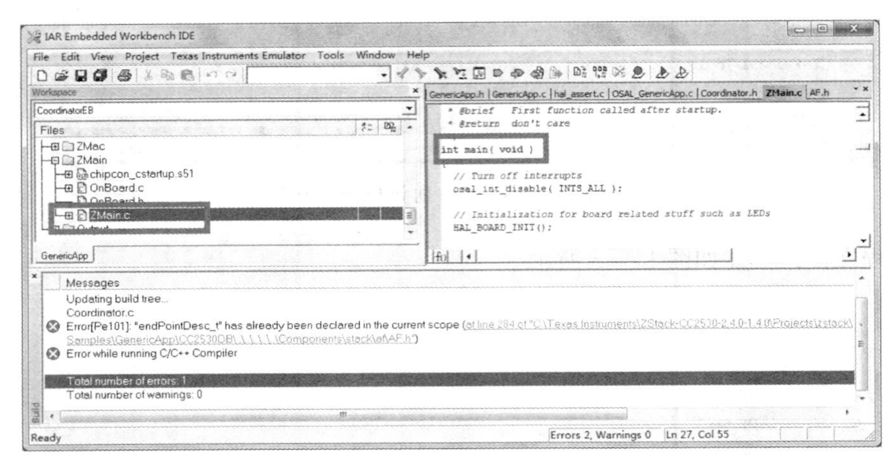

图 11－5　协议栈运行入口点

```
  osal_ int_ disable ( INTS_ ALL );
  HAL_ BOARD_ INIT ();
  zmain_ vdd_ check ();
  InitBoard ( OB_ COLD );
  HalDriverInit ();
  osal_ nv_ init ( NULL );
  ZMacInit ();
  zmain_ ext_ addr ();
  zmain_ cert_ init ();
  zgInit ();
#ifndef NONWK
  afInit ();
#endif
  osal_ init_ system ();
  osal_ int_ enable ( INTS_ ALL );
  InitBoard ( OB_ READY );
  zmain_ dev_ info ();
#ifdef LCD_ SUPPORTED
  zmain_ lcd_ init ();
#endif
#ifdef WDT_ IN_ PM1
  WatchDogEnable ( WDTIMX );
#endif
```

```
    osal_start_system ();
    return 0;
}
```

11.2 ZigBee 协议栈基础实验

ZigBee 协议栈基础实验，使用实验箱 ZigBee 技术模块中的一块子节点模块和协调器模块。两个 ZigBee 模块进行点对点通信，ZigBee 子节点发送“LED”三个字符，ZigBee 协调器模块收到数据后，对接收到的数据进行判断，若收到的数据是“LED”，则 ZigBee 协调器模块上的 LED 灯闪烁。

在 ZigBee 无线传感网络中有三种设备类型：协调器、路由器和终端节点，该设备类型是由 ZigBee 协议栈不同的编译选项来选择的。

协调器主要负责网络组建、维护、控制终端节点加入等。路由器主要负责数据包的路由选择，终端节点负责数据的采集，不具备路由功能。

在该实验中，两块 ZigBee 模块分别配置为协调器与终端节点，其中协调器主要负责 ZigBee 网络的组建，终端节点上电之后，自动加入该协调器所组建的网络，并开始发送“LED”到协调器，协调器对收到的数据进行判断，若数据接收正确，则协调器上对应的 LED 开始闪烁，完成 ZigBee 数据传输实验。

11.2.1 协调器编程

双击打开 GenericApp 工程文件将 GenericApp. h 删除，右键单击 GenericApp. h，在弹出的下拉菜单中选择 Remove，具体如图 11 -6 所示。

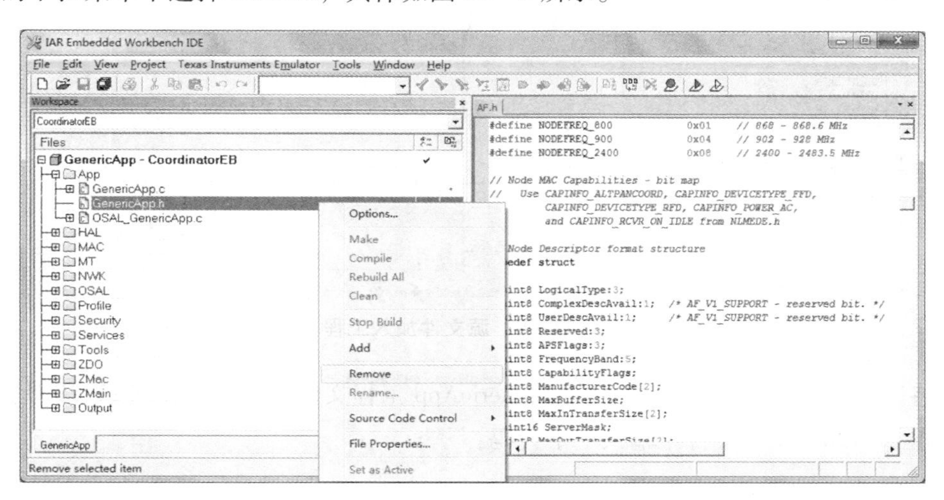

图 11 -6 删除 GenericApp. h

按照相同操作删除 GenericApp. c，随后单击 File，在下拉菜单中选择 New，然后选择 File，具体如图 11 －7 所示。

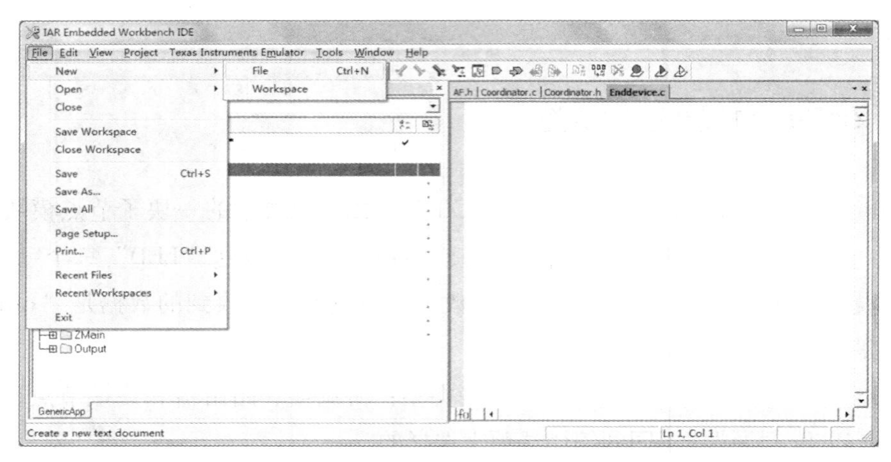

图 11 －7　添加源文件

将新建的源文件保存为 Coordinator. h，使用同样的操作，分别建立 Coordinator. c 和 Enddevice. c 文件。

随后我们将源文件添加入该工程，右键单击 App，在弹出的下拉菜单中选择 Add，选择 Add File，具体如图 11 －8 所示，选择刚才建立的三个文件（Coordinator. h，Coordinator. c，Enddevice. c）。

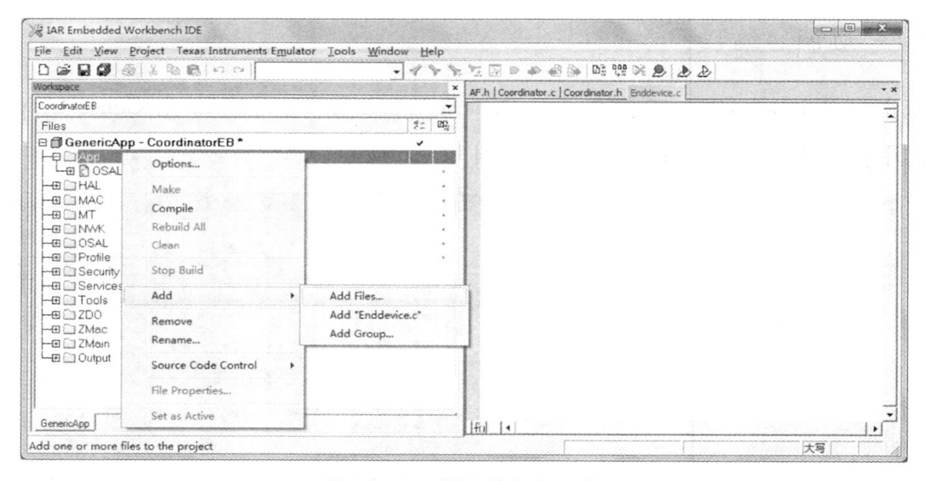

图 11 －8　源文件加入工程

将所建立的源文件加入工程后，GenericApp 工程文件的布局，如图 11 －9 所示。

在 Coordinator. h 文件中输入一下代码：

```
#ifndef COORDINATOR_ H
#define VOORDINATOR_ H
```

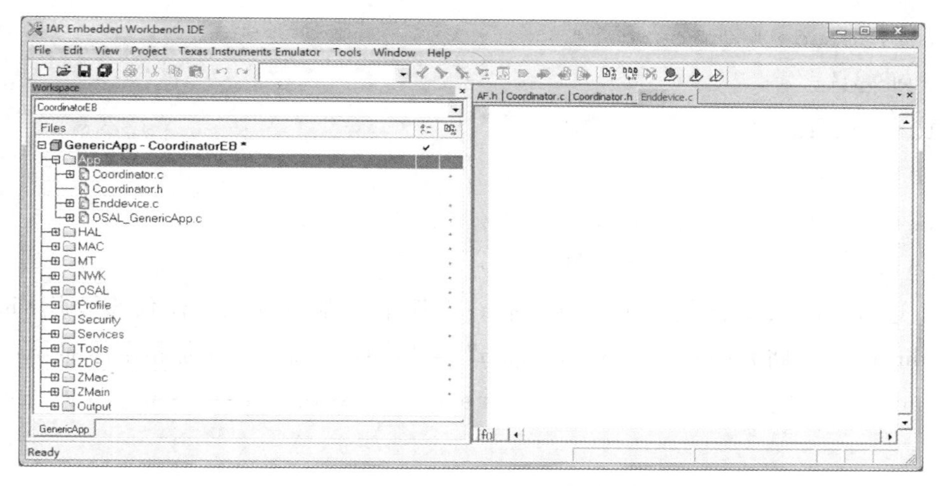

图 11－9　更改后 GenericApp 工程文件布局

```
#include " zComDef.h"
#define GENERICAPP_ ENDPOINT    10
#define GENERICAPP_ PROFID        0x0F04
#define GENERICAPP_ DEVICEID      0x0001
#define GENERICAPP_ DEVICE_ VERSION    0
#define GENERICAPP_ FLAGS            0
#define GENERICAPP_ MAX_ CLUSTRS       1
#define GENERICAPP_ CLUSTERID         1
extern void GenericApp_ Init (byte task_ id);
extern UINT16 GenericApp _ ProcessEvent (byte task _ id, UINT16 e-
vents);
#endif
```

在 Coordinator. c 中输入以下代码：

```
1#include " OSAL.h"
2#include " AF.h"
3#include " ZDApp.h"
4#include " ZDObject.h"
5#include " ZDProfile.h"
6#include <string.h>
7#include " Coordinator. h"
8#include " DebugTrace.h"
9#if ! defined (WIN32)
```

```
10#include " OnBoard.h"
11#endif
12#include " hal_ lcd.h"
13#include " hal_ led.h"
14#include " hal_ key.h"
15#include " hal_ uart.h"
```

上述包含的头文件是从 GenericApp. c 文件中复制得到的，仅仅需要用#include "Coordinator. h" 将#include "GenericApp. h" 替换即可，如上文中加粗字体部分。

```
16const cId_ t GenericApp_ ClusterList [GENERICAPP_ MAX_ CLUSTERS] =
{
17GENERICAPP_ CLUSTERID
};
```

上述代码中的 GENERICAPP_ MAX_ CLUSTERS 是在 Coordinator. h 文件中定义的宏，与协议栈里面的数据定义格式保持一致，以下代码中的常量都是以宏定义的形式实现的。

```
18const SimpleDescriptionFormat_ t GenericApp_ SimpleDesc =
{
19GENERICAPP_ ENDPOINT,
20GENERICAPP_ PROFID,
21GENERICAPP_ DEVICEID,
22GENERICAPP_ DEVICE_ VERSION,
23GENERICAPP_ FLAGS,
24GENERICAPP_ MAX_ CLUSTERS,
25 (cId_ t *) GenericApp_ ClusterList,
26GENERICAPP_ MAX_ CLUSTERS,
27 (cId_ t *) GenericApp_ ClusterList
};
```

上述数据结构描述了一个 ZigBee 设备节点，称为简单的设备描述符。

```
28endPointDesc_ t GenericApp_ epDesc;
29 byte GenericApp_ TaskID;
30byte GenericApp_ TransID;
```

上述代码定义三个变量，一个是节点描述符 GenericApp_ epDesc，一个是任务优先级 GenericApp_ TaskID，一个是数据发送序列号 byte GenericApp_ TransID。

```
typedef struct
{
```

```
    byte endPoint;
    byte * task_ id;    // Pointer to location of the Application
task ID.
    SimpleDescriptionFormat_ t * simpleDesc;
    afNetworkLatencyReq_ t latencyReq;
  } endPointDesc_ t;
  31void GenericApp_ MessageMSGCB ( afIncomingMSGPacket_ t * pckt );
  32void GenericApp_ SendTheMessage ( void );
```

上述代码声明了函数，一个是消息处理函数 GenericApp_ MessageMSGCB，另外一个是数据发送函数 GenericApp_ SendTheMessage。

```
  33void GenericApp_ Init ( byte task_ id )
  {
  34GenericApp_ TaskID = task_ id;
  35GenericApp_ TransID = 0;
  36GenericApp_ epDesc.endPoint = GENERICAPP_ ENDPOINT;
  37GenericApp_ epDesc.task_ id = &GenericApp_ TaskID;
  38GenericApp _ epDesc.simpleDesc
                = ( SimpleDescriptionFormat _ t  * ) &GenericApp _
SimpleDesc;
  39GenericApp_ epDesc.latencyReq = noLatencyReqs;
  40afRegister ( &GenericApp_ epDesc );
  }
```

上述代码是该任务的任务初始化函数，格式较为固定，可用作无线传感网络应用程序的开发过程中的参考。

第 34 行，初始化了任务优先级（任务优先级有协议栈的操作系统 OSAL 分配）。

第 35 行，将发送数据包的序列号初始化为 0，在 ZigBee 协议栈中，每发送一个数据包，该发序号自动加 1（协议栈里面的数据发送函数会自动完成该功能），因此，在接收端可以查看接收数据包的序号来计算丢包率。

第 36 ~ 39 行，对节点描述符进行初始化，初始化格式较为固定，一般不做修改。

第 40 行，使用 afRegister 函数将节点描述符进行注册，只有注册完成后，才可以使用 OSAL 提供的系统服务。

```
  41UINT16 GenericApp_ ProcessEvent ( byte task_ id, UINT16 events )
  {
  42afIncomingMSGPacket_ t * MSGpkt;
```

```
43if ( events & SYS_ EVENT_ MSG )
   {
44 MSGpkt = (afIncomingMSGPacket_ t * ) osal_ msg_ receive ( Ge-
nericApp_ TaskID );
45while ( MSGpkt )
     {
46switch ( MSGpkt - >hdr.event )
       {
47case AF_ INCOMING_ MSG_ CMD:
48GenericApp_ MessageMSGCB ( MSGpkt );
49break;
50default:
51break;
      }
52osal_ msg_ deallocate ( (uint8 * ) MSGpkt );
53MSGpkt = (afIncomingMSGPacket_ t * ) osal_ msg_ receive ( Ge-
nericApp_ TaskID );
    }
54return (events ^SYS_ EVENT_ MSG);
  }
55 return 0;
}
```

上述代码为消息处理函数，该函数大部分代码并不需要改变，可能出现修改的代码48行，修改该函数的实现形式，其基本的功能均是完成对接收数据的处理。

下面总体上讲解一下上述代码的功能：

第42行，定义了一个指向接收信息结构体的指针MSGpkt。

第44行，使用osal_ msg_ receive函数从消息队列上接收信息，该信息中包含了接收到的无线数据包（准确地讲是包含了指向接收到的无线数据包的指针）。

第47行，对接收到的消息进行判断，如果是接收到了无线数据，则调用第48行的函数对数据进行相应的处理。

第52行，接收到的消息处理完后，便需要释放消息所占据的存储空间，由于在ZigBee协议栈中，接收到的消息总是存放在堆上的，所以需要调用osal_ msg_ deallocate函数将其所占据的堆释放，否则易引起“内存泄漏”。

第53行，处理完一个消息后，再从消息队列里接收消息，然后对其进行相应的处理，直到所有消息处理完为止。

```
56void GenericApp_ MessageMSGCB ( afIncomingMSGPacket_ t *pkt )
{
57unsigned char buffer [4]  =""
58switch ( pkt - >clusterId )
  {
59case GENERICAPP_ CLUSTERID:
60osal_ memcpy (buffer, pkt - >cmd.data, 3);
61if ( (buffer [0]  = ='L' | | (buffer [1]  = ='E' | | (buffer
[2]  = ='D'))
  {
62HalLedBlink (HAL_ LED_ 2, 0, 50, 500);
  }
63else
        {
64HalLedset (HAL_ LED_ 2, HAL_ LED_ MODE_ ON);
        }
65break;
  }
}
```

上述代码中，字体加粗部分的格式固定，实现如下基本功能：

第 60 行，将接收到的数据拷贝到缓冲区 buffer 中。

第 61 行，判断接收到的数据是不是“LED”三个字符，如果是这三个字符，则执行第 62 行，使相应 LED 闪烁，若果接收到的不是这三个字符，字点亮该 LED 即可。

到此为止，协调器的编程已经基本结束，在整个代码的修改过程中。

首先，删除了协议栈中的 GenericApp. h 和 GenericApp. c 文件，然后添加了三个文件：Coordinator. h、Coordinator. c 和 Enddevice. c 文件。

其次，Coordinator. h 和 Coordinator. c 的代码，并给出了部分注释，其中 Coordinator. h 文件中主要是一些宏定义，Coordinator. c 文件中大部分的代码格式是固定的。

最后，需要对 OSAL_ GenericApp. c 文件，将#include “GenericApp. h” 注释掉，然后添加#include “Coordinator. h” 即可。修改 OSAL_ GenericApp. c 文件如图 11 – 10 所示。

在 Workspace 菜单中的下拉列表框中选择 CoordinatorEB，然后右键单击 Enddevice. c 文件，在弹出的下拉菜单中选择 Options，具体如图 11 – 11 所示。

单击 Options 选项后，在弹出对话框中，选择 Exclude from build，具体如图 11 – 12 所示。

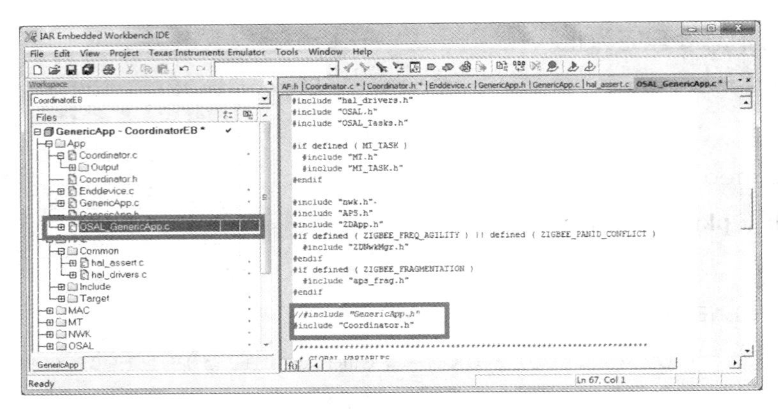

图 11－10　修改 OSAL_ GenericApp. c 文件

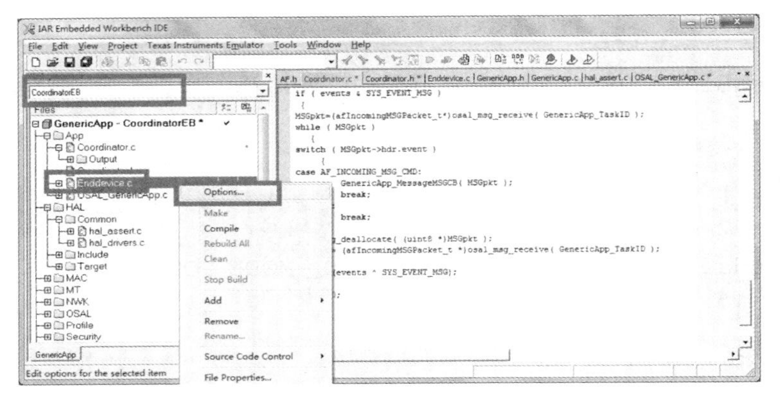

图 11－11　选择 Options

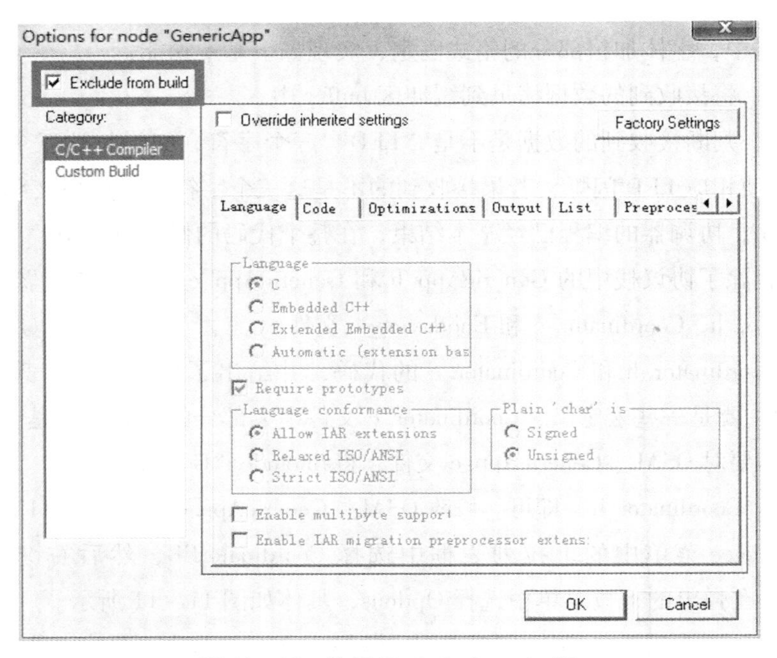

图 11－12　选择 Exclude from build

此时，Enddevice. c 文件呈灰白显示状态，具体如图 11－13 所示。

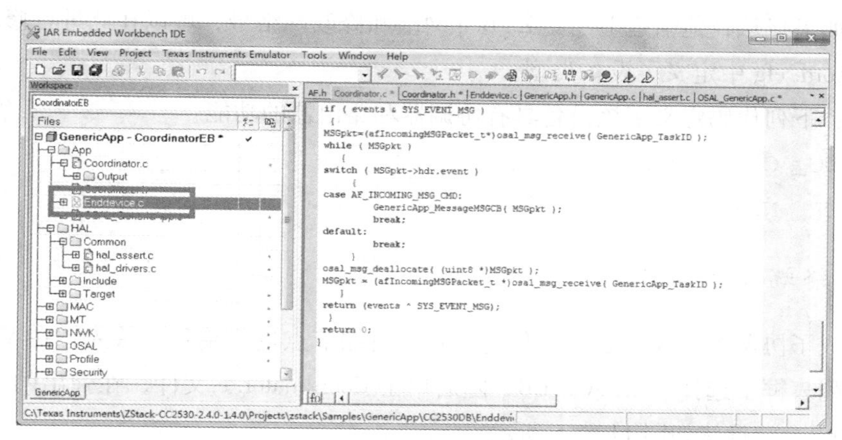

图 11－13　Enddevice. c 文件呈灰白显示状态

此时，可以打开 Tools 文件夹，可以看到 f8wEndev. cfg 和 f8wRouter. cfg 文件也成灰白显示状态，具体如图 11－14 所示。文件呈灰白显示状态说明该文件不参与编译，ZigBee 协议栈采用该中方式实现对源文件编译的控制。

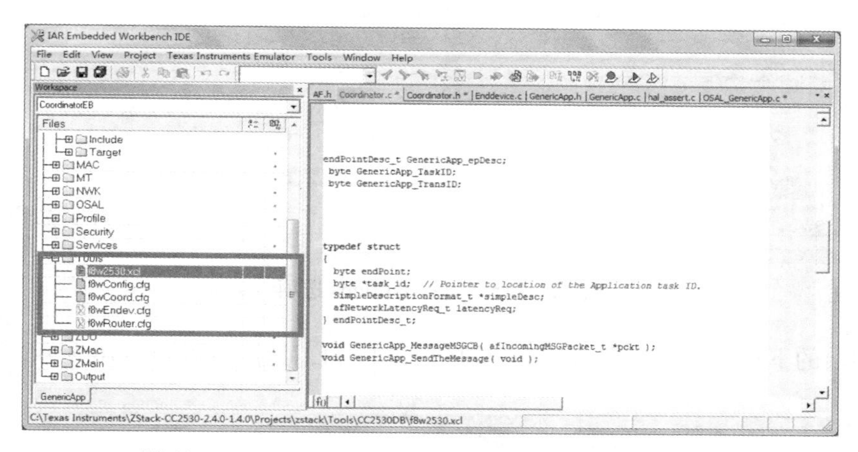

图 11－14　f8wEndev. cfg 和 f8wRouter. cfg 呈灰白状态

f8w2530. xcl 中包含了 CC2530 单片机的链接控制指令，一般不做改动。

例如：下列代码定义了外部存储器的起始地址和结束地址。

```
-D_ XDATA_ START =0X0001
-D_ XDATA_ END =0X1EFF
```

f8wConfig. cfg 中包含了信道选择、网络号等有关的链接命令。

例如：下列代码定义了建立网络的信道默认为 11，即从 11 信道上建立 ZigBee 无线网络，第 2 行定义了 ZigBee 无线网络的网络号。

```
-DDEFAULT_ CHANLIST =0X00000800 //11 -0X0B
```

-DZDAPP_ CONFIG_ PAN_ ID=0XFFFF

因此如果想从其他信道上建立 ZigBee 网络和修改网络号，可以在此进行修改。

f8wCoord. cfg 中定义了设备类型。

例如：下列代码定义了该设备具有协调器和路由器的功能。

-DZDO_ COORDINATOR

-DRTR_ NWK

11.2.2 终端节点编程

在完成了协调器的编程之后，我们需要对终端节点进行编程。首先，在 Workspace 中的下拉列表框中选择 EndDeviceEB，随后单击 Coordinator. c 文件，在弹出的下拉菜单中选择 Options，具体如图 11-15 所示。

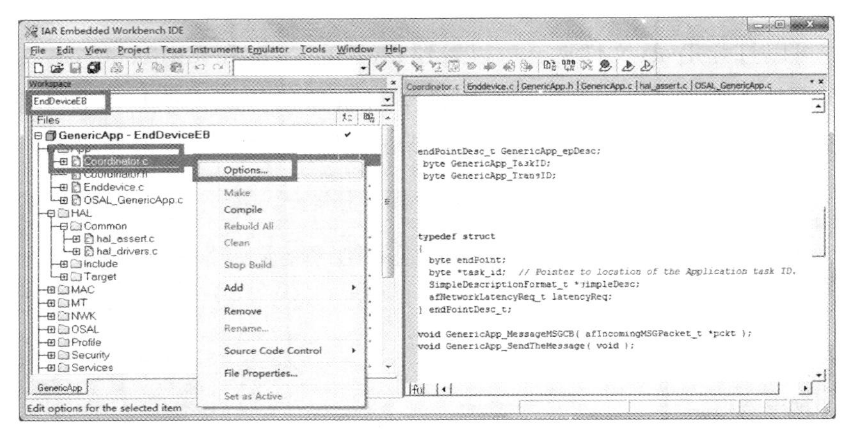

图 11-15 选择 Options 选项

在弹出的下拉对话框中，选择 Exclude from build，具体如图 11-16 所示。

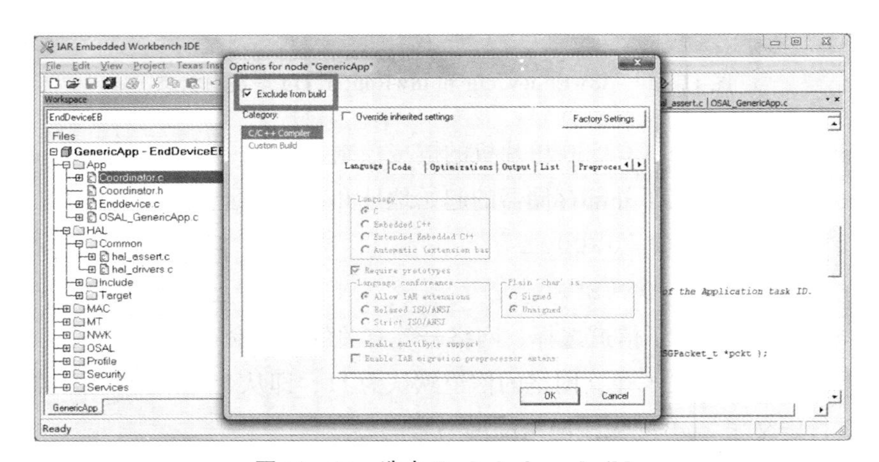

图 11-16 选中 Exclude from build

单击 OK 退出 Options，此时 Coordinator. c 文件呈现灰白色状态，具体如图 11－17 所示。

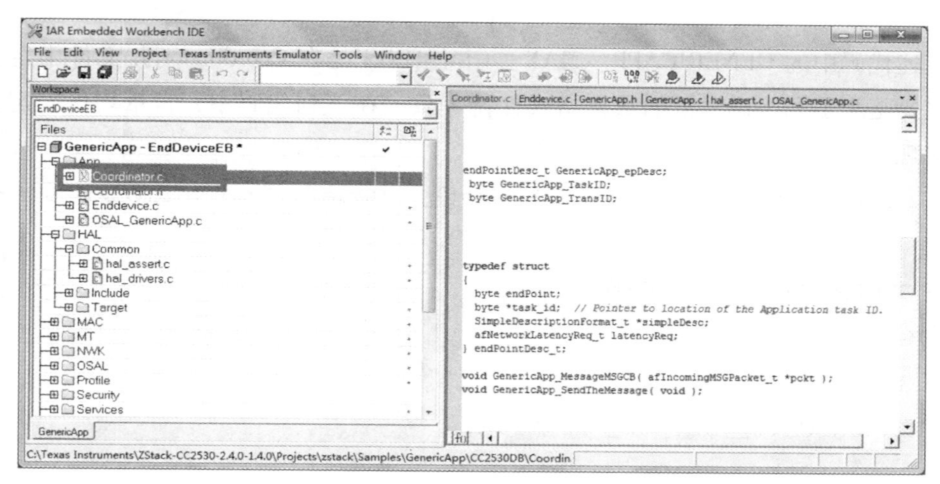

图 11－17　Coordinator. c 文件呈现灰白色

在 Enddevice. c 文件中输入如下代码：

```
1#include " OSAL.h"
2#include " AF.h"
3#include " ZDApp.h"
4#include " ZDObject.h"
5 #include " ZDProfile.h"
6#include <string.h>
```
7 #include " Coordinator. h"
```
8 #include " DebugTrace.h"
9#if ! defined ( WIN32 )
10#include " OnBoard.h"
11#endif
12#include " hal_ lcd.h"
13#include " hal_ led.h"
14#include " hal_ key.h"
15#include " hal_ uart.h"
```

说明：上述头文件复制于“GenericApp. c”文件，在编写过程中只需要使用“#include" Coordinator. h"”代替“#include" GenericApp. h"”即可，如上述代码中加黑字体所示。

```
16const cId_ t GenericApp_ ClusterList [GENERICAPP_ MAX_ CLUSTERS] =
```

```
{
17GENERICAPP_ CLUSTERID
};
```

上述代码中的 GENERICAPP_ MAX_ CLUSTERS 是在 Coordinator. h 文件中定义的宏，主要是为了和协议栈里的数据格式保持一致，在下列代码中，常量均以宏定义的形式实现。

```
18const SimpleDescriptionFormat_ t GenericApp_ SimpleDesc =
{
19GENERICAPP_ ENDPOINT,
20GENERICAPP_ PROFID,
21GENERICAPP_ DEVICEID,
22GENERICAPP_ DEVICE_ VERSION,
23GENERICAPP_ FLAGS,
24GENERICAPP_ MAX_ CLUSTERS,
25 (cId_ t *) GenericApp_ ClusterList,
26GENERICAPP_ MAX_ CLUSTERS,
27 (cId_ t *) GenericApp_ ClusterList
};
```

上述的数据结构用来描述一个 ZigBee 设备节点，与 Coordinator. c 文件中的定义格式一致。

```
28endPointDesc_ t GenericApp_ epDesc;
29byte GenericApp_ TaskID;
30byte GenericApp_ TransID;
31devStates_ t GenericApp_ NwkState;
```

上述代码定义了四个变量，节点描述符 endPointDesc，任务优先级 GenericApp_ TaskID，数据发送序列号 GenericApp_ TransID，最后一个为保存节点状态的变量 GenericApp_ NwkState，该状态变量类型为 devStates_ t。

```
32void GenericApp_ MessageMSGCB ( afIncomingMSGPacket_ t *pckt );
33void GenericApp_ SendTheMessage ( void );
```

上述代码声明了两个函数，一个是消息处理函数 GenericApp_ MessageMSGCB；另一个是数据发送函数 GenericApp_ SendTheMessage。

```
34void GenericApp_ Init ( byte task_ id )
{
35GenericApp_ TaskID = task_ id;
```

```
36GenericApp_ NwkState = DEV_ INIT;
37GenericApp_ TransID = 0;
38GenericApp_ epDesc.endPoint = GENERICAPP_ ENDPOINT;
39GenericApp_ epDesc.task_ id = &GenericApp_ TaskID;
40GenericApp _ epDesc.simpleDesc
            = (SimpleDescriptionFormat _ t * ) &GenericApp _
SimpleDesc;
41GenericApp_ epDesc.latencyReq = noLatencyReqs;
42afRegister ( &GenericApp_ epDesc );
}
```

上述代码是该任务的任务初始化函数，该函数格式基本固定，在进行相应开发时可以此作为程序开发参考。

第 35 行，初始化了任务优先级（任务优先级由协议栈的操作系统 OSAL 分配）。

第 36 行，将设备状态初始化为 DEV_ INIT，表示该节点没有连接到 ZigBee 网络。

第 37 行，将发送数据包的序列号初始化为 0，在 ZigBee 协议栈中，每发送一个数据包，该发送序列号自动加 1（协议栈里的数据发送函数会自动完成该功能），在接收端可以通过查看接收数据包的序号来计算丢包率。

第 38 ~41 行，对节点描述符进行初始化，格式固定，一般不做修改。

第 42 行，使用 afRegister 函数将节点描述符进行注册，只有注册后，才可以使用 OSAL 提供的系统服务。

```
43UINT16 GenericApp_ ProcessEvent ( byte task_ id, UINT16 events )
{
  afIncomingMSGPacket_ t *MSGpkt;
44if ( events & SYS_ EVENT_ MSG )
  {
45MSGpkt = (afIncomingMSGPacket_ t * ) osal_ msg_ receive
  ( GenericApp_ TaskID );
46while ( MSGpkt )
    {
47switch ( MSGpkt - >hdr.event )
        {
48case ZDO_ STATE_ CHANGE:
49GenericApp_ NwkState = (devStates_ t) (MSGpkt - >hdr. status);
```

```
50if  (GenericApp_ NwkState = = DEV_ END_ DEVICE)
        {
51GenericApp_SendTheMessage ( )
        }
52break;
53default:
54break;
      }
  osal_ msg_ deallocate ( (uint8 * ) MSGpkt );
55MSGpkt = (afIncomingMSGPacket_ t * ) osal_ msg_ receive
  ( GenericApp_ TaskID );
    }
56return (events ^SYS_ EVENT_ MSG);
   }
57return 0;
}
```

上述代码为消息处理函数，该函数的大部分代码固定，仅仅需要修改 49～51 行。

第 49 行，读取节点的设备类型。

第 50 行，对节点设备类型进行判断，如果是终端节点（设备类型码为 DEV_ END_ DEVICE），再执行第 51 行代码，实现无线数据发送。

```
58void GenericApp_ SendTheMessage ( void )
    {
59unsignedchar theMessageData [4] = " LED";
60afAddrType_ t my_ DstAddr;
61my_ DstAddr.addrMode = (afAddrMode_ t) Addr16Bit;
62my_ DstAddr.endpoint =GENERICAPP_ ENDPOINT;
63my_ DstAddr.addr.shortAddr =0x0000;
64AF_ DataRequest (&my_ DstAddr, &GenericApp_ epDesc,
                        GENERICAPP_ CLUSTERID,
                        3,
                        theMessageData,
                        &GenericApp_ TransID,
                        AF_ DISCV_ ROUTE,
                        AF_ DEFAULT_ RADIUS);
```

```
65HalLedBlink (HAL_ LED_ 2, 0, 50, 500);
    }
```

上述代码为本实验的关键部分，该部分代码实现了数据的发送功能。

第 59 行，定义了一个数组 theMessageData，用于存放要发送的数据。

第 60 行，定义了一个 afAddrType_ t 类型的变量 my_ DstAddr，因为数据发送 AF_ DataRequest 的第一个参数就是这种类型的变量。afAddrType_ t 类型定义如下：

```
Typedef struct
{
union
   {
    uint16    shortAddr;
  zLongAddr_ t extAddr;
}
addr;
afAddraMode_ t addrMode;
byte endpoint;
uint16 panId;
}
afAddrType_ t;
```

该地址格式主要用在数据发送函数中。在 ZigBee 网络中，要向某个节点发送数据，需要从以下两方面来考虑。

（1）使用何种地址格式标识该节点的位置。使用一种地址格式来标识该节点，因为每个节点都有自己的网络地址，所以可以使用网络地址来标识该节点，因此 afAddr-Type_ t 结构体定义了用于标识该节点网络地址的变量 uint16 shortAddr。

（2）以何种方式向该节点发送数据。向节点发送数据可以采用单播、广播和多播的方式，在发送数据前需要定义好具体采用哪种模式发送，afAddrType_ t 结构体中定义了用于标识发送数据方式的变量 afAddrMode_ t addrMode。

第 61 行，将发送地址模式设置为单播（Addr16Bit 表示单播）。

第 62 行，初始化端口号。

第 63 行，在 ZigBee 网络中，协调器的网络地址是固定的，为 0x0000，在向协调器发送时，可以直接指定协调器的网络地址。

第 64 行，调用数据发送函数 AF_ DataRequest 进行无线数据的发送。该函数原型如下：

```
afStatus_ t  AF_ DataRequest (afAddrType_ t * dstAddr,
```

```
                                    endPointDesc_ t * srcEP,
                                    uint16 cID,
                                    uint16 len,
                                    uint8  * buf,
                                    uint8 * transID,
                                    uint8 options,
                                    uint8 radius)
```

第 65 行，调用 HalLedBlink 函数，使终端节点的 LED2 闪烁。

11.3 ZigBee 协议栈串口实训

11.3.1 串口收发基础实训

串口是开发板和用户电脑交互的接口，正确地使用串口对于 ZigBee 无线网络的学习有着极大的促进作用，由于在 ZigBee 编程过程中有着协议栈的存在，使得串口的使用更为便捷。ZigBee 协议栈已经对串口初始化所需要的函数进行了实现，开发者仅仅需要传递几个参数就可以方便地使用串口，同时 ZigBee 协议栈还实现串口读取函数和写入函数。

因此，开发者仅仅需要掌握 ZigBee 协议栈提供的串口操作相关的三个函数即可实现串口的使用。在 ZigBee 协议栈中提供的三个与串口操作有关的三个函数分别为：

（1） uint8 HalUARTOpen （uint8 port，halUARTCfg_ t * config）。

（2） uint16 HalUARTRead （uint8 port，uint * buf，uint16 len）。

（3） uint16 HalUARTWrite （uint8 port，uint * buf，uint16 len）。

随后，我们通过一个串口收发的基础实验来了解 ZigBee 协议栈所提供的三个串口函数。

利用点对点通信时所使用的工程，对 Coordinator. C 文件进行相应的修改。

```
#include " OSAL.h"
#include " AF.h"
#include " ZDApp.h"
#include " ZDObject.h"
#include " ZDProfile.h"
#include <string.h >
#include " Coordinator.h"
#include " DebugTrace.h"
```

```
#if ! defined (WIN32)
#include " OnBoard.h"
#endif

#include " hal_ lcd.h"
#include " hal_ led.h"
#include " hal_ key.h"
#include " hal_ uart.h"

const cId_ t GenericApp_ ClusterList [GENERICAPP_ MAX_ CLUS-
TERS] =
{
  GENERICAPP_ CLUSTERID
};

const SimpleDescriptionFormat_ t GenericApp_ SimpleDesc =
{
  GENERICAPP_ ENDPOINT,
  GENERICAPP_ PROFID,
  GENERICAPP_ DEVICEID,
  GENERICAPP_ DEVICE_ VERSION,
  GENERICAPP_ FLAGS,
  GENERICAPP_ MAX_ CLUSTERS,
   (cId_ t *) GenericApp_ ClusterList,
  0,
   (cId_ t *) NULL
};
endPointDesc_ t GenericApp_ epDesc;
byte GenericApp_ TaskID;
byte GenericApp_ TransID;
unsigned char uartbuf [128];
void GenericApp _ MessageMSGCB ( afIncomingMSGPacket _ t *
pckt );
void GenericApp_ SendTheMessage ( void );
```

```
static void rxCB (uint8 port, uint8 event);
void GenericApp_ Init ( byte task_ id )
{
GenericApp_ TaskID = task_ id;
GenericApp_ TransID = 0;
GenericApp_ epDesc.endPoint = GENERICAPP_ ENDPOINT;
GenericApp_ epDesc.task_ id = &GenericApp_ TaskID;
GenericApp_ epDesc.simpleDesc
            = (SimpleDescriptionFormat _ t  * ) &GenericApp _
SimpleDesc;
GenericApp_ epDesc.latencyReq = noLatencyReqs;
afRegister ( &GenericApp_ epDesc );
1uartConfig. configured = TRUE;
2uartConfig. bauRate = HAL_ UART_ BR_ 115200;
3uartConfig. flowControl = FALSE;
4uartConfig. callBackFunc = rxCB;
5HalUARTOpen (0, &uartConfig);
}
```

上述代码中加粗部分即为 coordinator. c 工程中新增添的部分，下面对该部分代码进行分开描述。ZigBee 协议栈对于串口的配置通过一个结构体来实现，该结构体为 halUARTCfg_ t，对于开发者来讲，并不需要关心该结构体的具体定义形式，仅仅需要了解其功能有大概的了解即可。从整体上来看，该结构体将串口初始化有关的参数集合在一起，例如波特率、是否打开串口、是否使用流控等，开发者仅仅需要将各个参数初始化便可以。

最后使用 HalUARTOpen（）函数对串口进行初始化，该函数将 halUARTCfg_ t 类型的结构体变量作为参数，由于 halUARTCfg_ t 类型的结构体变量已经包含了串口初始化相关的参数，因此将这些参数传递给 HalUARTOpen（）函数，HalUARTOpen（）函数使用这些参数对串口进行了初始化。

```
UINT16 GenericApp_ ProcessEvent (byte task_ id, UINT16 events)
{
}
```

该函数为一个空函数，因为本实验本身并没有进行任何的事件处理，因此没有实现任何代码。

```
Static void rxCB (uint8 port, uint event)
```

```
1 HalUARTRead (0, uartbuf, 16)
2 If (osal_ memcmp (uartbuf," hello", 16))
{
3 HalUARTWrite (0, uartbuf, 16);
}
```

第 1 行，调用 HalUARTRead（）函数，从串口读取数据并将其存放在 uartbuf 数组中。

第 2 行，使用 osal_ memcmp（）函数判断接收到的数据是否是字符串“hello”，若是该字符串，在 osal_ memcmp（）函数返回 TRUE，执行第 3 行。

第 3 行，调用 HalUARTWrite（）函数将接收到的字符输出到串口。

11.3.2 串口应用扩展实训

实验内容：通过协调器建立 ZigBee 网络，终端节点上电后自动加入该网络，最后终端节点周期性的向协调器发送字符串“EndDevice”，协调器收到该字符串后，通过串口将其输出到用户 PC 机。

1. 协调器编程

在 ZigBee 网络中有三种设备类型，分别为协调器、路由器和终端节点，设备类型通过 ZigBee 协议栈不同的编译选项来选择。协调器负责网络的组建、维护、控制终端节点的加入等任务。路由器负责数据包的路由选择，终端节点负责数据的采集，并不具备路由功能。

该部分程序在 ZigBee 协议栈基础实验基础上进行修改，Coordinator. h 文件内容保持不变，修改 Coordinator. c 文件，修改后程序如下：

```
#include " OSAL.h"
#include " AF.h"
#include " ZDApp.h"
#include " ZDObject.h"
#include " ZDProfile.h"
#include <string.h >
#include " Coordinator.h"
#include " DebugTrace.h"

#if ! defined (WIN32)
#include " OnBoard.h"
#endif
```

```
#include " hal_ lcd.h"
#include " hal_ led.h"
#include " hal_ key.h"
#include " hal_ uart.h"

const cId_ t GenericApp_ ClusterList [GENERICAPP_ MAX_ CLUSTERS] =
{
  GENERICAPP_ CLUSTERID
};
const SimpleDescriptionFormat_ t GenericApp_ SimpleDesc =
{
  GENERICAPP_ ENDPOINT,
  GENERICAPP_ PROFID,
  GENERICAPP_ DEVICEID,
  GENERICAPP_ DEVICE_ VERSION,
  GENERICAPP_ FLAGS,
  GENERICAPP_ MAX_ CLUSTERS,
   (cId_ t *) GenericApp_ ClusterList,
  0,
   (cId_ t *) NULL
};

endPointDesc_ t GenericApp_ epDesc;
byte GenericApp_ TaskID;
byte GenericApp_ TransID;
//unsigned char uartbuf [128];                //将该行注释

void GenericApp_ MessageMSGCB ( afIncomingMSGPacket_ t *pckt );
void GenericApp_ SendTheMessage ( void );
//static void rxCB (uint8 port, uint8 event);    //将该行注释

void GenericApp_ Init ( byte task_ id )
{
GenericApp_ TaskID = task_ id;
```

```
GenericApp_ TransID = 0;
GenericApp_ epDesc.endPoint = GENERICAPP_ ENDPOINT;
GenericApp_ epDesc.task_ id = &GenericApp_ TaskID;
GenericApp_ epDesc.simpleDesc
            = (SimpleDescriptionFormat _ t * ) &GenericApp _
SimpleDesc;
GenericApp_ epDesc.latencyReq = noLatencyReqs;
afRegister ( &GenericApp_ epDesc );

uartConfig.configured = TRUE;
uartConfig.bauRate = HAL_ UART_ BR_ 115200;
uartConfig.flowControl = FALSE;
uartConfig. callBackFunc = NULL;
HalUARTOpen (0, &uartConfig);
}
```

在串口配置的部分，不再需要回调函数，因此将其设置为“NULL”。

```
UINT16 GenericApp_ ProcessEvent ( byte task_ id, UINT16 events )
{
afIncomingMSGPacket_ t *MSGpkt;
  if ( events & SYS_ EVENT_ MSG )
    {
MSGpkt = (afIncomingMSGPacket _ t * ) osal _ msg _ receive ( Ge-
nericApp_ TaskID );
    while ( MSGpkt )
        {
    switch ( MSGpkt - >hdr.event )
          {
    case AF_ INCOMING_ MSG_ CMD:
          GenericApp_ MessageMSGCB ( MSGpkt );
          break;
    default:
          break;
          }
    osal_ msg_ deallocate ( (uint8 * ) MSGpkt );
```

```
        MSGpkt = (afIncomingMSGPacket_ t *) osal_ msg_ receive (
GenericApp_ TaskID );
            }
          return (events ^SYS_ EVENT_ MSG);
          }
        return 0;
    }
```

上述代码为消息处理函数，该函数大部分内容为固定的，开发者并不需要对其进行大范围的修改。需要修改的代码仅仅是 GenericApp_ MessageMSGCB ( ) 函数，开发者可以修改该函数的形式，但该函数的功能基本均为实现对接收数据的处理。

当协调器收到终端节点发送的数据后，首先使用 osal_ msg_ receive ( ) 函数，从消息队列接收到消息，然后调用 GenericApp_ MessageMSGCB ( ) 函数，因此需要从 GenericApp_ MessageMSGCB ( ) 函数中将接收到的数据通过串口发送给 PC 机。

```
    void GenericApp_ MessageMSGCB ( afIncomingMSGPacket_ t *pkt )
    {
    Unsigned char buffer [10];
    Switch (pkt - >clusterId)
        {
         Case CENERICAPP_ CLUSTERID;
         osal_ memcpy (buffer, pkt - >cmd.Data, 10);
         HalUARTWrite (0, buffer, 10);
         break;
        }
    }
```

使用 osal_ memcpy ( ) 函数，将接收到的数据拷贝的 buffer 数组中，随后便可以将该数据通过串口发送给 PC 机。

2. 终端节点编程

终端节点接入网络后，需要周期性的向协调器发送数据，为此需要 ZigBee 协议栈里的一个定时函数 osal_ start_ timerEx ( )，ZigBee 协议栈中的该函数可以实现毫秒级的定时，定时时间到达后发送数据到协调器，发送完数据后，再次开始定时，实现数据的周期性发送。

osal_ start_ timerEx ( ) 函数原型如下：

```
uint8 osal_ start_ timerEx (uint8 taskID, uint16 event_ id,
uint16 timeout_ value)
```

在 osal_ start_ timerEx（）函数中，有三个参数。

（1）uint8 taskID：该参数表明定时时间到达后，选取相应的任务对其作出响应。

（2）uint16 event_ id：该参数是一个时间 ID，定时时间到达后，该事件发生，因此需要添加一个新事件，该事件发生则表明定时时间到达，因此可以再该事件的事件处理函数中实现数据发送。

（3）uint16 timeout_ value：定时时间由 timeout_ value（以毫秒为单位）参数确定。

添加新事件，在 Enddevice. c 文件中添加如下宏定义。

```
#define SEND_ DATA_ EVENT 0x01
```

这样就添加了一个新事件 SEND_ DATA_ EVENT，该事件的 ID 是 0x01。

随后，再通过 osal_ start_ timerEx（）函数设置定时器，如：

```
Osal_ start_ timerEx (GenericApp_ TaskID, SEND_ DATA_ EVENT,
1000)
```

即定时 1s 的时间，定时时间到达后，事件 SEND_ DATA_ EVENT 发生。随后添加对该事件的事件处理函数：

```
if (events & SEND_ DATA_ EVENT)
{
  GenericApp_ SendTheMessage ();
  Osal_ start_ timerEx (GenericApp_ TaskID, SEND_ DATA_ EVENT,
1000);
  Return (events^SEND_ DATA_ EVENT);
}
```

若事件 SEND_ DATA_ EVENT 发生，则 events&SEND_ DATA_ EVENT 非零，条件成立，则执行 GenericApp_ SendTheMessage（）函数，向协调器发送数据，发送数据后再定时 1s，同时清除 SEND_ DATA_ EVENT 事件。清除事件的方式为：

```
Event^SEND_ DATA_ EVENT
```

定时时间达到后，仍继续上述处理，实现周期性的发送数据。

因此，需修改 Enddevice. c 文件内容：

```
#include " OSAL.h"
#include " AF.h"
#include " ZDApp.h"
#include " ZDObject.h"
#include " ZDProfile.h"
```

```
#include <string.h>
#include "Coordinator.h"
#include "DebugTrace.h"

#if !defined(WIN32)
#include "OnBoard.h"
#endif
#include "hal_lcd.h"
#include "hal_led.h"
#include "hal_key.h"
#include "hal_uart.h"
```

#define SEND_ DATA_ EVENT 0x01

```
const cId_t GenericApp_ClusterList[GENERICAPP_MAX_CLUSTERS] =
{
  GENERICAPP_CLUSTERID
};

const SimpleDescriptionFormat_t GenericApp_SimpleDesc =
{
  GENERICAPP_ENDPOINT,
  GENERICAPP_PROFID,
  GENERICAPP_DEVICEID,
  GENERICAPP_DEVICE_VERSION,
  GENERICAPP_FLAGS,
  0,
  (cId_t *)NULL
  GENERICAPP_MAX_CLUSTERS,
  (cId_t *)GenericApp_ClusterList,
};
```

说明：初始化端口描述。

```
endPointDesc_t GenericApp_epDesc;
```

```
byte GenericApp_ TaskID;
byte GenericApp_ TransID;
devastates_ t GenericApp_ NwkState;
void GenericApp_ MessageMSGCB (afIncomingMSGPacket_ t *pckt);
void GenericApp_ SengTheMessage (void);
```

说明：上述程序对程序中应用到的变量进行了定义，同时声明了两个函数。

```
void GenericApp_ Init ( byte task_ id )
{
 GenericApp_ TaskID = task_ id;
 GenericApp_ NwkState = DEV_ INIT;
 GenericApp_ TransID = 0;
 GenericApp_ epDesc.endPoint = GENERICAPP_ ENDPOINT;
 GenericApp_ epDesc.task_ id = &GenericApp_ TaskID;
 GenericApp_ epDesc.simpleDesc
                = (SimpleDescriptionFormat_ t *) &GenericApp_
SimpleDesc;
 GenericApp_ epDesc.latencyReq = noLatencyReqs;
 afRegister ( &GenericApp_ epDesc );
}
```

说明：上述代码是任务初始化函数。

```
UINT16 GenericApp_ ProcessEvent ( byte task_ id, UINT16 events )
{
afIncomingMSGPacket_ t *MSGpkt;
if ( events & SYS_ EVENT_ MSG )
  {
   MSGpkt = (afIncomingMSGPacket_ t *) osal_ msg_ receive (Ge-
nericApp_ TaskID);
   while ( MSGpkt )
     {
      switch ( MSGpkt - >hdr.event )
        {
          caseZDO_ STATE_ CHANGE:
          GenericApp_ NwkState = ( devastates_ t ) (MSGpkt - >
hdr.status);
```

```
        if (GenericApp_ NwkState = =DEV_ END_ DEVICE)
          {
          osal_ set_ event (GenericApp_ TaskID, SEND_ DATA_ EVENT);
          }
          break;
          default:
        break;
      }
          osal_ msg_ deallocate ( (uint8 * ) MSGpkt );
          MSGpkt =
      (afIncomingMSGPacket_ t * ) osal_ msg_ receive ( Generi-
      cApp_ TaskID );
    }
      return (events ^SYS_ EVENT_ MSG);
  }
  return 0;
}
```

说明：终端节点加入网络后使用 osal_ set_ event ( ) 函数设置 SEND_ DATA_ EVENT 事件。osal_ set_ event ( ) 函数原型如下：

```
Uint8 osal_ set_ event (uint8 task_ id, uint16 event_ flag)
```

使用该函数可以设置某一事件，事件发生后，执行事件处理函数。

```
if (events & SEND_ DATA_ EVENT)
{
  GenericApp_ SendTheMessage ();
  Osal_ start_ timerEx (GenericApp_ TaskID, SEND_ DATA_ EVENT, 1000);
  return (events^SEND_ DATA_ EVENT);
```

说明：对该事件的处理，调用数据发送函数向协调器发送数据，然后设置定时时间，定时 1s。

```
void GenericApp_ SendTheMessage ( void )
{
  unsignedchar theMessageData [10] = " EndDevice";
  afAddrType_ t my_ DstAddr;
  my_ DstAddr.addrMode = (afAddrMode_ t) Addr16Bit;
  my_ DstAddr.endpoint =GENERICAPP_ ENDPOINT;
```

```
    my_ DstAddr.addr.shortAddr =0x0000;
    AF_ DataRequest (&my_ DstAddr, &GenericApp_ epDesc,
                      GENERICAPP_ CLUSTERID,
                      Osal_ strlen (" EndDevice") +1,
                      theMessageData,
                      &GenericApp_ TransID,
                      AF_ DISCV_ ROUTE,
                      AF_ DEFAULT_ RADIUS);
    }
```

说明：在数据发送函数中，发送“EndDevice”到协调器，协调器的网络地址为 0x0000，所以直接调用数据发送函数 AF_ DataRequest（）即可，在该函数的参数中需要确定发送的目的地址、发送模式（单播、广播还是多播）以及目的端口号信息。

其中 osal_ strlen（）函数返回字符串的实际长度，osal_ strlen（）函数原型如下：

```
int osal_ strlen (char *pString)
```

在发送数据时，需要将字符串的结尾字符一起发送，所以需要将该返回值加 1，然后才是实际需发送的字符数目，即 osal_ strlen（“EndDevice”）+1。

11.4　无线温湿度、光强度检测实验

通过前面的学习，基本实现了利用 ZigBee 协议栈进行数据传输的目标，在无线传感网络中，大多数传感节点负责数据的采集工作，如温度、湿度、压力、烟雾浓度等信息。随后，使用实验箱完成温湿度、光照信息的采集、传输与显示。

无线温度检测实验的基本原理如下：协调器建立 ZigBee 无线网络，终端节点自动加入该网络，随后终端节点周期性地采集温湿度及光强度数据并将其发送给协调器，协调器收到温湿度与光照强度数据后通过串口将其输出到 PC 机。在整个实验流程中，协调器仅需要将接收到的温湿度、光强度数据通过串口发送到 PC 机；对于终端节点而言，需要周期性的采集温湿度、光强读数据，采集温湿度及光强度数据可以通过读取传感器的数据得到。

1. 协调器编程

协调器工作的函数在协议栈中的位置如图 11 –18 所示。

```
#include " OSAL.h"
#include " AF.h"
```

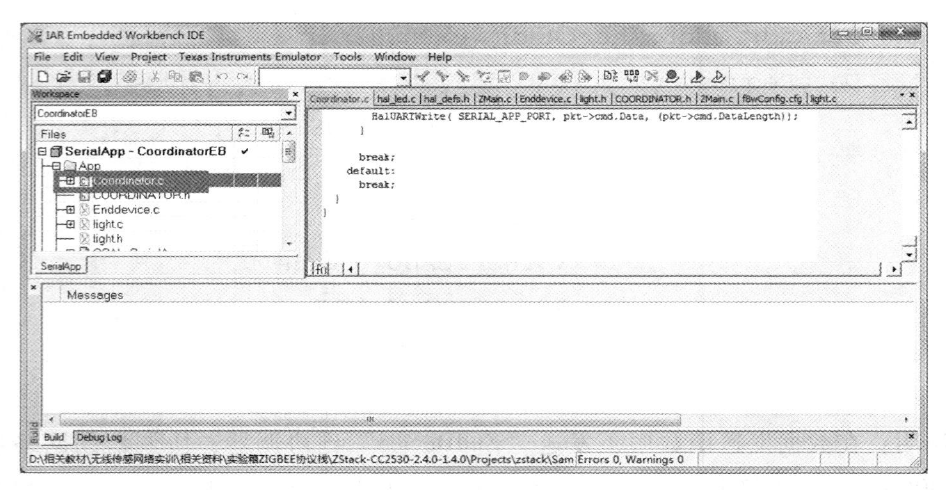

图 11－18　协调器相关函数位置

```
#include " ZDApp.h"
#include " ZDObject.h"
#include " ZDProfile.h"
#include <string.h>
#include " COORDINATOR.h"
#include " DebugTrace.h"
#if ! defined ( WIN32 )
#include " OnBoard.h"
#endif
#include " hal_ lcd.h"
#include " hal_ led.h"
#include " hal_ key.h"
#include " hal_ uart.h"
const cId_ t GenericApp_ ClusterList [GENERICAPP_ MAX_ CLUSTERS] =
{
  GENERICAPP_ CLUSTERID
};
const SimpleDescriptionFormat_ t GenericApp_ SimpleDesc =
{
  GENERICAPP_ ENDPOINT,
  GENERICAPP_ PROFID,
  GENERICAPP_ DEVICEID,
```

```
    GENERICAPP_DEVICE_VERSION,
    GENERICAPP_FLAGS,
    GENERICAPP_MAX_CLUSTERS,
    (cId_t *) GenericApp_ClusterList,
    0,
    (cId_t *) NULL
};
endPointDesc_t GenericApp_epDesc;
devStates_t GenericApp_NwkState;
byte GenericApp_TaskID;
byte GenericApp_TransID;
void SerialApp_ProcessMSGCB ( afIncomingMSGPacket_t *pkt );
void SerialApp_Init ( byte task_id )
{
  halUARTCfg_t uartConfig;
  GenericApp_TaskID = task_id;
  GenericApp_TransID = 0;

  GenericApp_epDesc.endPoint = GENERICAPP_ENDPOINT;
  GenericApp_epDesc.task_id = &GenericApp_TaskID;
  GenericApp_epDesc.simpleDesc
             = (SimpleDescriptionFormat_t *) &GenericApp_
SimpleDesc;
  GenericApp_epDesc.latencyReq = noLatencyReqs;
  afRegister ( &GenericApp_epDesc );

  uartConfig.configured         = TRUE;
  uartConfig.baudRate          = HAL_UART_BR_115200;
  uartConfig.flowControl        = FALSE;
  uartConfig.callBackFunc       = NULL;
  HalUARTOpen (SERIAL_APP_PORT, &uartConfig);
}
UINT16 SerialApp_ProcessEvent ( byte task_id, UINT16 events )
{
```

```
    afIncomingMSGPacket_ t  *MSGpkt;
    if ( events & SYS_ EVENT_ MSG )
     {
    MSGpkt = (afIncomingMSGPacket_ t  * ) osal_ msg_ receive ( Ge-
nericApp_ TaskID );
         while ( MSGpkt )
          {
           switch ( MSGpkt - >hdr.event )
            {
             case AF_ INCOMING_ MSG_ CMD:
            SerialApp_ ProcessMSGCB ( MSGpkt );
             break;
         default:
           break;
          }
       osal_ msg_ deallocate ( (uint8  * ) MSGpkt );
       MSGpkt  = (afIncomingMSGPacket_ t  * ) osal_ msg_ receive (
GenericApp_ TaskID );
       }
       return (events ^SYS_ EVENT_ MSG);
   }
   return 0;
   }
   void SerialApp_ ProcessMSGCB ( afIncomingMSGPacket_ t  *pkt )
   {
     switch ( pkt - >clusterId )
      {
       case GENERICAPP_ CLUSTERID:
         if (pkt - >cmd.Data [24]  = = 0x01)
          {
           HalLedSet ( HAL_ LED_ 1, HAL_ LED_ MODE_ BLINK );
       HalUARTWrite ( SERIAL_ APP_ PORT, pkt - >cmd.Data, (pkt - >
cmd.DataLength));
          }
```

```
        if (pkt - >cmd.Data [24] = = 0x02)
         {
            HalLedSet ( HAL_ LED_ 2, HAL_ LED_ MODE_ BLINK );
      HalUARTWrite ( SERIAL_ APP_ PORT, pkt - >cmd.Data, (pkt - >
cmd.DataLength));
        }
        if (pkt - >cmd.Data [24] = = 0x03)
         {
            HalLedSet ( HAL_ LED_ 4, HAL_ LED_ MODE_ BLINK );
      HalUARTWrite ( SERIAL_ APP_ PORT, pkt - >cmd.Data, (pkt - >
cmd.DataLength));
        }


        break;
      default:
        break;
    }
  }
```

2. 终端节点编程

终端节点编程，首先将与传感器操作有关的函数放在协议栈的 App 目录下，具体如图 11 – 19 所示。其中温湿度传感器操作相关函数位于 temp_ humid. c 文件中，光照强度传感器操作相关函数位于 light. c 文件中。

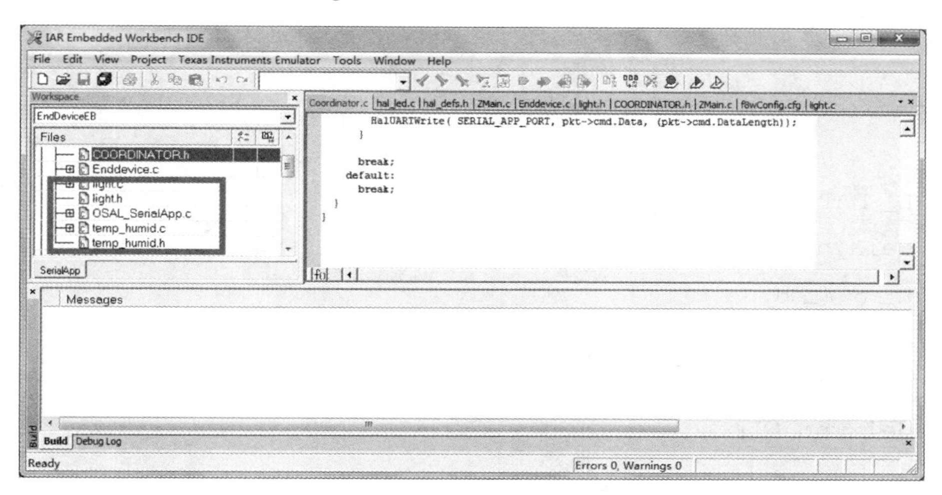

图 11 – 19　传感器操作相关函数位置

3. 光照强度处理程序

```
#include " light.h"
static void delaynp (void)
{
    int i =0;
    for (i =0; i <15; i + +)
        asm (" NOP");
}
void initIO_ Light (void)
{
    P1DIR | =0x30;          //设置光照传感器为输出
    P0_ 4 =1;
    P0_ 5 =1;
    L_ SendCMD (S_ Addr_ W, C_ PowerUp);
}
static void L_ StartCon (void)
{
  L_ SCK_ H;
  L_ DAT_ H;
  delaynp ();
  L_ DAT_ L;
  delaynp ();
  L_ SCK_ L;
}
static void L_ EndCon (void)
{
  L_ DAT_ L;
  delaynp ();
  L_ SCK_ H;
  delaynp ();
  L_ DAT_ H;
  delaynp ();
}
static void L_ send_ byte (unsigned char Data)
```

```
{
  unsigned char i;
    for (i=0; i<8; i++)           //有 8 位数据
    {
     if (Data&0x80) L_DAT_H;
     else L_DAT_L;
     delaynp ();
     L_SCK_H;
     delaynp ();
     L_SCK_L;
     delaynp ();
     Data=Data<<1;                //数据左移一位，把次高位放在最高
                                    位，为写入次高位做准备
   }
}
static unsigned char L_read_byte (void)
{
    unsigned char i;
    unsigned char Data=0x00;      //定义一个缓冲寄存器
    for (i=0; i<8; i++)           //有 8 位数据
     {
        L_SCK_H;
        delaynp ();
        Data=Data<<1;             //将缓冲字节的数据左移一位，准备
                                    读取数据
        delaynp ();
        if (L_DAT)                //如果数据线为高平电平
           Data=Data|0x1;         //则给缓冲字节的最低位写 1
           L_SCK_L;               //拉低时钟线，为读取下一位数据做准备
      delaynp ();
    }
    return Data;                  //返回读取的一个字节数据
}
static unsigned char  L_ACK (void)
```

```
{
 unsigned char  ack =0x00;
  L_ DAT_ H;                                //释放总线
  P1DIR& = ~0x10;                           //设置为输入
  L_ SCK_ H;
  delaynp ();
  if (L_ DAT) ack =0x01;
  L_ SCK_ L;
  P1DIR | =0x10;                            //设置为输出
  return ack;
}
uint8 L_ SendCMD (char addr, char cmd)
{
    L_ StartCon ();
    L_ send_ byte (addr);
    if (L_ ACK ()) return L_ failure;
    L_ send_ byte (cmd);
    L_ send_ byte (cmd);
    if (L_ ACK ()) return L_ failure;
    L_ EndCon ();
    return L_ success;
}
uint8 L_ ReadData (char addr, unsigned char *data)
{
   L_ StartCon ();
   L_ send_ byte (addr);
   if (L_ ACK ()) return L_ failure;
   P1DIR& = ~0x10;                          //设置为输入
   *data =L_ read_ byte ();
   P1DIR | =0x10;                           //设置为输出
   L_ DAT_ H;
   delaynp ();
   L_ SCK_ H;
   delaynp ();
```

```
    L_ SCK_ L;
    L_ EndCon ();
    return L_ success;
}
void L_ Measure (unsigned char channel [])
{
   L_ SendCMD (S_ Addr_ W, C_ ReadC0);
   L_ ReadData (S_ Addr_ R, &channel [0]);
   L_ SendCMD (S_ Addr_ W, C_ ReadC1);
   L_ ReadData (S_ Addr_ R, &channel [1]);
}
```

上述程序完成了光照强度信息的采集与传送。

4. 温湿度处理程序

```
#include " temp_ humid.h"
#include " hal_ types.h"
void initIO_ sensor (void)
{
     P0DIR | =0x30;
     P0_ 4 =1;
     P0_ 5 =1;
}
void mydelay (void)
{
     int i =0, j  =0;
     for (i =0; i <1000; i + +)
       for (j = 0; j < 1000; j + +)
         asm (" NOP");
}
void delay (void)
{
     int i =0;
     for (i =0; i <15; i + +)
         asm (" NOP");
}
```

```
char s_write_byte (unsigned char value)
{
    unsigned char i, error = 0;
    for (i = 0x80; i > 0; i /= 2)
     {
    if (i & value) {
                    P0_4 =1;
                    }
    else {
        P0_4 =0;
      }
    P0_5 =1;
    delay ();
    P0_5 =0;
    delay ();
}
P0_4 =1; delay (); P0_5 =1; P0DIR& =0xEF; delay (); error = P0_4;
P0DIR | =0x10; P0_5 =0; delay ();
if (error)
{
P1DIR | =0x01;
P1_0 =1;
       } else {
       P1DIR | =0x01;
       P1_0 =0;
       }
           return error; }
char s_read_byte (unsigned char ack)
   {
  unsigned char i, val =0;
P0_4 =1;
P0DIR& =0xEF;
    for (i = 0x80; i > 0; i /= 2)
{
```

```
        P0_5 =1;
        if (P0_4)
        {
        val = (val | i);}
        P0_5 =0;}
        P0DIR | =0x10;
            if (ack)
             { P0_4 =0;
            }
            else { P0_4 =1;}
            P0_5 =1;
            delay ();
            P0_5 =0;
            P0DIR | =0x10;
            P0_4 =1;
            return val;}
void s_ transstart (void)
P0_4 =1; delay (); P0_5 =0; delay (); P0_5 =1; delay (); P0_
4 =0; delay (); P0_5 =0; delay ();
   P0_5 =1; delay (); P0_4 =1; delay (); P0_5 =0; delay ();
void s_ connectionreset (void)
{
    unsigned char i;
    P0_4 =1; delay ();
    P0_5 =0;
        for (i = 0; i < 9; i + +)
     {P0_5 =1; delay (); 0_5 =0; delay ();}
    s_ transstart ();
    }
    char s_ softreset (void)
     {
        unsigned char error = 0;
        s_ connectionreset ();
        error + = s_ write_ byte (RESET);
```

```
        return error; }
    char s_ set_ bitnum (char num)
     {
        unsigned char state = 0x01;
        if (num)
         {state = 0;}
        s_ write_ statusreg (&state);
        return 1;
    }
  char s_ read_ statusreg (unsigned char *p_ value, unsigned char
*p_ checksum)
  {
      unsigned char error = 0;
      s_ transstart ();
      error = s_ write_ byte (STATUS_ REG_ R); r
       *p_ value = s_ read_ byte (ACK);
       *p_ checksum = s_ read_ byte (noACK);
      return error;
  }
    char s_ write_ statusreg (unsigned char *p_ value)
     {
      unsigned char error = 0;
      s_ transstart ();
      error + = s_ write_ byte (STATUS_ REG_ W);
      error + = s_ write_ byte ( *p_ value);
      return error;
  }
  char s_ measure (unsigned char *p_ value, unsigned char *p_
checksum, unsigned char mode)
  {
      unsigned error =0;
      uint16 i = 0, j = 0;
      s_ transstart ();
      switch (mode)
```

```
    {
    case TEMP:
        error + = s_ write_ byte (MEASURE_ TEMP);
        break;
    case HUMI:
        error + = s_ write_ byte (MEASURE_ HUMI);
        break;
    default:
        break;
    }
      P0DIR& =0xEF;
          i = 0;
          j = 0;
          while (P0_ 4) {
              if ( i + + > 1000) {
                  j + +;
                  i = 0;
              }
              if ( j > 1000)
              return 1;
    }
    P0DIR | =0x10;
    * (p_ value)   = s_ read_ byte (ACK);)
    * (p_ value + 1) = s_ read_ byte (ACK);
    *p_ checksum = s_ read_ byte (noACK);
    return error;
}
void calc_ sht10 (float *p_ humidity, float *p_ temperature)
{
    const float D1 = -39.67;
    const float D2 =0.01;
    const float C1 = -4.0;
    const float C2 = +0.0405;
    const float C3 = -0.00000028;
```

```
    float humi = *p_ humidity;
    float temp = *p_ temperature;
    float temperature;
    float humidity;
    temperature = D1 + D2 * temp;
    humidity = C3 * humi * humi  + C2 * humi  + C1;
    *p_ temperature = temperature;
    *p_ humidity = humidity;
}
```

上述代码利用温湿度传感器实现了温湿度信息的采集与发送。

12 实验箱 ZigBee 网络的管理

12.1 ZigBee 网络的设备地址

在 ZigBee 网络中共有三种设备类型，设备类型的选取主要取决于在编译时根据不同的编译选项来确定。

1. 协调器（Coordinator）

协调器负责建立 ZigBee 无线网络，系统上电之后，协调器会自动选择一个信道，随后选择一个网络号，建立 ZigBee 无线网络。协调器主要在网络建立、网络配置方面起作用，ZigBee 无线网络建立之后，协调器便与路由器功能一致。

2. 路由器（Router）

在 ZigBee 无线网络中，路由器主要有三个功能，分别为：允许节点加入 ZigBee 网络、进行数据的路由及辅助其他子节点通信。

3. 终端节点（End - device）

终端节点只需要加入已成功建立的 ZigBee 无线网络即可，终端节点并不具备网络维护功能。

任何一个无线网络通信中，均需要标识每个设备的地址，在 ZigBee 无线网络中，设备地址有以下两种。

（1）64 - bit 的 IEEE 地址（64 - bit IEEE address）IEEE 地址是 64 位的，并且该地址为全球唯一地址，每个 CC2530 单片机的 IEEE 地址在出厂时便已定义完成（当然，开发者可通过编译软件 SmartRF Flash Programmer 修改设备的 IEEE 地址）。

64 位 IEEE 地址又称为 MAC 地址（MAC address）或扩展地址（Extended address）。

（2）16 - bit 的网路地址（16 - bit network address）网络地址是 16 位的，该地址是在设备加入网络时，按照一定的算法计算得到并分配给加入网络的设备。网络地址在某个网络中是唯一的，16 位地址主要有两个功能：在网络中标识不同的设备；在网络数据传输时指定目的地址和源地址。

16 位 IEEE 地址又称为逻辑地址（Logical Address）或短地址（Short Address）。

ZigBee 网络中的地址类型如表 12 - 1 所示。

表 12－1　　ZigBee 网络中的地址类型

地址类型	位数	别称
IEEE 地址	64 位	MAC 地址：MAC address
		扩展地址：Extended address
网络地址	16 位	逻辑地址：Logical Address
		短地址：Short Address

12.2　ZigBee 无线网络中的地址分配机制

在了解了 ZigBee 网络设备地址的类型之后，需要进一步的了解 ZigBee 网络中的地址分配机制，即为接入网络的设备合理的分配地址。

在 ZigBee 网络中采用了分布式分配机制（Distributed Addressing Scheme）作为 ZigBee 无线网络中的地址分配机制。

在 ZigBee 无线网络中，协调器（Coordinator）在建立网络以后使用 0x0000 作为自己的网络地址（即协调器的默认网络地址是 0x0000）。在路由器（Router）和终端（Enddevice）加入网络后，父设备自动为其分配 16 位的网络地址。

网络地址为 16 位，因此最多可为 65536 个节点分配地址，除此之外地址的分配还取决于整个网络的架构，网络的架构则取决于网络最大深度（Lm）、每个父节点所拥有的子节点最大数目（Cm）及每个父节点所拥有的子节点中路由器的最大数目（Rm）。

父节点路由器子设备间的地址间隔可以通过以下公式进行计算。

当 Rm＝1 时：

$$Cskip = 1 + Cm\ (Lm - d - 1)$$

当 Rm 为其他时：

$$Cskip = (1 + Cm - Rm - Cm * Rm^{Lm-d-1}) / (1 - Rm)$$

$$An = Aparent + Cskip\ (d) * Rm + n$$

其中父节点分配的第 1 个路由器地址＝父设备地址＋1

父节点分配的第 2 个路由器地址＝父设备地址＋1＋Cskip（d）

父节点分配的第 3 个路由器地址＝父设备地址＋1＋2XCskip（d）

按照该运算规则可以容易的计算出网络中各个节点设备的地址。

$$An = Aparent + Cskip\ (d) * Rm + n$$

该公式则是用来计算 Aparent 父设备分配的第 n 个终端设备的地址 An。

在 ZigBee 协议栈中寻址方案需要配置相关的参数，分别为 MAX_ DEPTH，MAX_

ROUTERS 和 MAX_ CHILDREN，它们分别对应计算公式中的 Lm、Rm 和 Cm。

12.3 单播、组播和广播

在ZigBee 网络中进行数据通信主要有三种类型：广播（Brocadcast）、单播（Unicast）和组播（Multicast）。

广播方式描述的是一个节点发送的数据包，网络中的所有节点都可以收到。这类似于开会，领导讲话，每个与会者都可以听到。单播方式描述的是网络中两个节点之间进行数据包的收发过程。这个类似于两个与会者之间进行的讨论。组播方式又称多播，描述的是一个节点发送的数据包，只有和该节点属于同一组的节点才能收到该数据包。这类似于领导讲完后，各小组进行讨论，只有本小组的成员才能听到相关的讨论内容，不属于该小组的成员不需要听取相关的内容。

ZigBee 协议栈将数据通信过程高度抽象，使用一个函数完成数据的发送，以不同的参数来选择数据发送方式（广播、组播还是单播）。

ZigBee 协议栈中数据发送函数原型如下：

```
afaStatus AF_ DataRequest (afAddrType_ t * dstAddr,
                           endPointDesc_ t * srcEP,
                           uint16 cID,
                           uint16 len,
                           uint8 * buf,
                           uint8 * transID,
                           uint8 options,
                           uint8 radius)
```

在 AF_ DataRequest 函数中，第一个参数是一个指向 afAddrType_ t 类型结构体的指针，该结构体的定义如下：

```
typedef struct
{
 union
 {
  uint16 shortAddr;
  ZLongAddr_ t extAddr;
 } addr;
 afAddrMode_ t addrMode;
 byte endpoint;
```

```
uint16 panID;
} afAddrType_ t;
```

注意观察加粗字体部分的 addrMode，该参数是一个 afAddrMode_ t 类型的变量 afAddrMode_ t 类型的定义如下：

```
Tupedef enum
{
 afAddrNotPresent = AddrNotPresent,
 afAddr16Bit = Addr16Bit,
 afAddrGroup = AddrGroup,
} afAddrMode_ t;
```

该类型是一个枚举类型：

（1）当 addrMode = AddrBroadcast 时，就对应的广播方式发送数据。

（2）当 addrMode = AddrGroup 时，就对应的组播方式发送数据。

（3）当 addrMode = Addr16Bit 时，就对应的单播方式发送数据。

上面使用到的 AddrBroadcast、AddrGroup、Addr16Bit 是一个常数，在 ZigBee 协议栈里面定义如下：

```
enum
{
AddrNotPresent = 0,
AddrGroup = 1,
Addr16Bit = 2,
Addr64Bit = 3,
AddrBroadcast = 15
};
```

在此，我们讲解了 AF_ DataRequest 函数的第一个参数，该参数决定了以哪种数据发送方式发送数据。

首先，需要定义一个 afAddrType_ t 类型的变量。

```
afAddrType_ t SendDataAddr;
```

其次，将其 addrMode 参数设置为 Addr16Bit。

```
SendDataAddr.addrMode = (afAddrMode_ t) Addr16Bit;
SendDataAddr.addr.shortAddr = XXXX;
```

其中：XXXX 代表目的节点的网络地址，如协调器的网络地址为 0x0000。

最后，调用 AF_ DataRequest 函数发送数据即可。

```
AF_ DataRequest (&SendDataAddr, …)
```

上述程序我们只是展示了如何以单播的方式发送数据，至于发送的数据内容，发送长度等信息均未具体给出，这里仅仅讲解单播方式发送数据如何实现，同理，当使用广播方式发送时，仅需要将 addrMode 参数设置为 AddrBroadcast 即可。

12.4 ZigBee 网络通信实验

上文使开发者能够了解通信的三种模式，在接下来的内容中，凭借具体的实验对几种不同的通信模式进行分析，便于开发者能够更好的掌握 ZigBee 网络数据传输的基本原理。

12.4.1 广播和单播通信

实验内容：协调器周期性以广播的形式向终端节点发送数据（每隔 5s 广播一次），终端节点接收到数据后，是开发板上的 LED 状态翻转（若果 LED 原来是亮，则熄灭 LED；如果 LED 原来是灭，则点亮 LED），同时向协调器发送字符串 “EndDevice received”，协调器收到终端节点发回的数据后，通过串口输出到 PC 机，用户可以通过串口调试助手查看该信息。

1. 协调器程序设计

修改 Coordinator. c 文件内容如下：

```
#include " OSAL.h"
#include " AF.h"
#include " ZDApp.h"
#include " ZDObject.h"
#include " ZDProfile.h"
#include <string.h >
#include " Coordinator.h"
#include " DebugTrace.h"

#if ! defined(WIN32)
#include " OnBoard.h"
#endif

#include " hal_ lcd.h"
#include " hal_ led.h"
#include " hal_ key.h"
```

```
#include " hal_ uart.h"
#define SEND_ TO_ ALL_ EVENT  0x01  //定义发送事件

const cId_ t GenericApp_ ClusterList [GENERICAPP_ MAX_ CLUSTERS] =
{
 GENERICAPP_ CLUSTERID
};

const SimpleDescriptionFormat_ t GenericApp_ SimpleDesc =
{
 GENERICAPP_ ENDPOINT,
 GENERICAPP_ PROFID,
 GENERICAPP_ DEVICEID,
 GENERICAPP_ DEVICE_ VERSION,
 GENERICAPP_ FLAGS,
 GENERICAPP_ MAX_ CLUSTERS,
 (cId_ t *) GenericApp_ ClusterList,
 0,
 (cId_ t *) NULL
};
```

以上为节点描述符部分的初始化。

```
endPointDesc_ t GenericApp_ epDesc;
devaStates_ t GenericApp_ NwkState;      //存储网络状态的变量
byte GenericApp_ TaskID;
byte GenericApp_ TransID;

void GenericApp _ MessageMSGCB ( afIncomingMSGPacket _ t * pckt );
void GenericApp_ SendTheMessage ( void );

void GenericApp_ Init ( byte task_ id )
{
```

```
    halUARTCfg_ t uartConfig;
    GenericApp_ TaskID = task_ id;
    GenericApp_ TransID = 0;
    GenericApp_ epDesc.endPoint = GENERICAPP_ ENDPOINT;
    GenericApp_ epDesc.task_ id = &GenericApp_ TaskID;
    GenericApp_ epDesc.simpleDesc
                = (SimpleDescriptionFormat_ t *) &GenericApp_
SimpleDesc;
    GenericApp_ epDesc.latencyReq = noLatencyReqs;
    afRegister ( &GenericApp_ epDesc );

   uartConfig.configured = TRUE;
   uartConfig.bauRate = HAL_ UART_ BR_ 115200;
   uartConfig.flowControl = FALSE;
   uartConfig. callBackFunc = NULL;
   HalUARTOpen (0, &uartConfig);
   }
```

上述为任务初始化函数部分，由于没有使用串口的回调函数，所以将其初始化为 NULL 即可。

```
   UINT16 GenericApp_ ProcessEvent ( byte task_ id, UINT16 events )
   {
   afIncomingMSGPacket_ t *MSGpkt;
    if ( events & SYS_ EVENT_ MSG )
      {

MSGpkt = (afIncomingMSGPacket_ t *) osal_ msg_ receive ( Generi-
cApp_ TaskID );
    while ( MSGpkt )
       {
        switch ( MSGpkt - >hdr.event )
         {
          case AF_ INCOMING_ MSG_ CMD;    //收到新数据事件
          GenericApp_ MessageMSGCB ( MSGpkt );
          break;
```

```
            case ZDO_ STATE_ CHANGE;          //建立网络，设置事件
             GenericApp_ NekState = (devastates_ t)   (MSGpkt - >
hdr.status);
            if (GenericApp_ NwkState = =DEV_ ZB_ COORD)
               {

Osal_ start_ timerEx (GenericApp_ TaskID, SEND_ TO_ ALL_ EVENT,
5000);
              }
                break;
                default:
                break;
            }
        osal_ msg_ deallocate ( (uint8 *) MSGpkt );
        MSGpkt =
              (afIncomingMSGPacket_ t *) osal_ msg_ receive ( Ge-
nericApp_ TaskID );
          }
      return (events ^SYS_ EVENT_ MSG);
       }
       if (events & SEND_ TO_ ALL_ EVENT)   //数据发送事件处理
       {
        GenericApp_ SendTheMessage ();
Osal_ start_ timerEx (GenericApp_ TaskID, SEND_ TO_ ALL_ EVENT,
5000);
              return (events^SEND_ TO_ ALL_ EVENT);
       }
       return 0;
      }
```

当网络状态发生变化后，启动定时器定时5s，定时时间到达后，设置SEND_ TO_ ALL_ EVENT事件，在SEND_ TO_ ALL_ EVENT事件处理函数中，调用发送数据函数GenericApp_ SendTheMessage ()，发送完数据后，再次启动定时器，定时5s。

```
    void GenericApp _ MessageMSGCB ( afIncomingMSGPacket _ t *
pckt );
```

```
{
 Char buf [20] ;
 Unsigned char buffer [2] = {0x0A, 0x0D};     //回车换行的
ASCAII 码
 Switch (pkt - >clusterId)
   {
   Case GENERICAPP_ CLUSTERID:
    Osal_ memcpy (buf, pkt - >cmd.Data, 20);
    HalUARTWrite (0, buf, 20);
    HalUARTWrite (0, buffer, 2);          //输出回车换行符
    break;
  }
}
```

当收到终端节点发回的数据后，读取该数据，然后发送到串口。

```
Void GenericApp_ SendTheMessage (void)
{
  Unsigned char * theMessageData = " Coordinator send!";
  afAddrType_ t my_ DstAddr;
  my_ DstAddr. addrMode = (afAddrMode_ t) AddrBroadcast;
  my_ DstAddr.endPoint =GENERICAPP_ ENDPOINT;
  my_ DstAddr. addr. shortAddr =0xFFFF;
  AF_ DataRequest (&my_ DstAddr, &GenericApp_ epDesc,
                    GENERICAOO_ CLUSTERID,
                    Osal_ strlen (theMessageData) +1,
                    theMessageData,
                    &GenericApp_ TransID,
                    AF_ DISCV_ ROUTE,
                    AF_ DEFAULT_ RADIUS);
  }
```

使用广播方式发送数据，此时发送模式为广播模式，如下列代码所示：

```
my_ DstAddr.addrMode = (afAddrMode_ t) AddrBroadcast;
```

相应的网络地址可以设为 0xFFFF，如下列代码所示：

```
my_ DsAddr.addr.shortAddr =0xFFFF;
```

将上述代码编译以后下载到开发板。

2. 终端节点程序设计

Enddevice.c 文件内容如下：

```
#include "OSAL.h"
#include "AF.h"
#include "ZDApp.h"
#include "ZDObject.h"
#include "ZDProfile.h"
#include <string.h>
#include "Coordinator.h"
#include "DebugTrace.h"
#if !defined(WIN32)
#include "OnBoard.h"
#endif

#include "hal_lcd.h"
#include "hal_led.h"
#include "hal_key.h"
#include "hal_uart.h"

const cId_t GenericApp_ClusterList[GENERICAPP_MAX_CLUS-
TERS] =
{
  GENERICAPP_CLUSTERID
};

const SimpleDescriptionFormat_t GenericApp_SimpleDesc =
{
  GENERICAPP_ENDPOINT,
  GENERICAPP_PROFID,
  GENERICAPP_DEVICEID,
  GENERICAPP_DEVICE_VERSION,
  GENERICAPP_FLAGS,
  0,
  (cId_t *)NULL,
```

```
  GENERICAPP_ MAX_ CLUSTERS,
   (cId_ t * ) GenericApp_ ClusterList
};

 endPointDesc_ t GenericApp_ epDesc;
 byte GenericApp_ TaskID;
 byte GenericApp_ TransID;
 devastates_ t GenericApp_ NwkState;
 void GenericApp_ MessageMSGCB (afIncomingMSGPacket_ t *pckt);
 void GenericApp_ SendTheMessage (void);

void GenericApp_ Init (byte task_ id)
{
 GenericApp_ TaskID =task_ id;
 GenericApp_ NwkState =DEV_ INIT;
 GenericApp_ TransID =0;
 GenericApp_ epDesc.endpoint =GENERICAPP_ ENDPOINT;
 GenericApp_ epDesc. somp1eDesc =
                        ( SimpleDescriptionFormat   _   t   * )
&GenericApp_ SimpleDesc;
 GenericApp_ epDesc.latencyReq =noLatencyReqs;
 afRegister (&GenericApp_ epDesc);
 }

UINT16 GenericApp_ ProcessEvent ( byte task_ id, UINT16 events )
{
  afIncomingMSGPacket_ t *MSGpkt;
    if ( events & SYS_ EVENT_ MSG )
     {
MSGpkt = (afIncomingMSGPacket_ t * ) osal_ msg_ receive ( Ge-
nericApp_ TaskID );
        while ( MSGpkt )
         {
          switch ( MSGpkt - >hdr.event )
```

```
        {
        case AF_ INCOMING_ MSG_ CMD:
        GenericApp_ MessageMSGCB ( MSGpkt );
        break;
        default:
        break;
      }
      osal_ msg_ deallocate ( (uint8 * ) MSGpkt );
      MSGpkt =
       (afIncomingMSGPacket_ t * ) osal_ msg_ receive ( Generi-
cApp_ TaskID );
    }
  return (events ^SYS_ EVENT_ MSG);
  }
  return 0;
}
```

上述代码为事件处理函数，若接收到协调器发送来的数据，则调用 GenericApp_ MessageMSGCB（）函数对接收到的数据进行处理。

```
void GenericApp _ MessageMSGCB ( afIncomingMSGPacket _ t *
pckt );
{
   char * recvbuf;
   switch (pkt - >clusterId)
{
   case GENERICAPP_ CLUSTERID:
   osal _ memcpy (recvbuf, pkt - > cmd.Data, osal _ strlen ( ""
Coordinator send!) +1);
if ( osal _ memcmp ( recvbuf," Coordinator send!", osal _ strlen
(" Coordinator send!") +1))
     {
       GenericApp_ SendTheMessage ();
     }
     else
     {
```

```
        //该处可添加相应的错误代码
        }
        break;
        }
}
```

上述代码对接收到的数据进行处理，当正确接收到协调器发送的字符串“Coordinator send!”时，调用函数 GenericApp_ SendTheMessage（）发送返回消息。

```
void GenericApp_ SendTheMessage (void)
{
   unsigned char *theMessageData = " EndDevice received!";
   afAddrType_ t my_ DstAddr;
   my_ DstAddr.addrMode = (afAddrMode_ t) Addr16Bit;
   my_ DstAddr.addr.shortAddr =0x0000;
   AF_ DataRequest (&my_ DstAddr, &GenericApp_ epDesc,
                    GENERICAOO_ CLUSTERID,
                    Osal_ strlen (theMessageData) +1,
                    theMessageData,
                    &GenericApp_ TransID,
                    AF_ DISCV_ ROUTE,
                    AF_ DEFAULT_ RADIUS);
   HalLedSet (HAL_ LED_ 2, HAL_ LED_ MODE_ TOGGLE);
}
```

向协调器发送单播数据，注意加粗字体部分的代码实现的单播通信。

12.4.2 组播通信

实验内容：协调器周期性的以组播的形式向路由器发送数据（每隔 5s 发送组播数据一次），路由器收到数据后，使开发板上的 LED 状态饭庄（如果 LED 原来是亮，则熄灭 LED；如果 LED 原来是灭，则点亮 LED），同时向协调器发送字符串“Rorter received!”，协调器收到路由器发回的数据后，通过串口输出到 PC 机，用户可以通过串口调试助手查看该信息。

在使用组播方式发送数据时，需要加入特定的组：

在 apsgroups. h 文件中有 aps_ Group_ t 结构体的定义，如下所示：

```
#define APS_ GROUP_ NAME_ LEN 16
typedef struct
```

```
{
uint16 ID
uint8 name [APS_ GROUP_ NAME_ LEN];
} aps_ Group_ t;
```

每个组有一个特定的 ID，然后是组名，组名存放在 name 数组中。

在程序中可以使用如下方法定义一个组。

```
1   aps_ Group_ t GenericApp_ Group;
2   GenericApp_ Group.ID=0x0001;
3   GenericApp_ Group.name [0] =6;
4   osal_ memcpy (& (GenericApp_ Group.name [1])," Group1 ",
6);
```

第 1 行，定义了一个 aps_ Group_ t 类型的变量 GenericApp_ Group。

第 2 行，将组 ID 初始化为 0x0001。

第 3 行，将组名的长度写入 name 数组的第 1 个元素位置处。

第 4 行，使用 osal_ memcpy () 函数将组名 “Group1” 拷贝到 name 数组中，从第 2 个元素位处开始存放组名。

这样就可以使用 aps_ AddGroup () 函数使用该端口加到组中。

```
aps_ AddrGroup (GENERICAPP_ ENDPOINT, &GenericApp_ Group);
```

其中，aps_ AddrGroup () 函数原型如下：

```
aps_ AddGroup (uint8 endpoint, aps_ Group_ t *group)
```

1. 协调器程序设计

Coordinator. c 文件内容如下：

```
#include " OSAL.h"
#include " AF.h"
#include " ZDApp.h"
#include " ZDObject.h"
#include " ZDProfile.h"
#include <string.h >
#include " Coordinator.h"
#include " DebugTrace.h"

#if ! defined (WIN32)
#include " OnBoard.h"
#endif
```

```
#include " hal_ lcd.h"
#include " hal_ led.h"
#include " hal_ key.h"
#include " hal_ uart.h"
#include” OSAL_ Nv.h”
```

#include " aps_ group. h" //使用加入组函数 aps_ AddGroup ( ) 函数，需要包含头文件

```
#define SEND_ TO_ ALL_ EVENT  0x01
const cId_ t GenericApp_ ClusterList [GENERICAPP_ MAX_ CLUS-
TERS] =
{
  GENERICAPP_ CLUSTERID
};
const SimpleDescriptionFormat_ t GenericApp_ SimpleDesc =
{
  GENERICAPP_ ENDPOINT,
  GENERICAPP_ PROFID,
  GENERICAPP_ DEVICEID,
  GENERICAPP_ DEVICE_ VERSION,
  GENERICAPP_ FLAGS,
  GENERICAPP_ MAX_ CLUSTERS,
  (cId_ t *) GenericApp_ ClusterList,
  0,
  (cId_ t *) NULL
};
Aps_ Group_ t GenericApp_ Group;

  endPointDesc_ t GenericApp_ epDesc;
  devaStates_ t GenericApp_ NwkState;
  byte GenericApp_ TaskID;
  byte GenericApp_ TransID;
  void GenericApp _ MessageMSGCB (afIncomingMSGPacket _ t *
pckt);
  void GenericApp_ SendTheMessage (void);
```

```
static void rxCB * (uint8 port, uint8 event);

void GenericApp_ Init ( byte task_ id )
  {
  GenericApp_ TaskID = task_ id;
  GenericApp_ TransID = 0;
  GenericApp_ epDesc.endPoint = GENERICAPP_ ENDPOINT;
  GenericApp_ epDesc.task_ id = &GenericApp_ TaskID;
  GenericApp _ epDesc.simpleDesc
              = (SimpleDescriptionFormat_ t * ) &GenericApp_
SimpleDesc;
  GenericApp_ epDesc.latencyReq = noLatencyReqs;
  afRegister ( &GenericApp_ epDesc );

  uartConfig.configured = TRUE;
  uartConfig.bauRate = HAL_ UART_ BR_ 115200;
  uartConfig.flowControl = FALSE;
  uartConfig. callBackFunc = NULL;
  HalUARTOpen (0, &uartConfig);
  GenericApp_ Group.ID = 0x0001;    //初始化组号
  GenericApp_ Group.name [0] =6;
   Osal _ memcpy (& (GenericApp _ Group.name [1])," Group1 ",
6);
  }
```

上述代码是任务初始化代码，主要完成端口初始化和组号的初始化。

```
UINT16 GenericApp_ ProcessEvent ( byte task_ id, UINT16 events )
{
afIncomingMSGPacket_ t *MSGpkt;
  if ( events & SYS_ EVENT_ MSG )
    {

MSGpkt = (afIncomingMSGPacket _ t * ) osal _ msg_ receive ( Generi-
cApp_ TaskID );
      while ( MSGpkt )
```

```
{
 switch ( MSGpkt - >hdr.event )
  {
   case AF_ INCOMING_ MSG_ CMD;
     GenericApp_ MessageMSGCB ( MSGpkt );
     break;
   case ZDO_ STATE_ CHANGE;
     GenericApp_ NekState = (devastates_ t) (MSGpkt - >
hdr.status);
     if (GenericApp_ NwkState = =DEV_ ZB_ COORD)
     {

osal_ start_ timerEx (GenericApp_ TaskID, SEND_ TO_ ALL_ EVENT,
5000);
               }
               break;
               default:
               break;
  }
osal_ msg_ deallocate ( (uint8 *) MSGpkt );
MSGpkt =
   (afIncomingMSGPacket_ t * ) osal_ msg_ receive ( Generi-
cApp_ TaskID );
  }
  return (events ^SYS_ EVENT_ MSG);
 }
  if (events & SEND_ TO_ ALL_ EVENT)
   {
  GenericApp_ SendTheMessage ();

osal_ start_ timerEx (GenericApp_ TaskID, SEND_ TO_ ALL_ EVENT,
5000);
 return (events^SEND_ TO_ ALL_ EVENT);
 }
```

```
        return 0;
    }
```

以下代码是任务事件处理函数。

```
void GenericApp _ MessageMSGCB ( afIncomingMSGPacket _ t *
pckt );
    {
      Char buf [17] ;
      Unsigned char buffer [2]  = {0x0A, 0x0D};
      Switch (pkt - >clusterId)
       {
         Case GENERICAPP_ CLUSTERID:
         osal_ memcpy (buf, pkt - >cmd.Data, 20);
         HalUARTWrite (0, buf, 17);
         HalUARTWrite (0, buffer, 2);    //输出回车换行符
         break;
       }
    }
```

当接收到路由发送的回复信息后，读取并读取到串口。

```
Void GenericApp_ SendTheMessage (void)
{
  unsigned char *theMessageData = " Coordinator send!";
  afAddrType_ t my_ DstAddr;
  my_ DstAddr. addrMode = (afAddrMode_ t) AddrBroadcast;
  my_ DstAddr.endPoint =GENERICAPP_ ENDPOINT;
  my_ DstAddr. addr. shortAddr =0xFFFF;
  AF_ DataRequest (&my_ DstAddr, &GenericApp_ epDesc,
                   GENERICAOO_ CLUSTERID,
                   Osal_ strlen (theMessageData) +1,
                   theMessageData,
                   &GenericApp_ TransID,
                   AF_ DISCV_ ROUTE,
                   AF_ DEFAULT_ RADIUS);
   }
```

上述函数实现了组播发送，此时地址模式设置为 AddrGroup，网络地址设置为组 ID，即 GenericApp_ Group. ID。

2. 路由器程序设计

在 ZigBee 协议栈中，节点的类型是由编译选项来控制的，在 IAR 开发环境 Workspace 窗口的下拉列表框中选择 RouterEB，然后将 Coordinator. c 文件禁止编译即可，路由器配置如图 12－1 所示。

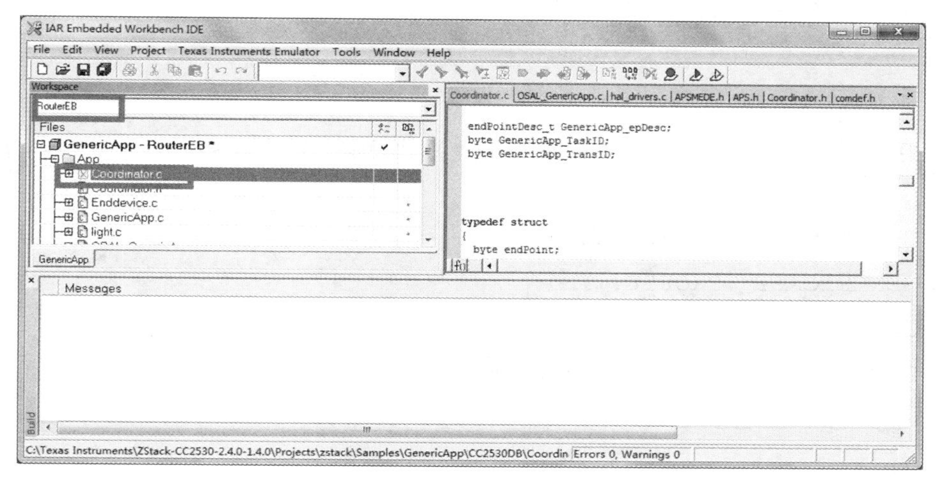

图 12－1　路由器配置

修改 Enddevice. c 文件内容如下：

```
#include " OSAL.h"
#include " AF.h"
#include " ZDApp.h"
#include " ZDObject.h"
#include " ZDProfile.h"
#include <string.h>
#include " Coordinator.h"
#include " DebugTrace.h"
#if ! defined ( WIN32 )
#include " OnBoard.h"
#endif
#include " hal_ lcd.h"
#include " hal_ led.h"
#include " hal_ key.h"
#include " hal_ uart.h"
```

```
#include "aps_ groups. h"    //使用 aps_ AddGroup () 函数，需要包含头文件
#define SEND_ DATA_ EVENT 0x01

const cId_ t GenericApp_ ClusterList [GENERICAPP_ MAX_ CLUS-
TERS] =
{
  GENERICAPP_ CLUSTERID
};

const SimpleDescriptionFormat_ t GenericApp_ SimpleDesc =
{
  GENERICAPP_ ENDPOINT,
  GENERICAPP_ PROFID,
  GENERICAPP_ DEVICEID,
  GENERICAPP_ DEVICE_ VERSION,
  GENERICAPP_ FLAGS,
  0,
  (cId_ t *) NULL,
  GENERICAPP_ MAX_ CLUSTERS,
  (cId_ t *) GenericApp_ ClusterList
};

endPointDesc_ t GenericApp_ epDesc;
byte GenericApp_ TaskID;
byte GenericApp_ TransID;
devStates_ t GenericApp_ NwkState;
aps_ Group_ t GenericApp_ Group

void GenericApp _ MessageMSGCB ( afIncomingMSGPacket _ t *
pckt );
void GenericApp_ SendTheMessage (void);

void GenericApp_ Init ( byte task_ id )
{
```

```
    GenericApp_ TaskID = task_ id;
    GenericApp_ NwkState = DEV_ INIT;
    GenericApp_ TransID = 0;
    GenericApp_ epDesc.endPoint = GENERICAPP_ ENDPOINT;
    GenericApp_ epDesc.task_ id = &GenericApp_ TaskID;
    GenericApp _ epDesc.simpleDesc
            = (SimpleDescriptionFormat _ t * ) &GenericApp _
SimpleDesc;
    GenericApp_ epDesc.latencyReq = noLatencyReqs;
    afRegister ( &GenericApp_ epDesc );
    GenericApp_ Group.ID =0X0001;
    GenericApp_ Group.name [0] =6;
    Osal_ memcpy (& (GenericApp_ Group.name [1]," Group1", 6);
  }
```

上述代码为任务初始化函数，实现端口的初始化和组号的初始化。

```
  UINT16 GenericApp_ ProcessEvent ( byte task_ id, UINT16 events )
  {
    afIncomingMSGPacket_ t *MSGpkt;
     if ( events & SYS_ EVENT_ MSG )
       {
      MSGpkt =
      (afIncomingMSGPacket_ t * ) osal_ msg_ receive ( GenericApp_
TaskID );
      while ( MSGpkt )
       {
        switch ( MSGpkt - >hdr.event )
         {
           case AF_ INCOMING_ MSG_ CMD:
           GenericApp_ MessageMSGCB (MSGpkt);
           Break;
           case ZDO_ STATE_ CHANGE:
           GenericApp_ NwkState = (devStates _ t)   (MSGpkt - >
hdr.status);
           if (GenericApp_ NwkState = = DEV_ ROUTER)
```

```
            }
    Aps_ AddGroup (GENERICAPP_ ENDPOINT, &GenericApp_ Group);
            }
             break;
             default:
             break;
            }

          osal_ msg_ deallocate ( (uint8 * ) MSGpkt );
          MSGpkt =
          (afIncomingMSGPacket_ t * ) osal_ msg_ receive ( Generi-
cApp_ TaskID );
           }
          return (events ^SYS_ EVENT_ MSG);
           }
          return 0;
          }
```

以上代码为事件处理函数。当路由器成功加入网络后，调用 aps_ AddGroup（）函数加到该组中。

```
    void GenericApp _ MessageMSGCB ( afIncomingMSGPacket _ t *
pckt );
    {
      Char buf [18] ;
      Switch (pkt - >clusterId)
       {
        Case GENERICAPP_ CLUSTERID:
        Osal_ memcpy (buf, pkt - > cmd.Data, osal_ strlen (" Coordi-
anator send!") +1);
        HalLcdWriteString (buf, HAL_ LCD_ LINE_ 4);
         If (osal_ memcmp (buf," Coordinator send!", osal_ strlen
(" Coordianator send!") +1)
         {
        GenericApp_ SendTheMessage ();
          }
```

```
        break;
        }
    }
```

接收到协调器发送的数据后，判断是否是“Coordinator send”，如果接收正确，则调用 GenericApp_ SendTheMessage（）函数，以单播的方式向协调器发送数据。

```
Void GenericApp_ SendTheMessage (void)
{
  Unsigned char *theMessageData =" Router received!";
  afAddrType_ t my_ DstAddr;
  my_ DstAddr.addrMode = (afAddrMode_ t) Addr16Bit;
  my_ DstAddr.endPoint =GENERICAPP_ ENDPOINT;
  my_ DstAddr.addr.shortAddr =0x0000;
  AF_ DataRequest (&my_ DstAddr, &GenericApp_ epDesc,
                   GENERICAOO_ CLUSTERID,
                   Osal_ strlen (theMessageData) +1,
                   theMessageData,
                   &GenericApp_ TransID,
                   AF_ DISCV_ ROUTE,
                   AF_ DEFAULT_ RADIUS);
HalLedSet (HAL_ LED_ 2, HAL_ LED_ MODE_ TOGGLE);
    }
```

以单播的形式向协调器发送数据“Router received!”，发送完数据后，调用 HalLedSet（）函数使 LED 得到翻转。

12.5　ZigBee 协议栈网络管理

在无线传感网络中，网络管理主要包括了两方面的内容。

1. 查询本节点相关的地址信息

查询本节点的地址信息主要有以下几方面的内容：查看节点的网络地址、MAC 地址、父节点的网络地址以及父节点的 MAC 地址等内容。

在 ZigBee 协议栈中实现网络管理有以下几个函数。

```
uint16 NLME_ GetShortAddr (void)
```

该函数返回该节点的网络地址。

```
bye *NLME_ GetExtAddr (void)
```

该函数返回指向该节点 MAC 地址的指针。

```
uint16 NLME_ GetCoordShortAddr (void)
```

该函数返回父节点的网络地址。

```
void NLME_ GetCoordExtAddr (byte * buf)
```

该函数的参数是指向存放父节点 MAC 地址的缓冲区的指针。

2. 查询网络中其他节点有关的地址信息

查询网络中其他节点有关的地址信息主要包括：已知节点的 16 位网络地址查询节点的 IEEE 地址；已知节点的 IEEE 地址查询该节点的网络地址。

12.5.1 网络管理基础实验

实验内容：协调器上电后建立网络，路由器自动加入网络，随后路由器调用上述 4 个函数获取本身的网络地址、MAC 地址、父节点网络地址和父节点 MAC 地址，最后通过串口将其输出到 PC 机。

1. 协调器程序设计

Coordinator. c 文件内容如下：

```
#include " OSAL.h"
#include " AF.h"
#include " ZDApp.h"
#include " ZDObject.h"
#include " ZDProfile.h"
#include <string.h >
#include " Coordinator.h"
#include " DebugTrace.h"

#if ! defined (WIN32)
#include " OnBoard.h"
#endif

#include " hal_ lcd.h"
#include " hal_ led.h"
#include " hal_ key.h"
#include " hal_ uart.h"
#include" OSAL_ Nv.h"
#include" aps_ groups.h"
```

```
#define SEND_ TO_ ALL_ EVENT   0x01

const cId_ t GenericApp_ ClusterList [GENERICAPP_ MAX_ CLUS-
TERS] =
{
  GENERICAPP_ CLUSTERID
};

const SimpleDescriptionFormat_ t GenericApp_ SimpleDesc =
{
  GENERICAPP_ ENDPOINT,
  GENERICAPP_ PROFID,
  GENERICAPP_ DEVICEID,
  GENERICAPP_ DEVICE_ VERSION,
  GENERICAPP_ FLAGS,
  GENERICAPP_ MAX_ CLUSTERS,
  (cId_ t *) GenericApp_ ClusterList,
  0,
  (cId_ t *) NULL
};

endPointDesc_ t GenericApp_ epDesc;
byte GenericApp_ TaskID;

void GenericApp_ Init (byte task_ id)
{
GenericApp_ TaskID = task_ id;
GenericApp_ TransID = 0;
GenericApp_ epDesc.endpoint = GENERICAPP_ ENDPOINT;
GenericApp_ epDesc.sompleDesc =
                (SimpleDescriptionFormat_ t *) &GenericApp_
SimpleDesc;
GenericApp_ epDesc.latencyReq = noLatencyReqs;
afRegister (&GenericApp_ epDesc);
```

```
}
```

上述函数是任务初始化函数，实现了端口初始化和端口的注册。

```
UINT16 GenericApp_ ProcessEvent (byte task_ id, UINT16 events)
{
  Return 0;
}
```

上述函数为事件处理函数，由于并没有具体事件的处理，因此该函数设定为一个空函数。

2. 路由器设计

该处程序在组播通信实验所使用代码的基础上进行修改，修改 Enddevice. c 文件内容如下：

```
#include " OSAL.h"
#include " AF.h"
#include " ZDApp.h"
#include " ZDObject.h"
#include " ZDProfile.h"
#include <string.h >
#include " Coordinator.h"
#include " DebugTrace.h"

#if ! defined ( WIN32 )
#include " OnBoard.h"
#endif

#include " hal_ lcd.h"
#include " hal_ led.h"
#include " hal_ key.h"
#include " hal_ uart.h"
#include” aps_ groups.h”

#define SHOW_ INFO_ EVENT 0x01

const cId_ t GenericApp_ ClusterList [GENERICAPP_ MAX_ CLUS-
TERS] =
```

```
{
  GENERICAPP_ CLUSTERID
};

const SimpleDescriptionFormat_ t GenericApp_ SimpleDesc =
{
  GENERICAPP_ ENDPOINT,
  GENERICAPP_ PROFID,
  GENERICAPP_ DEVICEID,
  GENERICAPP_ DEVICE_ VERSION,
  GENERICAPP_ FLAGS,
  0,
  (cId_ t *) NULL,
  GENERICAPP_ MAX_ CLUSTERS,
  (cId_ t *) GenericApp_ ClusterList
};

endPointDesc_ t GenericApp_ epDesc;
byte GenericApp_ TaskID;
byte GenericApp_ TransID;
devStates_ t GenericApp_ NwkState;

void ShowInfo (void);
void To_ string (uint *dest, char *src, uint8 length);

typedef struct RFTXBUF
{
uint8 myNWK [4];      //存储本节点的网络地址
uint8 muMAC [16];     //存储本节点的 MAC 地址
uint8 pNWK [4];       //存储父节点的网络地址
uint8pMAC [16];       //存储父节点的 MAC 地址
} RFTX;

void GenericApp_ Init ( byte task_ id )
```

```
    {
      halUARTCfg_ t uartConfig;
      GenericApp_ TaskID = task_ id;
      GenericApp_ NwkState = DEV_ INIT;
      GenericApp_ TransID = 0;
      GenericApp_ epDesc.endPoint = GENERICAPP_ ENDPOINT;
      GenericApp_ epDesc.task_ id = &GenericApp_ TaskID;
      GenericApp _ epDesc.simpleDesc
                  = (SimpleDescriptionFormat _ t * ) &GenericApp _
SimpleDesc;
      GenericApp_ epDesc.latencyReq = noLatencyReqs;
      afRegister ( &GenericApp_ epDesc );
      uartConfig. configured = TURE;
      uartConfig. baudRate = HAL_ UART_ BR_ 115200;
      uartConfig. flowControl = FALSE;
      uartConfig. callBackFunc = NULL;
      HalUARTOpen (0, &uartConfig);
    }
```

上述代码为任务初始化代码。在路由器代码中加入了串口的初始化函数，这样便可以使用串口，加粗字体部分为添加的串口初始化代码。

```
    UINT16 GenericApp_ ProcessEvent ( byte task_ id, UINT16 events )
    {
     afIncomingMSGPacket_ t *MSGpkt;
     if ( events & SYS_ EVENT_ MSG )
       {

MSGpkt = (afIncomingMSGPacket _ t * ) osal _ msg_ receive ( Generi-
cApp_ TaskID );
        while ( MSGpkt )
            {
             switch ( MSGpkt - >hdr.event )
              {
               case ZDO_ STATE_ CHANGE;
                GenericApp_ NwkState = (devastates_ t)  (MSGpkt - >
```

```
hdr.status);
          if (GenericApp_ NwkState = = DEV_ ROUTER)
          {
        osal_ start_ event (GenericApp_ TaskID, SHOW_ INFO_ E-
VENT);
          }
          break;
          default:
          break;
        }
        osal_ msg_ deallocate ( (uint8 * ) MSGpkt );
        MSGpkt =
        (afIncomingMSGPacket_ t * ) osal_ msg_ receive ( Generi-
cApp_ TaskID );
      }
      return (events ^SYS_ EVENT_ MSG);
    }
      if (events & SHOW_ INFO_ EVENT)
       {
      ShowInfo ();

osal_ start_ timerEx (GenericApp_ TaskID, SEND_ DATA_ EVENT,
5000);
      return (events^SHOW_ INFO_ EVENT);
      }
      return 0;
      }
```

上述代码为事件处理函数，路由器加入网络后，将设置事件 SHOW_ INFO_ EVENT，在 SHOW_ INFO_ EVENT 事件处理函数中，调用 ShowInfo（）函数显示相关的地址信息。

```
Void  ShowInfo  (void)
{
  RFTX  rftx
  uint16 nwk;
```

```
  uint8 buf [8];
  uint8 changline [2] = {0x0A, 0x0D};    //回车换行符的ASCII码
1nwk = NLME_ GetShortAddr ();
2To_ string (rftx.myNWK, (uint8 * ) &nwk, 2);
3To_ string (rftx.myMAC, NLME_ GetExAddr (), 8);
4nwk = NLME_ GetCoordShortAddr ();
5To_ string (rftx.pNWK, (uint8 * ) &nwk, 2);
6NLME_ GetCoordShortAddr ();
7To_ string (rftx.pMAC, buf, 8);
8HalUARTWrite (0," NWK:", osal_ strlen (" NWK:"));
9HalUARTWrite (0, rftx.myNWK, 4);
10HalUARTWrite (0," MAC:", osal_ strlen (" MAC:"));
11HalUARTWrite (0, rftx.myMAC, 16);
12HalUARTWrite (0," P-nwk:", osal_ stelen (" p-NWK:"));
13HalUARTWrite (0, rftx.pNWK, 4);
14HalUARTWrite (0," p-MAC:", osal_ strlen (" p-MAC:"));
15HalUARTWrite (0, rftx.pMAC, 16);
16HalUARTWrite (0, changline, 2);
}
```

上述代码中：

第1行，调用了 NLME_ GetShortAddr（）函数获取本节点的网络地址，这是由于 NLME_ GetShortAddr（）函数的返回值便是节点的网络地址，因此直接将其赋值给一个变量便可以实现该功能。

第2行，调用 To_ string 函数使网络地址以16进制的形式传输到串口。

第3行，NLME_ GetExAddr（）函数返回的是指向节点 MAC 地址的指针，因此可直接作为 To_ string 函数的参数传递，To_ string 函数将 MAC 地址转换为16制的形式存储在 rftx. myMAC 数组中。

第4行，调用 NLME_ GetCoordShortAddr（）函数获取父节点的网络地址，这是由于 NLME_ GetCoordShortAddr（）函数的返回值就是父节点的网络地址，因此直接将其赋值给一个变量便可实现该目的。

第5行，调用 To_ string 函数使父节点的网络地址转换为16进制的形式存储在 rftx. pNWK 数组中。

第6行，NLME_ GetCoordShortAddr（）函数的参数是指向存放父节点 MAC 地址的指针，因此需要定义一个存放父节点 MAC 地址的缓冲区 buf，然后调用 NLME_ GetCoordShortAddr（）函数，将父节点的 MAC 地址存放到上述定义的缓冲区中。

第 7 行，调用 To_ string 函数使父节点的网络地址转换为 16 进制的形式存储在 rftx. pMAC 数组中。

第 8 ~ 16 行，调用串口输出函数将上述地址输出到串口。

12. 5. 2 网络管理扩展实验

在 ZigBee 网络中，查询网络节点的地址信息包括了已知节点 16 位网络地址查询节点的 IEEE 地址和已知节点的 IEEE 地址查询该节点网路地址两方面的内容，在下文中将重点关注已知节点网络地址，查询其 IEEE 地址的方法。

由于协调器的网络地址设置为 0x0000，因此可从路由器发送地址请求，来取得协调器的 IEEE 地址。

首先，路由器调用 ZDP_ IEEEAddrReq（0x0000，0，0，0）函数，ZDP_ IEEEAddrReq 函数原型如下：

```
ZDP_ ZDP_ IEEEAddrReq (uint16 shortAddr, byte ReqType, byte StartIndex, byte SecurityEnable)
```

此时，该函数会进一步调用协议栈中的函数，最终将该请求通过天线发送出去。

网络中网络地址为 0x0000 的节点会对该请求作出响应，并将其 IEEE 地址一起其它一些参数封装在一个数据包中发送给路由器，路由器收到该数据包后，各层进行校验，最终发送给应用层一个消息 ZDO_ CB_ MSG，该消息中就包含了协调器的 IEEE 地址信息。

在应用层就可以调用 ZDO_ ParseAddrRsp（）函数对消息进行解析，最终得到协调器的 IEEE 地址。ZDO_ ParseAddrRsp（）函数原型如下：

```
ZDO_ NwkIEEEAddrResp_ t * ZDO_ ParseAddrRsp (zdoIncomingMsg_ t * inMsg)
```

已知节点的网络地址查询其 IEEE 地址的过程如下：

第一，调用 ZDP_ IEEEAddrReq（）函数发送地址请求。

第二，等待协调器发送自身的 IEEE 地址（协议栈自动完成，用户无须处理）。

第三，添加 ZDO_ CB_ MSG 消息响应函数，并调用 ZDO_ ParseAddrRsp（）函数对数据包进行解析得到所需的 IEEE 地址。

（1）协调器程序设计。

协调器代码与网络管理基础实验相同，并不需要进行改动。

（2）路由器程序设计。

修改 Enddevice. c 文件内容如下：

```
#include " OSAL.h"
```

```
#include " AF.h"
#include " ZDApp.h"
#include " ZDObject.h"
#include " ZDProfile.h"
#include <string.h >
#include " Coordinator.h"
#include " DebugTrace.h"

#if ! defined ( WIN32 )
#include " OnBoard.h"
#endif

#include " hal_ lcd.h"
#include " hal_ led.h"
#include " hal_ key.h"
#include " hal_ uart.h"
#include" aps_ groups.h"

#define SEND_ DATA_ EVENT 0x01

const cId_ t GenericApp_ ClusterList [GENERICAPP_ MAX_ CLUS-
TERS] =
{
  GENERICAPP_ CLUSTERID
};

const SimpleDescriptionFormat_ t GenericApp_ SimpleDesc =
{
  GENERICAPP_ ENDPOINT,
  GENERICAPP_ PROFID,
  GENERICAPP_ DEVICEID,
  GENERICAPP_ DEVICE_ VERSION,
  GENERICAPP_ FLAGS,
  0,
```

```
  (cId_ t * ) NULL,
  GENERICAPP_ MAX_ CLUSTERS,
  (cId_ t * ) GenericApp_ ClusterList
};

endPointDesc_ t GenericApp_ epDesc;
byte GenericApp_ TaskID;
byte GenericApp_ TransID;
devStates_ t GenericApp_ NwkState;
void ShowInfo (void);
void To_ string (uint8 * dest, char * src, uint8 length);
void GenericApp_ ProcessZDOMsgs (zdoIncomingMsg_ t * inMsg);
```

增加了 GenericApp_ ProcessZDOMsgs ( ) 函数对 ZDO_ CB_ MSG 消息进行响应。

```
typedef struct RFTXBUF
{
uint8 myNWK [4];
uint8 muMAC [16];
uint8 pNWK [4];
uint8pMAC [16];
} RFTX;

void GenericApp_ Init ( byte task_ id )
 {
  halUARTCfg_ t uartConfig;
  GenericApp_ TaskID = task_ id;
  GenericApp_ NwkState = DEV_ INIT;
  GenericApp_ TransID = 0;
  GenericApp_ epDesc.endPoint = GENERICAPP_ ENDPOINT;
  GenericApp_ epDesc.task_ id = &GenericApp_ TaskID;
  GenericApp _ epDesc.simpleDesc
            = (SimpleDescriptionFormat _ t * ) &GenericApp _
SimpleDesc;
  GenericApp_ epDesc.latencyReq = noLatencyReqs;
```

```
    afRegister ( &GenericApp_ epDesc );
    uartConfig.configured = TURE;
    uartConfig.baudRate = HAL_ UART_ BR_ 115200;
    uartConfig.flowControl = FALSE;
    uartConfig.callBackFunc = NULL;
    HalUARTOpen (0, &uartConfig);
    ZDO_ RegisterForZDOMsg (GenericApp_ TaskID, ieee_ addr_ rsp);
}
```

在应用层中，对 ZDO_ RegisterForZDOMsg（）函数进行注册，才能够获得对 IEEE_ addr_ rsp 的响应，ZDO_ RegisterForZDOMsg（）函数原型如下：

```
ZStatus_ t ZDO_ RegisterForZDOMsg (uint8 taskID, uint16 clus-
terID)
UINT16 GenericApp_ ProcessEvent ( byte task_ id, UINT16 events )
{
 afIncomingMSGPacket_ t *MSGpkt;
 if ( events & SYS_ EVENT_ MSG )
   {

MSGpkt = (afIncomingMSGPacket_ t * ) osal_ msg_ receive ( Generi-
cApp_ TaskID );
    while ( MSGpkt )
      {
       switch ( MSGpkt - >hdr.event )
        {
         case ZDO_ CB_ MSG;
         GenericApp_ ProcessZDOMsgs ( (zdoIncomingMsg_ t * ));
         Break;
         case ZDO_ STATE_ CHANGE;
          GenericApp_ NwkState = (devastates_ t)  (MSGpkt - >
hdr.status);
         if (GenericApp_ NwkState = =DEV_ ROUTER)
        {
       osal_ start_ event (GenericApp_ TaskID, SEND_ DATA_ E-
VENT);
```

```
            }
            break;
            default:
            break;
        }
        osal_ msg_ deallocate ( (uint8 * ) MSGpkt );
        MSGpkt =
        (afIncomingMSGPacket_ t * ) osal_ msg_ receive ( GenericApp_
TaskID );
      }
      return (events ^SYS_ EVENT_ MSG);
      }
        if (events & SHOW_ DATA_ EVENT)
         {
        ShowInfo ();
        ZDP_ IEEEAddrReq (0x0000, 0, 0, 0); //请求协调器的 IEEE 地址

osal _ start _ timerEx (GenericApp _ TaskID, SEND _ DATA _ EVENT,
5000);
        return (events^SHOW_ INFO_ EVENT);
        }
        return 0;
        }
```

上述代码是事件处理函数。

```
void GenericApp_ ProcessZDOMsgs (zdoIncomingMsg_ t * inMsg)
{
   char buf [16];
   char changeline [2] = {0x0A, 0x0D};
   switch (inMsg - >clusterID);
    {
   case IEEE_ addr_ rsp:
1ZDO_ NwkIEEEAddrResp_ t * pRsp = ZDP_ ParseAddrRsp (inMsg);
2if (pRsp)
  {
```

```
    3To_ string (buf, pRsp - >extAddr, 8);
    4HalUARTWrite (0," Coordinator MAC:", osal_ strlen ( " Coordi-
natoe MAC:"))
    5HalUARTWrite (0, buf, 16);
    6HalUARTWrite (0, changeline, 2);
     }
    7osal_ mem_ free (pRsp);
     }
      }
        Break;
      }
    }
```

第 1 行，调用 ZDO_ ParseAddrRsp（）函数对收到的数据包进行解析，解析完成后，pRsp 指向了数据包的存放地址处。

第 2 行，判断数据包解析是否正确，如果解析正确，该表达式成立。

第 3 行，将协调器的 IEEE 地址转换为 16 进制的形式存储在 buf 数组中。

第 4 ~6 行，将数据发送到串口即可。

第 7 行，调用 osal_ mem_ free（）函数释放数据包缓冲区即可。

```
typedef struct
{
 uint8 status;
 uint16 nwkAddr;
 uint8 extAddr [Z_ EXTADDR_ LEN];
 uint8 numAssocDevs;
 uint8 startIndex;
 uint16 devList [];
} ZDO_ NwkIEEEAddrResp_ t;
```

该结构体中成员变量较多，开发者需找出 IEEE 地址的存放位置。

```
Void  ShowInfo  (void)
{
  RFTX  rftx
  uint16 nwk;
  uint8 buf [8];
  uint8 changline [2]  = {0x0A, 0x0D};    //回车换行符的 ASCII 码
```

```
    nwk = NLME_ GetShortAddr ();
    To_ string (rftx.myNWK, (uint8 * ) &nwk, 2);
    To_ string (rftx.myMAC, NLME_ GetExAddr (), 8);
    nwk = NLME_ GetCoordShortAddr ();
    To_ string (rftx.pNWK, (uint8 * ) &nwk, 2);
    NLME_ GetCoordExtAddr (buf);
    To_ string (rftx.pMAC, buf, 8);
    HalUARTWrite (0," NWK:", osal_ strlen (" NWK:"));
    HalUARTWrite (0, rftx.myNWK, 4);
    HalUARTWrite (0," MAC:", osal_ strlen (" MAC:"));
    HalUARTWrite (0, rftx.myMAC, 16);
    HalUARTWrite (0," P -nwk:", osal_ stelen (" p -NWK:"));
    HalUARTWrite (0, rftx.pNWK, 4);
    HalUARTWrite (0," p -MAC:", osal_ strlen (" p -MAC:"));
    HalUARTWrite (0, rftx.pMAC, 16);
    HalUARTWrite (0, changline, 2);
}
void To_ string (uint8 *dest, char *src, uint8 length)
{
    uint8  *xad;
    uint8 i =0;
    uint8 ch;
    xad = src + length -1;
    for (i =0; i <length; i + +, xad - -)
    {
        ch =  ( *xad > >4) &0x0F;
        dest [i < <1]  =ch + ( (ch <10)?' 0' :;' 7');
        ch = *xad&0x0F;
        dest [ (i < <1)  +1]  =ch + ( (ch <10)?' 0':' 7');
    }
}
#define SEND_ DATA_ EVENT 0x01
```

定义了一个数据发送事件。

```
const cId_ t GenericApp_ ClusterList [GENERICAPP_ MAX_ CLUS-
```

```
TERS] =
    {
      GENERICAPP_ CLUSTERID
    };

    const SimpleDescriptionFormat_ t GenericApp_ SimpleDesc =
    {
      GENERICAPP_ ENDPOINT,
      GENERICAPP_ PROFID,
      GENERICAPP_ DEVICEID,
      GENERICAPP_ DEVICE_ VERSION,
      GENERICAPP_ FLAGS,
      0,
       (cId_ t *) NULL
      GENERICAPP_ MAX_ CLUSTERS,
       (cId_ t *) GenericApp_ ClusterList,
    };
```

13 ZigBee 无线传感网络综合实训

13.1 ZigBee 无线传感网络拓扑查看实训

实训内容：节点上电，将自身的网络地址以及父节点的网络地址发送给协调器，通过串口给协调器发送命令，协调器收到命令后，将各个节点的网络地址以及其父节点的网络地址发送到 PC 机，取得该网络的拓扑结构。

整个 ZigBee 系统上电后，各个节点将自身的设备类型、网络地址、父节点网络地址发送给协调器，为此设计如表 13－1 所示数据结构。

表 13－1　　数据结构

结构	设备类型	节点网络地址	父节点网络地址
长度/字节	3	2	2

其中，设备类型用于标识节点的类型，包括终端节点和路由器，如果节点为终端节点，则设备类型字段填充“END”；如果节点是路由器，则设备类型字段填充“ROU”。

1. 协调器编程

该实训中，协调器文件布局如图 13－1 所示。Workspce 下面的下拉列表框中选择的是 Coordinator－EB，同时对于协调器来讲，Enddevice. c 文件不参与编译。

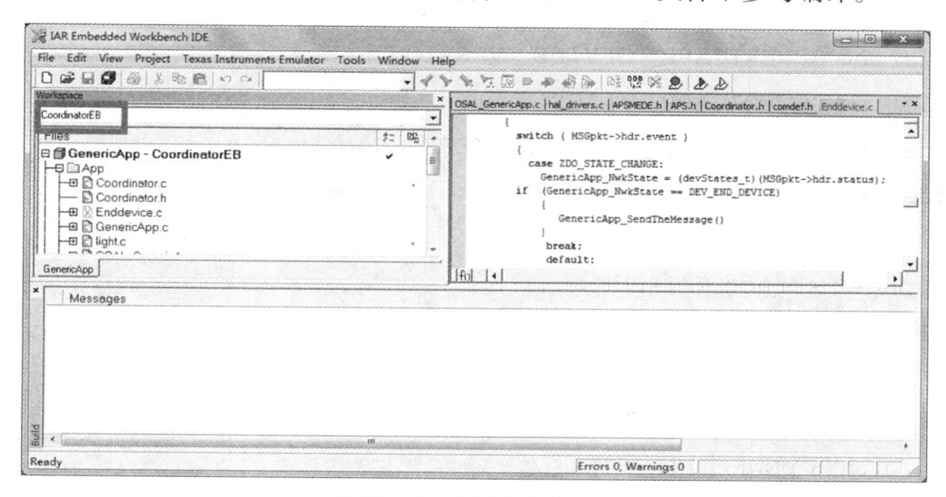

图 13－1　协调器文件布局

修改 OSAL_ GenericApp. c 文件，将#include “GenericApp. h” 注释掉，然后添加#include “Coordinator. h” 即可，修改 OSAL_ GenericApp. c 如图 13 –2 所示。

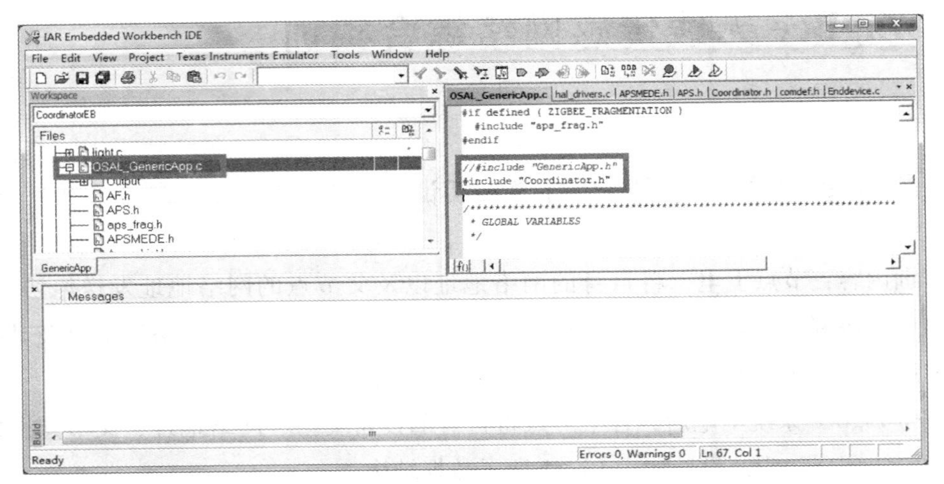

图 13 –2 修改 OSAL_ GenericApp. c 文件

Coordinator. h 文件内容如下：

```
#ifndef COORDINATOR_ H
#define VOORDINATOR_ H

#include " zComDef.h"

#define GENERICAPP_ ENDPOINT     10
#define GENERICAPP_ PROFID       0x0F04
#define GENERICAPP_ DEVICEID     0x0001
#define GENERICAPP_ DEVICE_ VERSION 0
#define GENERICAPP_ FLAGS            0
#define GENERICAPP_ MAX_ CLUSTERS   1
#define GENERICAPP_ CLUSTERID       1

typedef struct RFTXBUF
{
    uint8 type [3];
    uint8 myNWK [4];
    uint8 pNWK [4];
} RFTX;
```

添加该结构体，主要用于存放节点的信息：设备类型、网络地址、父节点网络地址等。

```
extern void GenericApp_ Init (byte task_ id);
extern UINT16 GenericApp_ProcessEvent (byte task_ id, UINT16 events);
#endif
```

Coordinator.c 文件内容如下：

```
#include " OSAL.h"
#include " AF.h"
#include " ZDApp.h"
#include " ZDObject.h"
#include " ZDProfile.h"
#include <string.h>
#include " Coordinator.h"
#include " DebugTrace.h"

#if ! defined (WIN32)
#include " OnBoard.h"
#endif

#include " hal_ lcd.h"
#include " hal_ led.h"
#include " hal_ key.h"
#include " hal_ uart.h"
#include" OSAL_ Nv.h"

const cId_ t GenericApp_ ClusterList [GENERICAPP_ MAX_ CLUSTERS] =
{
  GENERICAPP_ CLUSTERID
};

const SimpleDescriptionFormat_ t GenericApp_ SimpleDesc =
{
  GENERICAPP_ ENDPOINT,
  GENERICAPP_ PROFID,
```

```
    GENERICAPP_ DEVICEID,
    GENERICAPP_ DEVICE_ VERSION,
    GENERICAPP_ FLAGS,
    GENERICAPP_ MAX_ CLUSTERS,
    (cId_ t *) GenericApp_ ClusterList,
    0,
    (cId_ t *) NULL
  };

    endPointDesc_ t GenericApp_ epDesc;
    devastates_ t GenericApp_ NwkState;
    byte GenericApp_ TaskID;
    byte GenericApp_ TransID;
    RFTX nodeinfo [3];
    uint8 nodenum =0;
```

定义了一个 RFTX 类型的组，该实训中使用一个协调器和 3 个节点，因此该数组章包含 3 个元素即可，每个元素对应一个节点。

```
  void GenericApp_ MessageMSGCB ( afIncomingMSGPacket_ t *pckt );
  void GenericApp_ SendTheMessage ( void );
  static void rxCB (uint8 port, uint8 event);

  void GenericApp_ Init ( byte task_ id )
  {
    halUARTCfg_ t uartConfig;
    GenericApp_ TaskID = task_ id;
    GenericApp_ TransID = 0;
    GenericApp_ epDesc.endPoint = GENERICAPP_ ENDPOINT;
    GenericApp_ epDesc.task_ id = &GenericApp_ TaskID;
    GenericApp _ epDesc.simpleDesc
                 = (SimpleDescriptionFormat _ t * ) &GenericApp _
SimpleDesc;
    GenericApp_ epDesc.latencyReq = noLatencyReqs;
    afRegister ( &GenericApp_ epDesc );
```

```
  uartConfig.configured = TRUE;
  uartConfig.bauRate = HAL_ UART_ BR_ 115200;
  uartConfig.flowControl = FALSE;
  uartConfig.callBackFunc = NULL;
  HalUARTOpen (0, &uartConfig);
  }
```

以上为任务初始化函数，完成了端点初始化和串口的初始化。

```
UINT16 GenericApp_ ProcessEvent ( byte task_ id, UINT16 events )
{
  afIncomingMSGPacket_ t *MSGpkt;
  if ( events & SYS_ EVENT_ MSG )
    {
MSGpkt = (afIncomingMSGPacket_ t *) osal_ msg_ receive ( Generi-
cApp_ TaskID );
        while ( MSGpkt )
         {
        switch ( MSGpkt - >hdr.event )
         {
        case AF_ INCOMING_ MSG_ CMD:
        GenericApp_ MessageMSGCB ( MSGpkt );
        break;
        default:
        break;
       }
      osal_ msg_ deallocate ( (uint8 *) MSGpkt );
      MSGpkt =
       (afIncomingMSGPacket_ t *) osal_ msg_ receive ( Generi-
cApp_ TaskID );
     }
  return (events ^SYS_ EVENT_ MSG);
  }
  return 0;
}
```

上述代码为任务事件处理函数，当协调器收到无线数据后，应用层会调用 GenericApp_ MessageMSGCB（）函数进行数据的处理工作。

```
void GenericApp _ MessageMSGCB ( afIncomingMSGPacket _ t *
pckt );
{
  Switch (pkt - >clusterId)
   {
    Case GENERICAPP_ CLUSTERID:
    Osal_ memcpy (&nodeinfo [nodenum + +], pkt - >cmd.Data, 11);
    break;
  }
}
```

上述为数据处理函数，将接收到的数据拷贝到 nodeinfo 数组的对应元素即可。

```
static void rxCB (uint8 port, uint8 event)
{
  unsigned char changline [2] = {0x0A, 0x0D};
  uint8 buf [8];
  uint8 uartbuf [16];
  uint8 i =0;
  HalUARTRead (0, buf, 8);
  if (osal_ memcmp (buf, " toplogy", 8))
  {
    for (i =1; i <3; i + +)
      {
        HalUARTWrite (0, nodeinfo [i] .type, 3); //输出设备类型
        HalUARTWrite (0, " NWK:", 6);
        HalUARTWrite (0, nodeinfo [i] .myNWK, 4); //输出网络地址
        HalUARTWrite (0, " pNWK:", 7);
        HalUARTWrite (0, nodeinfo [i] .pNWK, 4); //输出父节点网络
地址
        HalUARTWrite (0, changline, 2);
      }
    }
  }
```

该函数为串口回调函数，当串口缓冲区有数据时，会调用该函数。读取串口缓冲区的数据，随后使用 osal_ memcpy（）函数，判断收到的数据是否是“topology”，若是该命令，则将节点的设备信息发送到串口。

2. 终端节点和路由器编程

终端节点和路由器文件布局图分别如图 13－3 与图 13－4 所示。

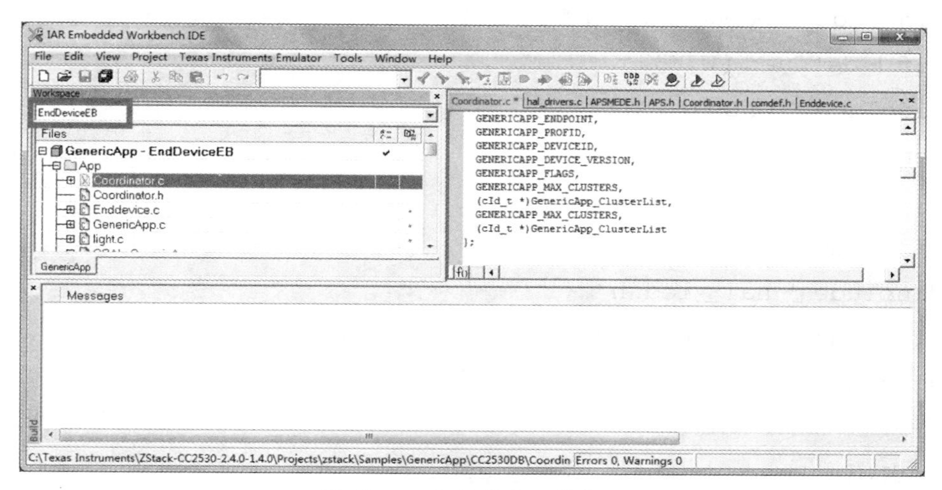

图 13－3 终端节点文件布局

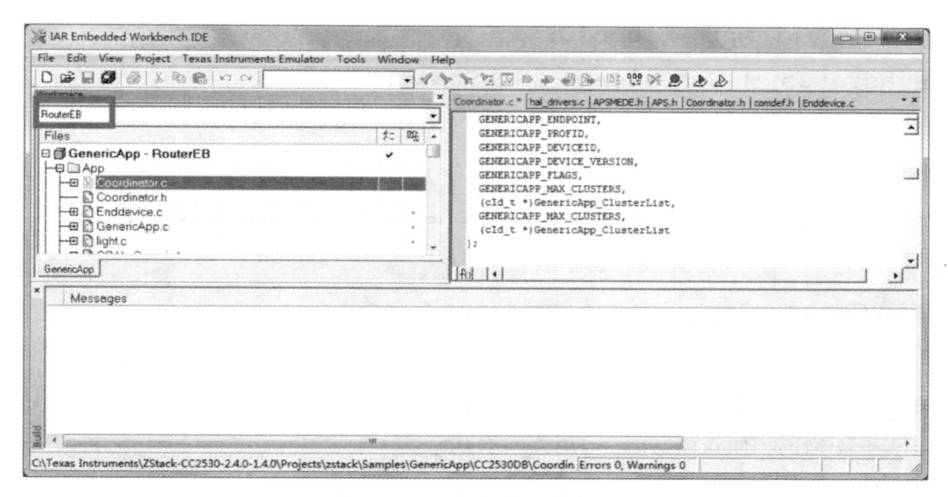

图 13－4 路由器文件布局

终端节点与路由器共用一个 Enddevice. c 文件，该功能的实现主要通过了代码控制。

Enddevice. c 文件代码如下：

```
#include " OSAL.h"
#include " AF.h"
```

```
#include " ZDApp.h"
#include " ZDObject.h"
#include " ZDProfile.h"
#include <string.h>
#include " Coordinator. h"
#include " DebugTrace.h"
#if ! defined (WIN32)
#include " OnBoard.h"
#endif

#include " hal_ lcd.h"
#include " hal_ led.h"
#include " hal_ key.h"
#include " hal_ uart.h"

endPointDesc_ t GenericApp_ epDesc;
byte GenericApp_ TaskID;
byte GenericApp_ TransID;
devastates_ t GenericApp_ NwkState;

void SendInfo (void);
void To_ string (uint8 *dest, char *src, uint8 length);

void GenericApp_ Init ( byte task_ id )
{
GenericApp_ TaskID = task_ id;
GenericApp_ NwkState = DEV_ INIT;
GenericApp_ TransID = 0;
GenericApp_ epDesc.endPoint = GENERICAPP_ ENDPOINT;
GenericApp_ epDesc.task_ id = &GenericApp_ TaskID;
GenericApp _ epDesc.simpleDesc
            = (SimpleDescriptionFormat_ t * ) &GenericApp_ Sim-
pleDesc;
GenericApp_ epDesc.latencyReq = noLatencyReqs;
```

```
    afRegister ( &GenericApp_ epDesc );
    }
```

上述代码为任务初始化函数。

```
    UINT16 GenericApp_ ProcessEvent ( byte task_ id, UINT16 events )
    {
      afIncomingMSGPacket_ t *MSGpkt;
      if ( events & SYS_ EVENT_ MSG )
        {

MSGpkt = (afIncomingMSGPacket_ t *) osal_ msg_ receive ( Generi-
cApp_ TaskID );
        while ( MSGpkt )
          {
          switch ( MSGpkt - >hdr.event )
           {
            case ZDO_ STATE_ CHANGE;
             GenericApp_ NwkState = (devastates_ t)  (MSGpkt - >
hdr.status);
            If ( (GenericApp_ NwkState = =DEV_ END_ DEVICE) ||
                    (GenericApp_ NwkState = =DEV_ ROUTER))
             {
            osal_ start_ event (GenericApp_ TaskID, SEND_ DATA_ EVENT);
            }
            break;
            default:
            break;
            }
          osal_ msg_ deallocate ( (uint8 *) MSGpkt );
          MSGpkt =
           (afIncomingMSGPacket_ t *) osal_ msg_ receive ( Ge-
nericApp_ TaskID );
          }
          return (events ^SYS_ EVENT_ MSG);
          }
```

```
        if (events & SEND_ DATA_ EVENT)
         {
          SendInfo ();
          return (events ^SYS_ EVENT_ MSG);
         }
          return 0
        }
```

上述代码为任务事件处理函数，当成功加入该网络后，设置 SEND_ DATA_ EVENT事件，在该事件处理函数中，调用 SendInfo () 函数，向协调器发送设备信息。

```
    void SendInfo (void)
    {
        RFTX  rftx;
        uint16 nwk;
        if (GenericApp_ NwkState = =DEV_ END_ DEVICE)   //判断是否是
                                                         终端节点
         {
          Osal_ memcpy (rftx.type," END", 3);
        }
        if (GenericApp_ NwkState = =DEV_ ROUTE)
          Osal_ memcpy (rftx.type," ROU", 3);
        }
        nwk =NLME_ GetShortAddr ();
        To_ string (rftx.myNWK, (uint8 *) &nwk, 2);
        nwk =NLME_ GetCoordShortAddr ();
        To_ string (rftx.pNWK, (uint8 *) &nwk, 2);

        afAddrType_ t my_ DstAddr;
        my_ DstAddr.addrMode = (afAddrMode_ t) Addr16Bit;
      my_ DstAddr.endpoint =GENERICAPP_ ENDPOINT;
      my_ DstAddr.addr, shortAddr =0x0000;
      AF_ DataRequest (&my_ DstAddr, &GenericApp_ epDesc,
                       GENERICAPP_ CLUSTERID,
                       11,
                       (uint8 *) &rftx,
```

```
                    &GenericApp_ TransID,
                    AF_ DISCV_ ROUTE,
                    AF_ DEFAULT_ RADIUS);
}
```

上述代码是填充设备信息并向协调器发送，使用了 GenericApp_ NwkState 变量值来判断设备类型，若果设备类型是终端节点，则在设备类型字段填充“END”，如果设备类型是路由器，则在设备类型字段填充“RND”。

使用 NLME_ GetShortAddr（）获得本节点网络地址，使用 NLME_ GetCoordShort-Addr（）函数获得父节点网络地址，随后调用 To_ string（）函数，将网络地址转换为字符串的形式存储在相应字段中。

最后，调用数据发送函数 AF_ DataRequest（）向协调器发送设备信息。

```
void To_ string (uint8 *dest, char *src, uint8 length)
{
  uint8 *xad;
  uint8 i =0;
  uint8 ch;
  xad = src + length -1;
  for (i =0; i < length; i + +, xad - -)
  {
    ch = ( *xad > >4) &0x0F;
    dest [i < <1] =ch + ( (ch <10)?'0':'7');
    ch = *xad&0x0F;
    dest [ (i < <1) +1] =ch + ( (ch <10)?'10':'7');
  }
}
```

上述程序将二进制转换为字符串函数。

13.2 ZigBee 无线传感网络通用传输系统实训

在本书开始部分，已经介绍了 ZigBee 无线网络部分的硬件电路，仅仅为了实现网络通信而言，上述电路已经足够。当然，如果要实现无线传感功能，还需要各式各样的传感器电路。在下文，将介绍一个通用的数据传输系统，开发者仅仅需要将传感器数据添加到数据发送部分便可以完成 ZigBee 无线传感网的搭建工作。

对于软件编程来讲，协调器代码需要单独编写，路由器和终端节点可以使用同一个源文件，仅仅需要在编译时选取不同的编译选项即可。

1. 协调器编程

通常情况下，协调器需要和用户 PC 机进行交互，实验箱选用串口方式来实现该功能，因此协调器代码需包含串口初始化及串口接收数据处理部分，在任务初始化函数中，使用如下代码可实现串口初始化。

```
1halUARTCfg_ t  uartConfig;
2uartConfig.configured = TURE;
3uartConfig.baudRate = HAL_ UART_ BR_ 115200;
4uartConfig.flowControl = FALSE;
5uartConfig.callBackFunc = rxCB;
6HalUARTOpen (0, &uartConfig);
```

第 1 行，定义一个串口配置结构体 halUARTCfg_ t，在 ZigBee 协议栈中，对串口的初始化可以通过该配置结构体来实现。

第 2 ~5 行进行串口相关参数的初始化，注意第 5 行中 rxCB 是串口的回调函数（开发者可自己定义该函数），串口接收到数据后就会调用该函数。开发者如果想要对接收到的数据进行处理，便需要将数据处理部分的代码添加在 rxCB 中。

第 6 行，调用 HalUARTOpen（）函数打开串口即可。

开发者可通过如下方式定义串口回调函数 rxCB。

```
static void rxCB (uint8 port, uint8 event)
{
  uint8 buf [8];              //数据缓冲区大小可以根据实际情况定义
  HalUARTRead (0, buf, 8);  //在此添加数据处理部分代码即可
}
```

首先定义一个数据接收缓冲区，缓冲区大小可以根据开发者需求来定义，随后调用 HalUARTRead（）函数读取串口数据即可。

除此之外，协调器还需要接收路由或者终端节点发送来的数据，当协调器收到数据后，通过一系列的处理（ZigBee 协议栈中其他层来做相应的处理），最终在应用层只需要接收 AF_ INCOMING_ MSG_ CMD 消息即可，在任务事件处理函数部分可以使用如下代码来实现。

```
UINT16 GenericApp_ ProcessEvent ( byte task_ id, UINT16 events )
{
  afIncomingMSGPacket_ t *MSGpkt;
  if ( events & SYS_ EVENT_ MSG )
   {
```

```
    MSGpkt =
    (afIncomingMSGPacket_ t * ) osal_ msg_ receive ( GenericApp_
TaskID );
   while ( MSGpkt )
      {
      switch ( MSGpkt - >hdr.event )
       {
        case AF_ INCOMING_ MSG_ CMD:
        GenericApp_ MessageMSGCB ( MSGpkt );
        break;
        default:
        break;
     }
        osal_ msg_ deallocate ( (uint8 * ) MSGpkt );
      MSGpkt =
      (afIncomingMSGPacket_ t * ) osal_ msg_ receive ( Generi-
cApp_ TaskID );
     }
      return (events ^SYS_ EVENT_ MSG);
     }
      return 0;
     }
```

接收到 AF_ INCOMING_ MSG_ CMD 消息，则说明收到了新的数据，则调用 GenericApp_ MessageMSGCB（）函数，进行相应的数据处理。GenericApp_ MessageMSGCB（）函数实现方法如下：

```
  void GenericApp_ MessageMSGCB (afIncomingMSGPacket_ t *pkt)
  {
   switch (pkt - >clusterID)
    {
     case GENERICAPP_ CLUSTERID:    //在此调用 osal_ mempcy ( ) 函
                                      数得到接收数据即可
     break;
    }
  }
```

上述代码中，使用 osal_ memcpy（）函数，复制接收到的数据即可。

2. 路由器和终端节点编程

通常情况下，路由器和终端节点并不需要与用户 PC 机进行交互，上电后仅仅需要执行数据采集工作即可，其中路由器需要进行数据的路由转发，因此路由器不可休眠，但终端节点可以休眠。

当需要执行数据采集任务时，可以设置一个事件，在事件处理函数中实现传感器数据的采集以及数据的发送等工作。

定义一个事件的方法如下：

```
#define SEND_ DATA_ EVENT  0x01
```

随后便可以在任务事件处理函数中对该事件作出响应，可以使用如下代码实现：

```
if (event&SEND_ DATA_ EVENT)
{
  //在此添加相应的传感器数据采集、发送工作即可
  return (events^SEND_ DATA_ EVENT);
}
```

数据发送时，只需要调用数据发送函数即可，可以使用如下代码来实现：

```
afAddrType_ t  my_ DstAddr;
my_ DstAddr.addrMode = (afAddrMode_ t) Addr16Bit; //发送模式
my_ DstAddr.endpoint =GENERICAPP_ ENDPOINT;        //目的端口号
my_ DstAddr.addr.shortAddr =0x0000;                //目的节点的
                                                     网络地址
AF_ DataRequest (&my_ DstAddr, &GenericApp_ epDesc,
                 GENERICAPP_ CLUSTERID,             //簇号
                 11,                                //发送数据
                                                      长度
                 (uint8 *) buf,                     //发送数据缓
                                                      冲区
                 &GenericApp_ TransID,              //发送序列号
                 AF_ DISCV_ ROUTER
                 AF_ DEFAULT_ RADIUS);
```

参考文献

［1］徐爱钧，彭秀华．单片机高级语言 C51 应用程序设计［M］．北京：电子工业出版社，1998.

［2］张毅坤，陈善久，裘雪红．单片微型计算机原理及应用［M］．西安：西安电子科技大学出版社，1998.

［3］公茂法，黄鹤松，杨学蔚．MCS－51/52 单片机原理与实践［M］．北京：北京航空航天大学出版社，2009.

［4］MICHAEL J PONT. 时间触发嵌入式系统设计模式：使用 8051 系列微控制器开发可靠应用［M］．北京：中国电力出版社，2004.

［5］郭天祥．新概念 51 单片机 C 语言教程：入门、提高、开发、拓展全攻略［M］．北京：电子工业出版社，2009.

［6］马忠梅，张凯，籍顺心，等．单片机的 C 语言应用程序设计［M］．4 版．北京：北京航空航天大学出版社，2007.

［7］谭浩强．C 语言程序设计学习辅导［M］．3 版．北京：清华大学出版社，2014.

［8］张毅刚，彭喜元，姜守达，等．新编 MCS－51 单片机应用设计［M］．哈尔滨：哈尔滨工业大学出版社，2003.

［9］魏立峰，王宝兴．单片机原理与应用技术［M］．北京：北京大学出版社，2006.

［10］胡汉才．单片机原理及其接口技术［M］．2 版．北京：清华大学出版社，2004.

［11］张毅坤，陈善久，裘雪红．单片机微型计算机原理及其应用［M］．西安：西安电子科技大学出版社，1998.

［12］李华，徐平，孙晓民，等．MCS－51 系列单片机实用接口技术［M］．北京：北京航空航天大学出版社，1993.

［13］孙涵芳．Intel 16 位单片机［M］．北京：北京航空航天出版社，1996.

［14］金建设，于晓海．单片机原理及应用技术［M］．北京：清华大学出版社，2014.

［15］郭文川．MCS－51 单片机原理、接口及应用［M］．北京：电子工业出版

社，2013.

[16] 罗维平，李德俊．单片机原理及应用［M］．武汉：华中科技大学出版社，2012.

[17] 陈铁军，余旺新．单片机原理及应用技术［M］．成都：西南交通大学出版社，2014.

[18] 刘玉良，胡佳文，李光飞．51系列单片机原理及应用［M］．北京：北京航空航天大学出版社，2014.

[19] 夏路易，马春燕，原菊梅，等．单片机原理及应用——基于51与高速SoC51［M］．2版．北京：电子工业出版社，2014.

[20] 瞿雷，刘盛德，胡咸斌．ZigBee技术及应用［M］．北京：北京航空航天大学出版社，2007．

[21] 杜军朝，等．ZigBee技术原理与实战［M］．北京：机械工业出版社，2015.

[22] 郭渊博，等．ZigBee技术与应用CC2430设计、开发与实践［M］．北京：国防工业出版社，2010.

[23] 胡飞．无线传感器网络原理与实践［M］．北京：机械工业出版社，2015.

[24] 葛广英．ZigBee原理、实践及综合应用［M］．北京：清华大学出版社，2015.